Shuwasystem Visual Text Book

図解入門

現場で役立つ 機械設計の基本と仕組み［第2版］

大髙 敏男 著

秀和システム

はじめに（第2版刊行に寄せて）

大きな船や艦に搭乗している機関主任は、大抵は船底近くにいるようです。そこに船の心臓部であるエンジンがあり、絶えずエンジンのお守りをしなければならないからでしょう。これは、SF映画の『STAR TREK』や『宇宙戦艦ヤマト』に出てくる宇宙船でも同じですので、未来においても変わらないのだろうと思います。大海原や大宇宙が見渡せる艦橋にはいないのです。しかし、機関主任には機関主任にしかできない仕事があり、船を支え続けています。私たちの周りを見渡してみると、多くの機械があることに気づきます。私たちは多くの家電製品や自動車などを、それがあって当然であるかのように利用しています。これらも、多くの技術者によって支えられています。社会の礎を創り支えるのは間違いなく技術者であり、技術者は人を幸せにし、社会を豊かにする縁の下の力持ち的存在なのだと実感します。ところが、痛ましい自動車や電車、遊具の事故など、不幸なニュースは絶えることがありません。これらの原因が、操作する人間のミスや保守点検の怠慢にあったとしても、大難は小難に、小難は無難になるよう、設計上の工夫を事前にしておくことの必要性を感じざるを得ません。

さて、本書の初版が刊行されてから11年が経過しました。この間に、「日本工業規格（JIS）」が「日本産業規格」（2019年7月1日施行）に改称されるなど、規格の改定がありました。また、多くの新しい技術が生まれ、例えばDX（デジタルトランスフォーメーション）の進展によって多くのことが変化しています。

これらに向き合って本書の内容を改め、第2版として刊行することになりました。機械設計を初めて勉強する方や、機械設計に興味がある他分野の方などに無理なく学習していただけるよう配慮しています。機械設計の全般にわたる基礎知識を章ごとに分けて丁寧に解説しており、入門者から技術者まで広く活用していただけます。少しでも多くの方に本書を役立てていただければと願っております。

本書を執筆するにあたり、多くの方のご助力をいただきました。この場をお借りして心より御礼申し上げます。

2025年1月　大髙敏男

目次

図解入門 Contents
現場で役立つ
機械設計の基本と仕組み［第２版］

Chapter 3　材料の選択

Chapter 4　機械要素と機構設計

Chapter 5　機械設計と熱設計、流体設計

Chapter 8 設計製図の勘所

Chapter 9 設計の管理

Chapter 1

機械設計の基礎知識

私たちの暮らしや仕事を支えるための新しい機械を創造し、また現在、当たり前のように使っている様々な機械を改良することで、より便利な世の中にしていくこと——それが、機械設計の究極の目的です。そして、このことは人をより幸福に、社会をより豊かにしていくことにつながります。では、機械を設計するとは、具体的にどのようなことでしょうか。本章では、機械設計の基本的な事柄について解説します。

1-1 機械設計とは

機械を設計するためには、材料力学、機械力学、熱力学、流体力学といった力学のほか、加工や材料、製図の知識が必要になります。機械設計は総合技術であり、幅広い知識が求められるのです。

機械とは

自動車は、ガソリンによって、その化学エネルギーを運動エネルギーに変換して走ります。一般に**機械**とは、化石燃料や電気など何らかのエネルギーを得て動き、物を運んだりして、人間や社会の役に立つ仕事をするものをいいます。

自動車を例にすれば、図に示すように、自動車（機械）の中に、エネルギー変換をする機械や動力を伝達する機械、自動車をコントロールする機械など、多くの機械が組み込まれて、大きな機械を構成しています。そして、それぞれの機械も、ねじや軸やブレーキなどの機械要素、温度や圧力などを感知するセンサ、センサや機械から得た情報を表示する指示計など、様々な要素部品から構成されています。

機械とは（図1-1-1）

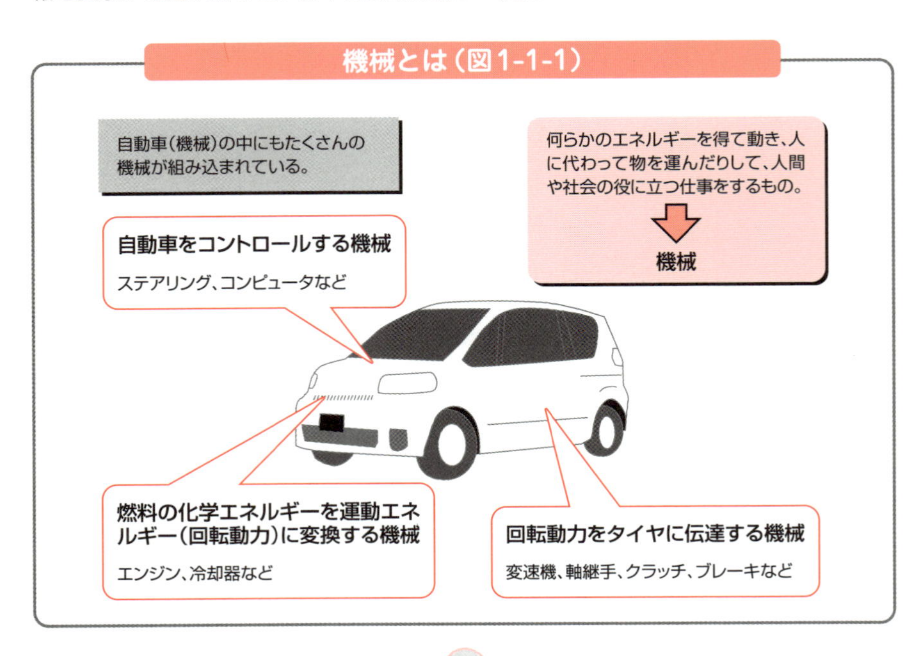

設計とは

「機械を設計する」というときの「**設計**」とは、一般に**工学設計**のことを指します。工学設計は、製品として生産するための基本です。図に示すように、形状や外観を追求する芸術、用いている原理を体系付ける自然科学、製品の価値や意義を位置付ける哲学や経済学の世界とも関係します。したがって、設計の善し悪しは、製品機能だけでなく、使用者の快適感を左右し、デザインセンスのよさが評価され、会社の技術レベル、社会への取り組み（社会貢献）の姿勢などの判断にも使われる可能性があります。

「機械を設計する」とは、単に形状と寸法と材料を決めるだけではなく、これらすべてを背負うことを意味します。設計者は倫理観を持ち、かつ会社の方針を理解した上で、設計思想として盛り込まなくてはならないのです。同時に、設計に使っている原理をまとめていく必要もあるでしょう。また、いつもアンテナを高く伸ばして、多くの情報を得ておくことも必要です。ものづくりの方法は日に日に変化しており、的確な情報を活用できるようにしておく必要があります。

設計の位置付け（図1-1-2）

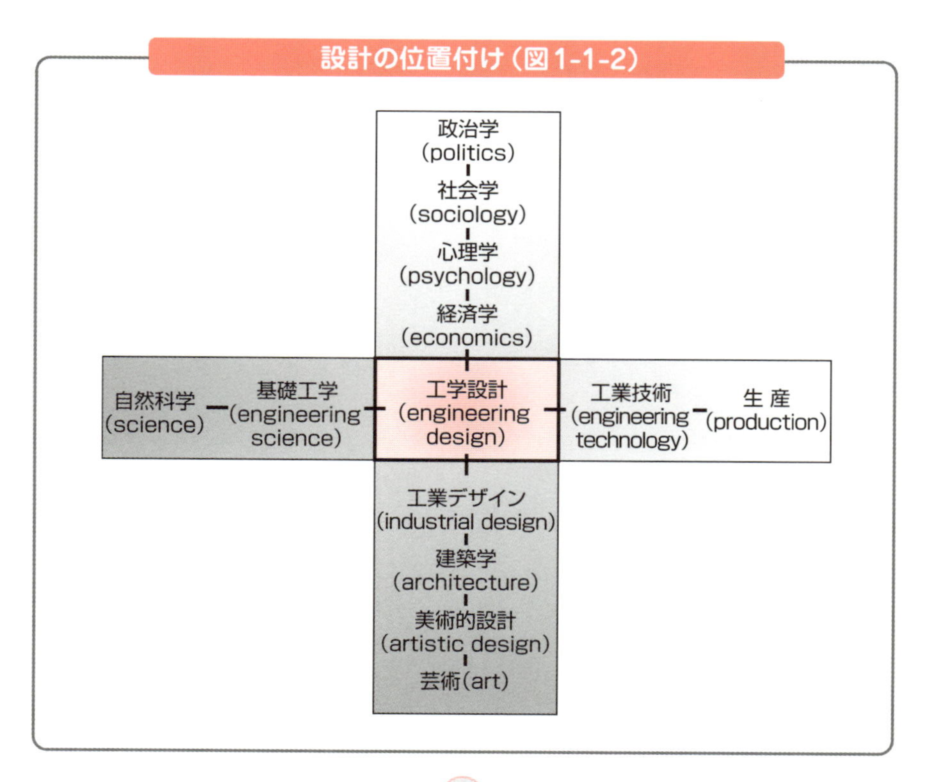

「機械を設計する」ためには、図に示すように材料力学、機械力学、熱力学、流体力学といった４つの力学と加工や製図の知識が必要になります。機械設計は総合技術であり、幅広い知識が求められるのです。

これらを基本として、さらに特定の分野の知識を深めたり、経験を深めたりして、設計の幅を広げていきます。関連するJIS規格、材料や加工法などの基礎知識や各種法令に関する知識も必要となります。また、設計者の独創性、新規性、独自性も求められます。

さらには、機械を製造する工作機械のことを考慮したり、製品となって市場に出るときの搬送や据付けなども考慮しておく必要があります。また、地球環境や地域環境への負荷に対する配慮も求められています。

設計に必要な知識（図1-1-3）

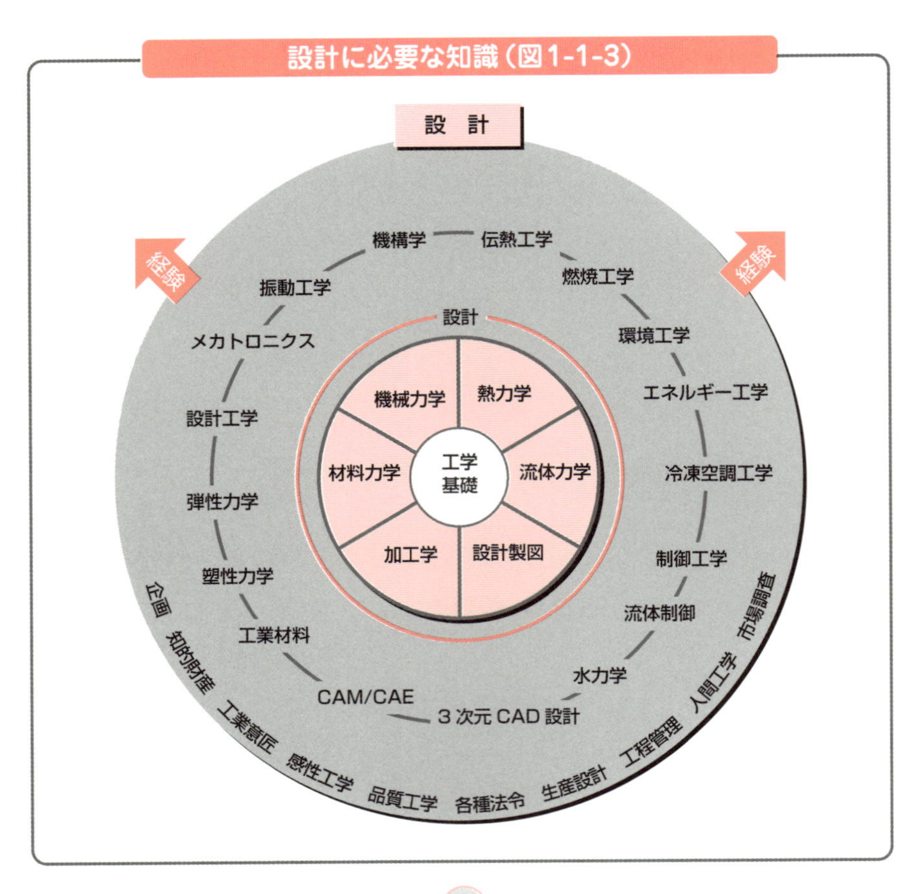

廃棄されたあとのリサイクルや資源活用のために、材料ごと解体して分別回収ができるような構造にする、といった配慮も必要となっています。

これらの配慮を設計者ひとりですべて行うのは一般的に困難でしょう。これには、2次元／3次元CADのモデルデータやコンピュータ技術の活用が大きな効果をもたらします。そして、様々な分野・業種の専門家や作業者との連携が不可欠となっています。このように、設計を行うには、自らの設計技術の鍛錬はもちろんのこと、多くの人の意見や要望を聞き、協調しながら進めていく必要があるのです。

COLUMN SDGs

「SDGs（エスディージーズ）」という言葉をよく耳にします。これはSustainable Development Goalsの略で、「**持続可能な開発目標**」すなわち、2030年までに持続可能でよりよい世界を目指す国際目標のことです。17のゴール／169のターゲットから構成され、地球上の「だれひとり取り残さない（leave no one behind）」ことを誓っています。

機械設計において、SDGsに貢献するモノを創出していくのはもちろんのこと、つくられた機械が使命を終えて廃棄されたときに、材料ごとに分解しやすくしたり、リサイクルしやすく工夫するなどの配慮も大切です。

1-2 メカトロニクス設計

機械を支える技術は、機械工学を基本としていることはもちろんですが、電子工学・情報工学とも密接に関連しています。

メカトロニクス設計

機械の多くは、メカトロニクスの技術を基盤としてつくられているといえます。**メカトロニクス**とは元来、「機械技術と電子技術の融合」を意味していました。しかしながら近年は、図に示すように、機械技術・電子技術・情報技術の融合として成り立っています。

さらに、それらの技術は、制御技術やコンピュータ技術によって結び付けられています。近年の機械は、ほとんどがマイコンを搭載し、圧力や温度などのセンサからの信号によって動作するようになっています。

メカトロニクス（図1-2-1）

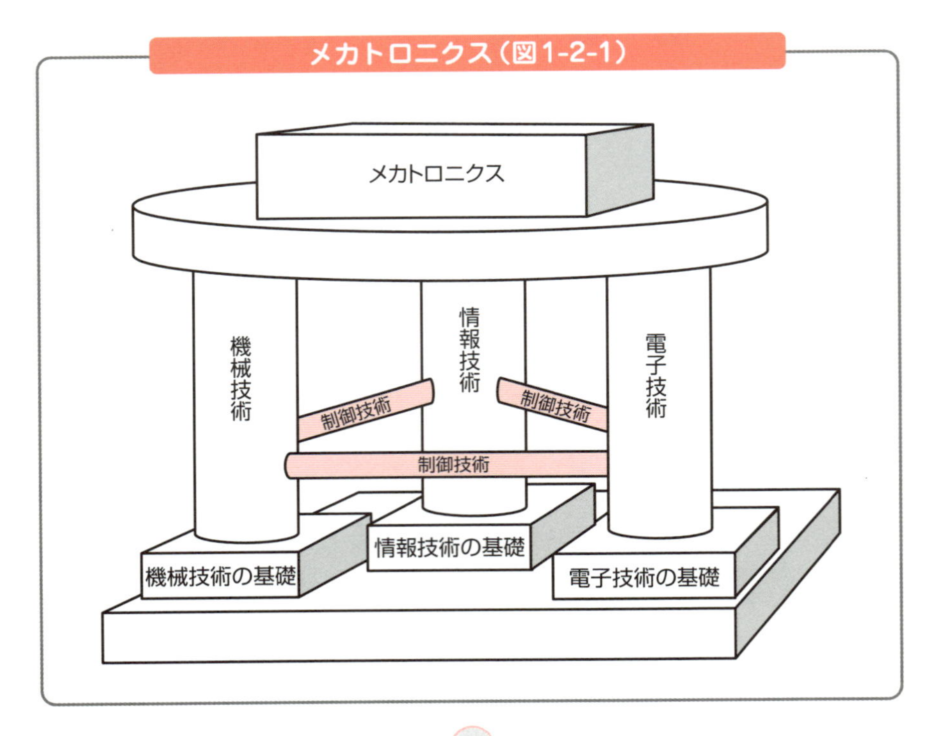

一般に、マイコンを搭載して、センサ信号によりコンピュータ動作を制御している機械の設計を**メカトロニクス設計**（メカトロ設計）と呼びます。近年は、自動車はもちろん、炊飯器やキャッシュディスペンサなど、ほとんどの機械がメカトロ設計になっています。また、これらの機械を造る機械、例えば、生産ラインのロボットアームや工場内を走行しているAGV（Automated Guided Vehicle：無人走行車）などもメカトロ設計となっています。

生産ラインのロボットアーム（図1-2-2）

メカトロニクスは
多くの産業分野で
実用化されている。

メカトロ設計

マイコンを搭載して、センサ信号によりコンピュータ動作を制御している機械の設計を**メカトロ設計**という。

1-3 ものづくりと設計の流れ

機械は、多くのプロセスを経て製品として完成します。そして、製品化のあとで判明した製品の不具合に対応したり、販売先からの様々な情報をもとに製品の仕様変更や改良を行ったりすることも、設計業務の一環です。

設計の４段階

一般には、図中に薄い色アミを敷いた範囲が設計です。**設計**は、企画に基づき決定された仕様を満足するような機構や構造、材料などを検討して、最終的に図面の形で具体化していく作業です。大まかに、概念・構想設計、基本設計、詳細設計、生産設計という４つの段階に分けることができます。

ものづくりの流れ（図1-3-1）

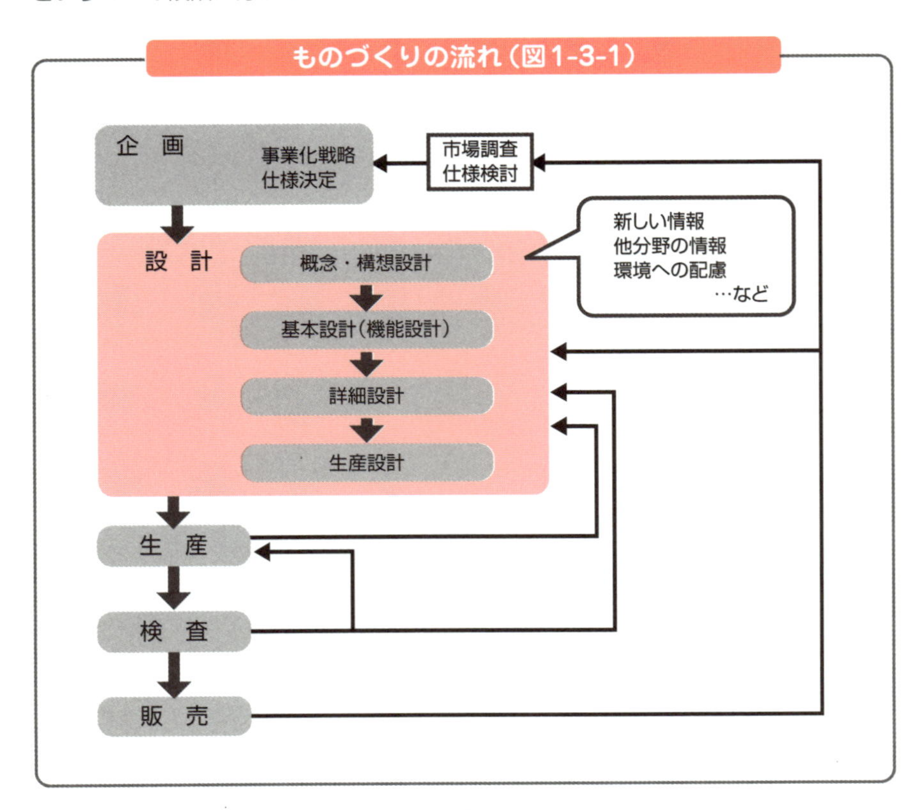

概念・構想設計

仕様に基づいて最初に取りかかる**概念・構想設計**では、「機械が仕様を満足するためには、どういう構造にすべきか、どのような機構を持たせたらよいか」を考え、コンセプトを明確にします。このときは、まったく新しい原理を適用したり、すでに使われている原理や機械要素を用いたり、それらを組み合わせたりするなどの工夫をしながら作業が進められます。

基本設計

機械の構造や機構が決まったら、次の**基本設計**おいて、具体的な寸法や材料を決めて具象化していきます。その際には、「機械が壊れないようにするには、どのような形状でどのような材料を使えばよいか」を十分に検討していく必要があります。この段階では、「どのような機能を持った機械要素が、どの箇所に必要なのか」を明確にします。

詳細設計

次の**詳細設計**では、基本設計をもとに、さらに詳細な形状・構造・寸法などを決定していきます。必要な機械要素の種類と個数が明確になり、ボルトや軸受といった、使用する共通機械要素を選定する段階です。詳細設計がひととおり終わると、製作図面を作成し、それをもとに試作が行われます。

この試作機を**機能試作機**と呼び、仕様どおりの性能が得られるかを試験により確認します。仕様どおりの性能が得られない場合は、その原因を探り、基本設計もしくは構想設計まで立ち戻って、設計を練り直すことになります。この際に、機械要素に不具合が見つかったり、強度不足により破損したりすることがあります。

多くの場合、1回で仕様どおりの性能が得られることはありません。この作業ルーチンを数回繰り返すことになります。確認すべき試験項目は、機械および機械要素の機能・出力・騒音・振動・効率など、多岐にわたっています。

これらの確認が終了すると、機械の構造・機構・寸法・材料・機械要素が決定します。そして、設計書と図面にまとめられ、実質的な機械設計がひとまず完了となります。

生産設計

生産設計では、生産の効率化に重点が置かれます。「どのようにつくれば、同じ性能の製品を最小のコストで効率よく生産できるか」を検討します。製造にかかるコストは、同じ機械部品でも生産個数や材料、作業工程や加工法によって異なります。

したがって生産設計では、既存の製造設備をそのまま、あるいは一部改造して利用できないかが検討されます。また、「加工工程の短縮を図るためには、どのような構造に修正すべきか」を検討することで、生産工程を考慮した構成を考えていきます。

このとき、詳細設計時に想定していた機械要素や材料、加工法とは異なるものに変更される場合があります。特に、量産では、機械要素1個のコストが製品の収益に重大な影響を与えることも多く、場合によっては0.1円の単位までコスト低減を図ることも少なくありません。

一般に、QCD（Quality：品質、Cost：コスト、Delivery：納期）のバランスを考慮した設計が重要です。QCDのどれか1つを偏重しないよう留意しつつ、な設計が進められます。

COLUMN 心ひかれる設計

技術者が、「省エネルギーで環境に優しい」あるいは「便利な機能が付いている」といった新しい価値を付加した設計をしても、それを使ってもらえなければまったく意味がありません。どんなによいものをつくっても、それがひとりよがりの設計であってはいけないのです。

では、どうしたら使ってもらえるのでしょう。いま、「心ひかれる設計」が求められています。機械の色合いや形をユーザーの好みに合うようにすることも大切ですが、さらに積極的に、ユーザーが心地よいと感じる音を発したり、肌触りが気持ちよいと感じたりするように工夫されているものもあります。

こうした、感性を工学設計に取り入れる取り組みが進められています。また、脳科学の技術を用いて、国や地域、人によって異なる価値観に合わせた設計を行う研究も進められています。機能は同じでも、日本人がよいと感じる製品、西洋人がよいと感じる製品をそれぞれ設計しようというものです。

近い将来、「あなたにとってかっこいいと思う車をつくります」などといってつくられる自動車が、当たり前になるのかもしれません。

1-4 新しい価値の創造

新しく製品をつくろうとするときは、「どういう目的でつくるのか」「どの分野に投入するのか」「どんな技術を使った機械にするのか」などを考えます。

要求を満足する製品

これを企画といい、書面にまとめたものを**企画書**といいます。機械設計では、「社会的な要望がある」「人の利便性を向上させる」「困っている人がいる」など、何らかの課題があり、それが設計の動機付けになります。自己の中に湧いてくる創造性の表現である芸術とは、動機付けが根本的に異なります。

企画を進めるには、大きく分けて2つの方法があります。1つは**ニーズ（needs）主導**で進めるやり方です。「ユーザーが何を求めているのか」または「社会的に何が必要とされるのか」を詳細な調査で把握し、「そのような要求を満足するには、どのような製品が必要か」を検討していく方法です。

新しい価値を生み出す

もう1つは**シーズ（seeds）主導**で進めるやり方です。「現在、会社で保有している固有の技術は何か」を洗い出し、その技術を使った製品を考えます。「新しく独自のメリット（価値）が生まれるか」を検討し、その後、「そのメリットが世の中の要求に合っているか」を調査していく方法です。

いずれにしても、「ユーザーが求めているもの」「社会的に要求されているもの」を素早く的確に把握する必要があります。こうした必要な情報収集を、**マーケティングリサーチ**あるいは**市場調査**といいます。得られた情報から、求められる機能を満足するように現有の機械を改造して応用したり、まったく新しい機械を創造したりします。

企業における機械設計は、生産活動の一環として行われるため、社員の生活の糧を得て、さらに利益を確保することで、明日の開発資金を得る必要があります。したがって、限られた時間や経費の中で設計が行われます。設計の効率化についても多くの工夫がなされています。

1-5 設計の失敗とその要因

設計が十分に練られていないと、製品を製造するときの作業性が悪いとか、コストが上がってしまうといった問題を引き起こすだけでなく、大きな事故につながる場合もあります。

設計者の失敗につながる要因

設計の失敗には、様々な要因があります。1-1節の**図1-1-2**において、横方向の関係の中に位置付けられる工学設計プロセスに限って整理すると、おおむね表に示すような因子が考えられます。

「知識不足」「技術不足」「経験不足」に関しては、例えば「回転機械における軸にかかる荷重計算を誤ってしまう」あるいは「CAE（Computer Aided Engineering）を使用した解析結果について、知識と経験の乏しさから誤って理解してしまう」といったことが、製品の事故を引き起こす要因となります。

設計者の失敗につながる要因（図1-5-1）

設計者の失敗因子	引き起こされる事象	解決への道
知識不足	事故 品質低下	原理・原則の復習 工学知識の習得
技術不足	事故 品質低下	設計計算の正確性向上 解析力向上 CAEの正しい使い方習得　など
経験不足	事故 コストアップ	現場経験を積む 経験者に教えてもらう　など
怠慢	流用設計時に不具合 品質低下	原則に立ち戻った確認計算 流用元の設計意図を理解
ひとりよがり	間違った設計至上主義 品質低下	現場を歩き知る 現場を経験する 現場とコミュニケーションをとる
気配り欠如	作業性の悪化 品質低下	
標準化意識欠如	コストアップ 納期の長期化	現場を歩き知る 標準化意識を持つ

設計者は、その製品を使う人がいることをよく認識し、強い責任感を持って設計する姿勢が必要です。その際に、必要な基礎知識が不足していれば、総復習をする必要があるでしょう。また、自分が保有している知識や経験などのレベルを自覚し、ほかにもっとよい方法はないかについて探求する努力が必要です。

設計者の「思い込み」

会社には、先輩である社内オーソリティが多くいるはずです。ときには教えを請う必要もあるでしょう。表に示した「怠慢」の例として、過去の製品の設計を流用し、それを改造する形で新しい製品を設計する「流用設計」の場合には、ともすると詳細な確認計算や設計検討を怠りやすいのです。

矛盾する組立公差（図1-5-2）

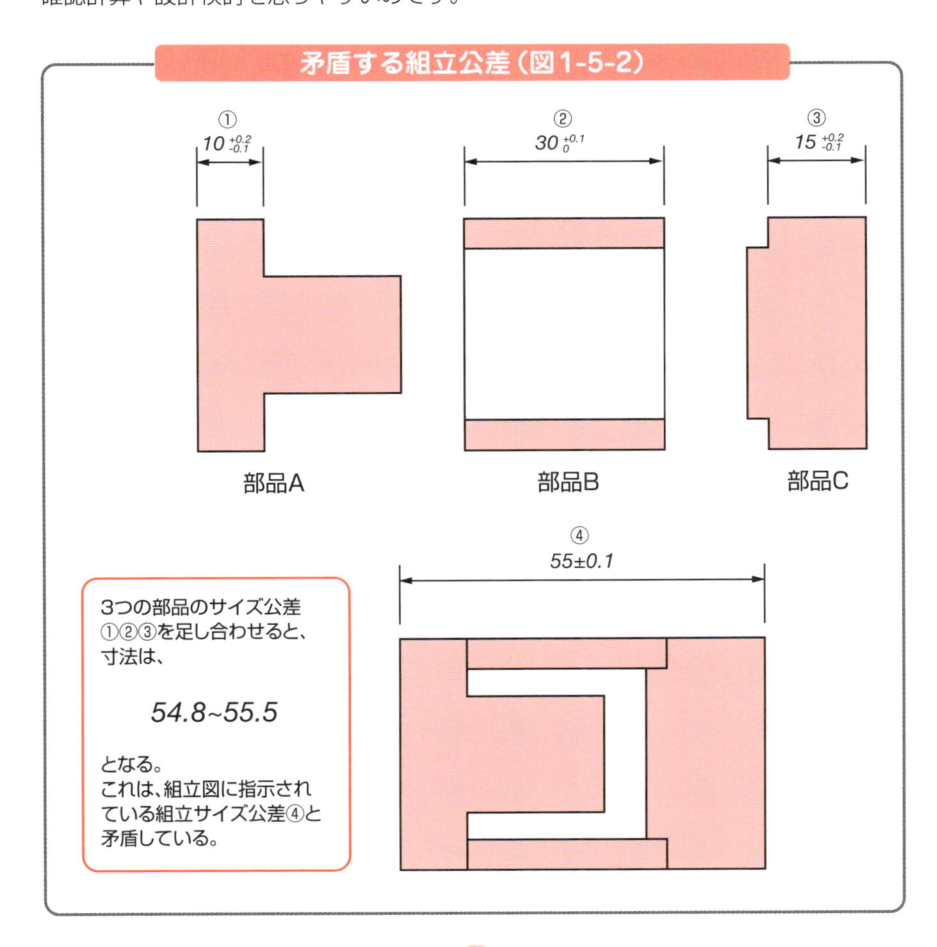

こういったときに事故が発生するのです。また、製品の組立工程で、どうやっても組立サイズ公差が設定されている公差域に入らず、現場で苦戦する場合があります。例えば、**図1-5-2**に示す3つの部品A～Cを、組立図に示す組立サイズ公差範囲で組み立てようとしても、困難なことがあります。

これは、各部品のサイズ公差を積み上げたときの公差域が組立サイズ公差と矛盾しているからです。設計者が公差の積み上げを確認すれば回避できることなのです。「ひとりよがり」も最近、よく耳にする要因です。「設計上（理論上）確認がとれているのだから、うまくつくれないのは製造現場の責任だ」と思い込むケースがあります。

無理な公差設定や、困難な検査要求、特殊工具を用意しなければ加工できない箇所の指示など、挙げればきりがありません。現場とよくコミュニケーションをとり、どこまでチャレンジするのか決める必要があるでしょう。

作業者への「気配り」

「気配り欠如」も同様です。例えばフランジケースは、「転がらないよう円形部に切り欠きを入れる」「より簡単に組み立てられるような工夫をする」「作業者がつかみやすく、上下や左右などの部品の向きを間違えないようにボッチを付ける」など、ちょっとしたひと手間で作業性が大幅に改善する場合があります。

こうした、作業者への気配りはたいへん重要です。また、**標準化意識欠如**は、部品点数が増えたり、同じ機能なのに仕様の異なる部品が多数あったりすることで、作業性が悪くなる、コストが増大するなどの問題を引き起こします。

設計力プラス「製造現場との連携」

失敗設計を防ぐには、高い技術力や深い知識に裏打ちされた設計力と同時に、製造現場との連携が重要です。上述したそれぞれの失敗因子に共通していえるのは、「現場」「現実」「現物」「原理」「原則」をよく見る姿勢が失敗解決につながるということです。この5つの「ゲン」すなわち**5ゲン主義**を忘れずに設計を行うことが肝要なのです。

1-6 規格と標準化

製品の材料となる工業材料や機械要素は、世界中で標準化されていると便利です。逆に、例えば国ごとにねじの規格が違っていたら、ねじの調達国の規格に合致するように設計を修正しなければなりません。

日本産業規格と国際規格

統一された規格でつくられていれば、部品の調達も自由度が広がり、海外のどこへ持っていっても使用できるはずです。

製図に関しても、共通のルールで図面の内容を正確かつ容易に読み取れるようにする必要があります。これらは**JIS**（Japanese Industrial Standards：**日本産業規格**）により規格化され、標準化が図られています。

機械製図に関連する主なJIS規格（図1-6-1）

規格名称	規格番号	規格名称	規格番号
製図－製図用語	JIS Z 8114	製品の幾何特性仕様（GPS）－幾何公差表示方式	JIS B 0021
製図総則	JIS Z 8310	製品の幾何特性仕様（GPS）－表面性状の図示方法	JIS B 0031
製図－文字	JIS Z 8313	製品の幾何特性仕様（GPS）－長さに関わるサイズ交差のISOコード方式	JIS B 0401
製図－尺度	JIS Z 8314	製品の幾何特性仕様（GPS）－表面性状：輪郭曲線方式	JIS B 0601
製図－投影法	JIS Z 8315	CAD用語	JIS B 3401
機械製図	JIS B 0001	CAD機械製図	JIS B 3402
製図－ねじ及びねじ部品	JIS B 0002	溶接記号	JIS Z 3021
歯車製図	JIS B 0003	電気用図記号	JIS C 0617
ばね製図	JIS B 0004		
製図－転がり軸受	JIS B 0005		

例えば製図に関しては、**図 1-6-1** の表に示すように、機械分野・電気分野・建築分野における共通の基本事項や一般的な事項に関する**製図総則**、機械製図に関する**機械製図**などが規格化されています。

JISは、**ISO**（International Organization for Standardization：**国際標準化機構**）などの国際規格に準拠して規格化されています。国際的な技術交流やものづくりのグローバル化が進められている現代では、国際的な標準化は重要です。

標準化のメリット

部品を設計するときの各部の寸法は、**標準数**から決めるとよいでしょう（**図 1-6-3**）。計算で強度上必要な寸法を求め、その数値に近い数字を標準数から選びます。こうすることによって、設計の標準化が進められ、関連する機械要素の調達がしやすくなります。また、例えば一般に用いられる円筒軸のはめ合い部分の直径の寸法は、下表に示すようにJISに規定されています。この規定から寸法を決めれば、調達やコストの面で優位になるでしょう。

円筒軸の軸径［単位：mm］（図 1-6-2）

4 □	14 *	35 □*	75 □*	170 □*	360 □*
4.5	15 □	35.5	80 □*	180 □*	380 □*
5 □	16 *	38 *	85 □*	190 □*	400 □*
5.6	17 □	40 □*	90 □*	200 □*	420 □*
6 □*	18 *	42 *	95 □*	220 □*	440 □*
6.3	19 *	45 □*	100 □*	224	450 *
7 □*	20 □*	48 *	105 □	240 □*	460 □*
7.1	22 □*	50 □*	110 □*	250 *	480 □*
8 □*	22.4	55 □*	112	260 □*	500 □*
9 □*	24 *	56 *	120 □*	280 □*	530 □*
10 □*	25 □*	60 □*	125 *	300 □*	560 □*
11 *	28 □*	63 *	130 □*	315	600 □*
11.2	30 □*	65 □*	140 □*	320 □*	630 □*
12 □*	31.5	70 □*	150 □*	340 □*	
12.5	32 □*	71 *	160 □*	355	

注：□印はJIS B 1512（転がり軸受の主要寸法）の軸受内径による。
　　*印はJIS B 0903（円筒軸端）の軸端のはめ合い部の直径による。

標準数（図1-6-3）

1. 標準数の定義

標準数とは下表に示す数値であって，10の正または負の整数ベキを含み，公比がそれぞれ$\sqrt[5]{10}$，$\sqrt[10]{10}$，$\sqrt[20]{10}$，$\sqrt[40]{10}$，および$\sqrt[80]{10}$である等比数列の各項の値を実用上便利な数値に整理したものである。

これらの数列をそれぞれR5，R10，R20，R40，R80の記号で表わす。

備考　表の標準数の数値に10の正または負の整数ベキをかけたものも標準数とする。

基本数列の標準数				配列番号			計算値	特別数列の標準数	計算値
R5	R10	R20	R40	0.1以上 1未満	1以上 10未満	10以上 100未満		R80	
1.00	1.00	1.00	1.00	−40	0	40	1.0000	1.00 1.03	1.0292
			1.06	−39	1	41	1.0593	1.06 1.09	1.0902
		1.12	1.12	−38	2	42	1.1220	1.12 1.15	1.1548
			1.18	−37	3	43	1.1885	1.18 1.22	1.2332
	1.25	1.25	1.25	−36	4	44	1.2589	1.25 1.28	1.2957
			1.32	−35	5	45	1.3335	1.32 1.36	1.3725
		1.40	1.40	−34	6	46	1.4125	1.40 1.45	1.4538
			1.50	−33	7	47	1.4962	1.50 1.55	1.5399
1.60	1.60	1.60	1.60	−32	8	48	1.5849	1.60 1.65	1.6312
			1.70	−31	9	49	1.6788	1.70 1.75	1.7278
		1.80	1.80	−30	10	50	1.7783	1.80 1.85	1.8302
			1.90	−29	11	51	1.8836	1.90 1.95	1.9387
	2.00	2.00	2.00	−28	12	52	1.9953	2.00 2.06	2.0535
			2.12	−27	13	53	2.1135	2.12 2.18	2.1752
		2.24	2.24	−26	14	54	2.2387	2.24 2.30	2.3041
			2.36	−25	15	55	2.3714	2.36 2.43	2.4406
2.50	2.50	2.50	2.50	−24	16	56	2.5519	2.50 2.58	2.5852
			2.65	−23	17	57	2.6607	2.65 2.72	2.7384
		2.80	2.80	−22	18	58	2.8184	2.80 2.90	2.9007
			3.00	−21	19	59	2.9854	3.00 3.07	3.0726
	3.15	3.15	3.15	−20	20	60	3.1623	3.15 3.25	3.2546
			3.35	−19	21	61	3.3497	3.35 3.45	3.4475
		3.55	3.55	−18	22	62	3.5481	3.55 3.65	3.6517
			3.75	−17	23	63	3.7584	3.75 3.87	3.8681
4.00	4.00	4.00	4.00	−16	24	64	3.9811	4.00 4.12	4.0973
			4.25	−15	25	65	4.2170	4.25 4.37	4.3401
		4.50	4.50	−14	26	66	4.4668	4.50 4.62	4.5973
			4.75	−13	27	67	4.7315	4.75 4.87	4.8697
	5.00	5.00	5.00	−12	28	68	5.0119	5.00 5.15	5.1582
			5.30	−11	29	69	5.3088	5.30 5.45	5.4639
		5.60	5.60	−10	30	70	5.6234	5.60 5.80	5.7876
			6.00	−9	31	71	5.9566	6.00 6.15	6.1306
6.30	6.30	6.30	6.30	−8	32	72	6.3096	6.30 6.50	6.4938
			6.70	−7	33	73	6.6834	6.70 6.90	6.8786
		7.10	7.10	−6	34	74	7.0795	7.10 7.30	7.2862
			7.50	−5	35	75	7.4989	7.50 7.75	7.7179
	8.00	8.00	8.00	−4	36	76	7.9433	8.00 8.25	8.1752
			8.50	−3	37	77	8.4140	8.50 8.75	8.6596
		9.00	9.00	−2	38	78	8.9125	9.00 9.25	9.1728
			9.50	−1	39	79	9.4406	9.50 9.75	9.7163

出典：JIS Z 8601

自社内の業務の標準化も重要です。これは、自社内のいろいろなところで進めるとよいでしょう。例えば、図面の書式やデータ管理方法、技術報告書の管理や運用など、技術に関連するほとんどの事項で標準化を図ることができます。

こうすることにより、ものづくりの効率化が進むだけでなく、設計における失敗も未然に防ぐことができるようになります。

標準化のメリット

部品を設計するときの各部の寸法を規定から決めれば、調査やコストの面で優位になる。

COLUMN 標準化と規格

●標準化（Standardization）とは…

・自由に放置すれば多様化・複雑化・無秩序化する事柄を、少数化・単純化・秩序化することを、標準化といいます。

・標準（＝規格）は標準化によって制定される「取決め」をいいます。

●工業標準化の意義

①経済・社会活動の利便性の確保（互換性）

②生産の効率化

③公正性の確保（消費者利益／取引の単純化等）

④技術進歩の促進

⑤その他（安全・衛生の確保、環境保全の確保等）

JIS 日本産業規格
Japanese Industrial Standards

準拠

国際標準化機構（ISO）
International Organization for Standardization

分野を示すアルファベット
＋
4～5桁の数字

例えば、B：一般機械、G：鉄鋼 など
製図総則……JIS Z 8310
製図-文字….JIS Z 8313
機械製図……JIS B 0001
歯車製図……JIS B 0003 など

1-7 機械設計で扱われる単位

機械設計において取り扱う数値には、寸法値などの長さ、構造上の強度に関する力、応力、圧力、モーメント、温度やエネルギーなど様々なものがあります。

国際単位系（SI）

これらの値には、基準となる量が必要です。ある量を測定するための基準となる一定量（大きさ）を**単位**といいます。

かつては業界別あるいは国別にいろいろな単位が数多く存在していました。しかし、社会のグローバル化が進み、単位の違いにより多くの弊害が生じてきました。

例えば、海外から輸入したポンプの接続口のボルトが破損したため交換しようとしたとき、国内で流通するボルトのねじのピッチや直径が海外と異なっていれば、輸入しなければなりません。

また、海外の企業と共同で設計を進める場合、相手国の単位に換算しなければならないでしょう。単位系が混在すると、設計も煩雑化してしまうのです。

こうした不便をなくし、諸量の国際標準化を進めるため、1960年に1量1単位の実用的単位系として**国際単位系**（International System of Units；略称SI）が確立され、広く用いられるようになりました。これを**SI単位**（JIS Z 8202、8203）といいます。

わが国では、従来から工学単位系（MKS単位系）、物理単位系（CGS単位系）が使用されてきました。しかしながら近年はSI単位系への移行が進み、大部分がSI単位で表記されるようになっています。

とはいえ、工業界に浸透している工学単位系あるいは慣例的に用いられている外国単位系との併用もまだ多く見られるので、これらを取り扱う場合には注意が必要です。**図1-7-1**に、代表的な単位の比較表を示しました。

代表的な単位の比較（図1-7-1）

	国際単位系（SI）	工学単位系	物理単位系
長さ	m	m	cm
時間	s	s	s
質量	kg	$\frac{kgfs^2}{m}$	g, kg
力 重量	$N = \frac{mkg}{s^2}$	kgf (=9.80665N)	$\frac{cmg}{s^2} = dyn$
エネルギー 仕事	$J = Nm = \frac{m^2kg}{s^2}$	kgfm	$\frac{cm^{2g}}{s^2} = erg$

SI単位系の基本単位（図1-7-2）

量	名称	記号
長さ	メートル	m
質量	キログラム	kg
時間	秒	s
電流	アンペア	A
熱力学温度	ケルビン	K （°Cを用いてもよい）
物質量	モル	mol
光度	カンデラ	cd

単位には、長さ、質量、時間、電流、熱力学温度*、光度などの基本量について定義される**基本単位**があります。また、力、圧力、応力、エネルギー、仕事、熱量、仕事率などように、基本量を組み立てた組立量に対する**組立単位**があります。

SI単位系の基本単位を**図 1-7-2**に示しました。また、本書で取り扱う代表的な組立単位を**図 1-7-3**に示します。

本書で取り扱う代表的な組立単位（図 1-7-3）

	記号	定義	SI基本単位表示
力	N	$\frac{m \cdot kg}{s^2}$	$kg \cdot m \cdot s^{-2}$
エネルギー 仕事	J	$N \cdot m$	$kg \cdot m^2 \cdot s^{-2}$
熱容量 エントロピ	$\frac{J}{K}$	$\frac{N \cdot m}{kg}$	$kg \cdot m^2 \cdot s^{-2} \cdot K^{-1}$
比熱 比エントロピ ガス定数	$\frac{J}{kg \cdot K}$	$\frac{N \cdot m}{kg \cdot K}$	$m^2 \cdot s^{-2} \cdot K^{-1}$
動力 仕事率 熱流量	W	$\frac{J}{s}$	$kg \cdot m^2 \cdot s^{-3}$
熱流束	$\frac{W}{m^2}$	$\frac{J}{m^2 \cdot s}$	$kg \cdot s^{-3}$
圧力 応力	Pa	$\frac{N}{m^2}$	$kg \cdot m^{-1} \cdot s^{-2}$
表面張力	$\frac{N}{m}$	$\frac{N}{m}$	$kg \cdot s^{-2}$
粘度	$Pa \cdot s$	$\frac{N \cdot s}{m^2}$	$kg \cdot m^{-1} \cdot s^{-1}$

* **熱力学温度**　thermodynamic temperature。熱力学の法則に基づいて決定した温度のこと。絶対温度ともいう。

1-8 機械設計と検討事項

工学設計では、設計の動機付けである課題が解決されていることが重要です。そして、所望の機能を有し、適切な価格設定が可能であることが求められます。さらに、信頼性や耐久性が確保されていなければなりません。

 工学的検討

これらの検討には、1-1節で説明した設計に必要な知識を活かして、機構の検討、材料の検討、構造の検討を行います。さらに、流体機械の場合は圧力や動力などの検討、熱機関の場合は伝熱や熱効率などの検討も必要となります。

さらに、製造のしやすさや品質の検討を行い、耐久性や騒音、振動などの検討も行います。このように、工学的な検討事項は多いのですが、図に示すような、バリアフリーの配慮も必要でしょう。

感覚のバリアフリー（図1-8-1）

また近年は、「障害の有無にかかわらず、すべての人にとって使いやすい」ことを意図してつくられた**ユニバーサルデザイン**が普及しつつあります。

ユニバーサルデザインの例（図1-8-2）

移動（歩行）	路面・床の段差や凹凸をなくす。
立ちしゃがみ	トイレを洋式にする。
時間	自動ドアをゆっくり閉める。横断歩道の青信号を長くする。
感覚	電話機の着信の際にランプを光らせる。
動作	スイッチやボタンを大きくする。
思考・判断	バージョンアップしても、操作方法が変わらないようにする。

機械設計への人間工学の応用（図1-8-3）

人間特性
心理特性
生理特性
身体特性

↓

機械設計
ニーズがあること/機能を果たすこと/
人間工学的につくられていること/
外観がよいこと/低コストであること/
耐久性がよいこと/保全性がよいこと/
リサイクル性・廃棄性がよいこと

↓

使いやすさ
快適性
効率性

こうしたユニバーサルデザインは、**図 1-8-2** に示した例のように、心理・生理・身体などの人間特性に基づく人間工学に関連しています。

QCD

機械設計に求められる重要な要素として品質（Quality）、コスト（Cost）、納期（Delivery）の３つが挙げられ、これらの頭文字をとって**QCD**と呼ばれます。QCDの３要素はどれも重要ですが、それぞれが相反する関係にあるため、実際には、これらのバランスをとっていくことになります。

例えば、耐久性に優れた製品が求められていても、耐久性向上のための技術開発に時間をかけすぎれば、品質は高まる反面、納期は長くなり、コスト高となってしまいます。

QCD（図 1-8-4）

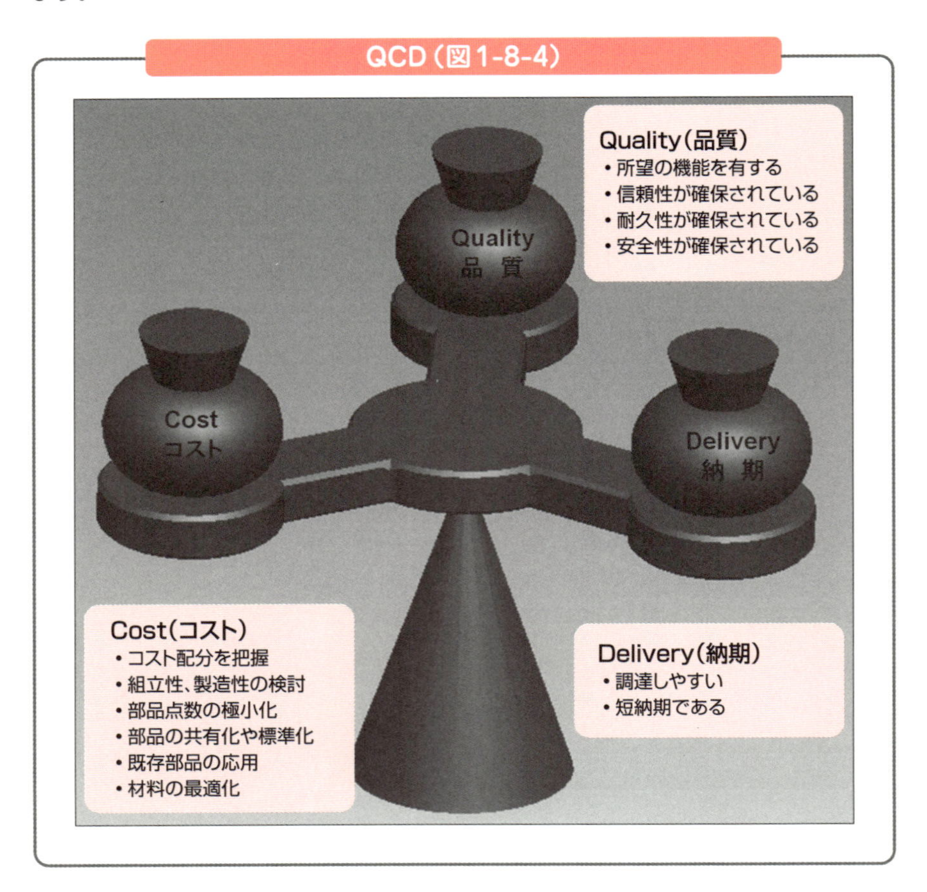

設計者はQCDのバランスをよく考え、品質向上の検討を日頃から行い、各工程の部署との連絡を密に取り合うことで、製造コストを低く抑えるための工夫を設計に織り込んでいく必要があります。

また、設計者の意図しない使われ方によって、国や人に危険を及ぼしてしまうこともあります。第三国への輸出規制に関する知識などにも注意を払う必要があります。

事業化戦略と企画

機械や機械製品の開発では、短期・中期・長期における企画と事業化の戦略が重要です。製造設備や台数によってコストは大きく変動するため、計画的に進める必要があるからです。特に、新規商品を企画する際には、タイミングを見誤ると失敗につながりやすいため、十分に戦略を練る必要があります。

製品のライフサイクル

製品のライフサイクルは、図に示すように、導入期・成長期・成熟期・衰退期の４期に分けることができます。

ライフサイクル（図1-8-5）

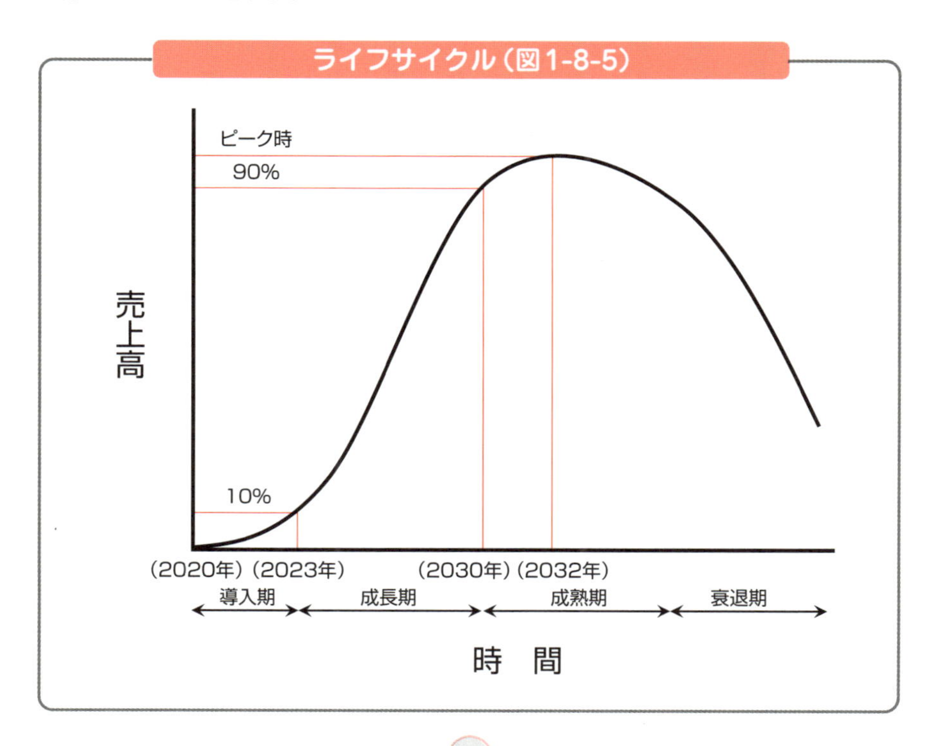

成熟期には採算化を果たせるよう、製造設備を整備し、企画から生産までのいわゆる設計の上流から下流までをタイミングよく進めていく必要があります。製品化から採算が得られるまでの仕組みを図に示します。

製品化と採算化の時期（図1-8-6）

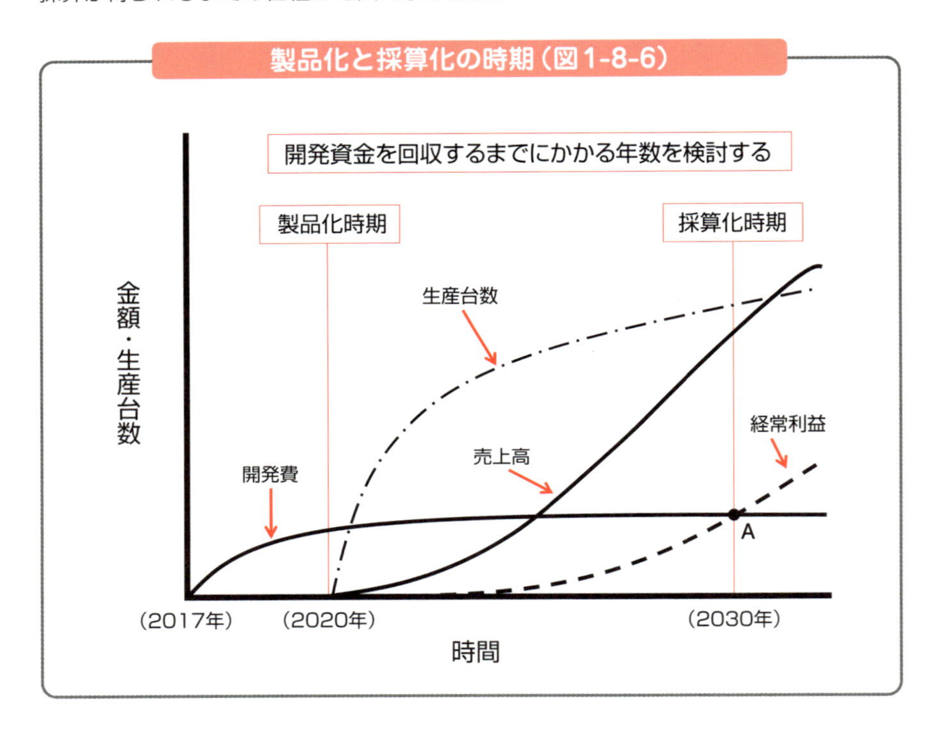

売上高と生産台数を適切に見積もり、開発にかかった資金を回収したあと（図中のA）で、ようやく本当の利益が得られます。このタイミングがライフサイクルの衰退期になっていると、損失が発生することになります。

したがって設計技術者には、世の中で何が求められているかを感知し、先を見極める力も必要となります。こうして得られる利益は、技術者の報酬となるだけではなく、次の新しい機械を創出する糧にもなるのです。

1-9 環境対応と技術者倫理

だれもが欲しがるような便利な製品を、低価格で大量に製造したらどうなるでしょう。品質とコストと納期のバランスから考えれば、この製品は壊れやすいものかしれません。

 重要視される環境への配慮

値段が安ければ、ユーザーは壊れても使い捨て感覚ですぐに買い替えればよいと考えるかもしれません。そうすると、たちまち大量のゴミが発生してしまうでしょう。そのゴミは、だれがいつ処理するのでしょうか。

こういった問題は現実の問題として、私たちの身近に存在しています。その一例は、省エネルギーで注目を集める太陽光発電システムです。それを製造する過程において、どれだけ環境が汚染されるかについては、話題になることが少ないのです。また、廃棄された機械は産業廃棄物として埋め立てられます。そこから、化学薬品などが土壌中に広がったり大気中に放出されたりすることで、環境汚染の原因になることがあります。

自らが設計して生み出した機械の末路が、地球環境を汚染する存在になりかねないのです。これを防ぐためには、設計者が製品の廃棄までを想定して設計にあたる必要があります。

例えば、金属材料とプラスティック材料を分離しやすい構造にしたり、筐体（きょうたい）を分解しやすい構造にしたりする必要があります。こうすることにより、製品が廃棄されるとき、製品に使われている材料を分別回収してリサイクルに活用でき、埋め立て量も減らすことが可能となります。また、環境への悪影響が考えられる化学薬品は、回収しやすいような工夫を施すことも必要でしょう。

このような配慮を設計時に行えば、ゴミの量を減らし、環境への悪影響を防ぐことができ、また、省エネルギー化にもつながります。近年はこういった環境への配慮が重要視されており、多くの会社が積極的に取り組んでいます。

例えば、環境マネジメントシステムの国際規格にISO 14001があります。この認証を企業が取得することにより、地球環境保護に積極的に取り組んでいる企業として世界中から認知されると共に、所属する技術者の環境意識の向上に資することにもなります。

設計と倫理には密接な関係があり、設計には、設計者にしかできない配慮が織り込まれなくてはならないのです。

環境への配慮

製品に使われている材料や化学薬品を回収しやすくするなど、設計者は製品の廃棄までを想定して設計にあたることが大切。

COLUMN コンカレントエンジニアリング

近年、機械をつくり上げるプロセスの効率化を図ることを主目的とした**コンカレントエンジニアリング**の手法が実践されています。

これは、製品製造の各工程を互いに関連付けながら同時に並行して進めるやり方です。

従来の、各工程を1つずつ順に進めるやり方とは異なり、各工程が同時に進むので、効率的にものづくりができるようになります。

具体的には、企画の段階から3次元CADによるモデリングを行い、この3次元CADデータを各工程部門で共有し、設計や製造、検査、解析などに活用していきます。

コンカレントエンジニアリングを用いると、リードタイムの短縮化や問題点の早期発見が可能となり、作業効率が高くなるため、品質を維持しながら大幅な省力化を図ることができます。

COLUMN 技術者倫理

技術者が倫理を失ったらどうなるでしょうか。拝金主義の製品が増え、事故が多くなるかもしれません。

「人を幸せにし、社会を豊かにする」

そういうモノを創出するのが技術者の仕事です。そのためにはどのように行動すべきか——ぜひ、考えてみてください。

技術者倫理に関しては、「**技術士倫理綱領**（2023年版）」や「**技術士法**」第４章がたいへん参考になります。

- 信用失墜行為の禁止
- 秘密保持義務
  正当の理由がなく、その業務に関して知り得た秘密を漏らし、または盗用してはならない。
- 公益確保の義務
  公共の安全、環境保全その他の公益を害することのないよう努めなければならない。
- 資質向上の責務
  常に、知識および技能の水準を向上させ、その他の資質の向上を図るよう努めなければならない。

COLUMN 最適設計とロバスト設計

機械を設計する際には、ほとんどの場合、要求事項から仕様が決まります。例えば、機械は、所望する「能力（性能）」「大きさ」「重さ」「製作コスト」「ランニングコスト」「騒音・振動」などの仕様を満たすように設計しなければなりません。また、実際にその機械が導入されたあとでは、その運用に際して、その機械が設置されている環境状態（温度・気圧・気候など）や停電などの影響、ユーザーによる不慮の加振、経年劣化などにより性能にバラツキが発生したり破損したりします。このような不確定要素に関しても信頼性や耐久性を確保し、安定的に動作するように設計しなければなりません。

そして、これらの要素は、「軽量化を図れば製作コストが上がる」などのように、それぞれ相反することが多いです。したがって、ちょうどよいところを見つけて設計する必要があります。設計に影響を与える種々の要素を想定した上で、最良の設計を行う手法を「**最適設計**」（Optimal Design）といいます。

また、設計の不確定要素に関しては、不具合が発生しないような配慮が設計に織り込まれる必要があります。不確定要素の影響を受けにくい性質を「**ロバスト性**」（Robustness）といい、ロバスト性を有するように設計することを「**ロバスト設計**」（Robust Design）といいます。

近年はAIの活用も進められており、最適設計やロバスト設計に役立てられるようになってきました。

COLUMN 先人の苦労を知る！（失敗は成功の宝箱）

レストランやバーなどで冷たい飲み物を注文すると、透明な氷がコップに入っていることに気づきます。家の冷蔵庫で作る氷は白く濁っています。透明な氷を作ることができたら、お父さんはバーに寄らず帰宅して、家で美味しく１杯やるかもしれません。

▲家庭用冷蔵庫で作る氷はなぜ白い？

昔、家庭用冷蔵庫に搭載されている自動製氷機で透明な氷を作ろうとチャレンジしたことがありました。自動製氷機とは、冷蔵庫の中に水を入れるタンクが装備されていて、そこから自動的に製氷皿へ給水し、氷ができたら製氷皿をねじって製氷皿の下にある氷室に氷を貯めておくものです。いつでも、ザクザクと氷を利用することができる便利な機能です。ところが、この透明な氷を作る自動製氷機内蔵の冷蔵庫で漏水事故が起きました。製氷皿をねじって氷を氷室へ落とすはずが、製氷皿に氷がくっついたままとなり、そこへ給水したため水があふれ出たのです。

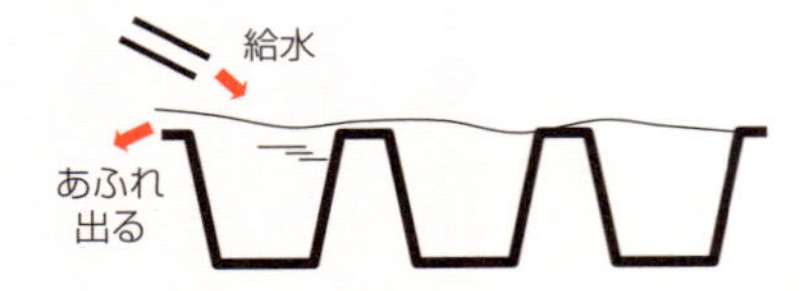

・なぜ家庭で作る氷は白くなるのか？

水道水にはたくさんの空気が溶け込んでいて、水が冷えると空気が気泡となって出てきます。このとき、冷気を上から当てていると、氷は上から凍っていき、気泡は氷の中に閉じ込められてしまいます。これが、白く濁る原因です。

・どうやって透明な氷を作るか？

では、下から冷気を当てたらどうでしょう。気泡は上から抜けて下から氷ができます。実際にやってみると透明な氷になります。そこで製品化したのですが、漏水事故となってしまいました。

・水は氷ると体積が増える！

上から冷気を当てていたのには理由があります。水は氷になると体積が増えます。上から凍らせることで体積が増えるぶん、氷が製氷皿からせり上がり、製氷皿をねじって氷を落とす前に、製氷皿から氷が剥がれるのです。

先人達は、確実に氷を製氷皿から落とすために、上から冷気を当てる工夫をしたのです。先人の努力を知ることは、設計力UPに繋がります。

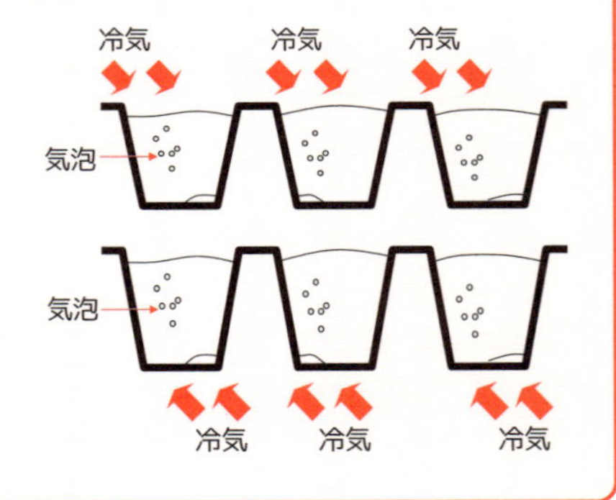

Chapter 2

機械設計に必要な力学の基礎

機械を設計する際には、「望まれる機能がある」「壊れない」「十分長く安全に使用できる」など、機能や構造、強度に関する基本的な確認事項があります。これらの基本となっている重要な力学の基礎知識について、本章で解説します。

2-1 ニュートンの法則

機械の動きを考える上で役に立つのが、ニュートンの法則です。ニュートンの運動の３法則を再確認しましょう。

ニュートンの運動の３法則

第１法則は、**慣性の法則**といわれます。物体が常に現在の運動状態を保とうとする性質を**慣性**といいます。動いている物体は動き続けようとし、止まっている物体は止まり続けようとすることを示しています。

ニュートンの法則（図2-1-1）

第1法則：慣性の法則

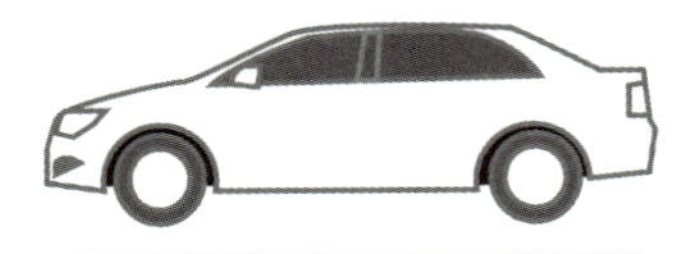
止まっている車は止まり続ける

走っている車は走り続ける

第2法則：運動の法則

［物体に働く力：F］＝［物体の質量：m］×［物体の加速度：a］

第3法則：作用・反作用の法則

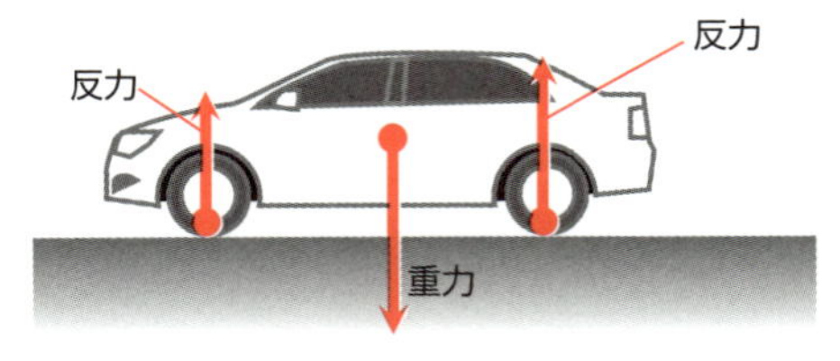

第2法則は、**運動の法則**といわれます。物体に力F[N]が加えられると、物体は運動を始めます。このときの物体に働く力は、物体の質量m[kg]と物体の加速度a[m/s^2]の積に等しくなります。

第3法則は、**作用・反作用の法則**といわれます。物体に力を与えると、逆方向に同じ大きさの力を受けます。例えば、駐車している自動車には、道路を押す重力と、道路が自動車を押す反力（大きさが同じで向きが反対）が作用します。

物体の運動と静止

ニュートンの運動の3法則を組み合わせれば物体の運動を考えることができるので、機械設計においてもたいへん有用です。物体が静止しているときは、止まっている自動車のように、物体に働いている力がつり合っていると考えることができます。

このとき、エンジンによる駆動力など何らかの力が物体に加わると、それまでつり合っていた力が不均衡になり、物体は運動します。工業力学では図に示すように、物体の運動を扱ったり、物体が静止しているときの力のつり合いを扱ったりします。

物体の運動と静止（図2-1-2）

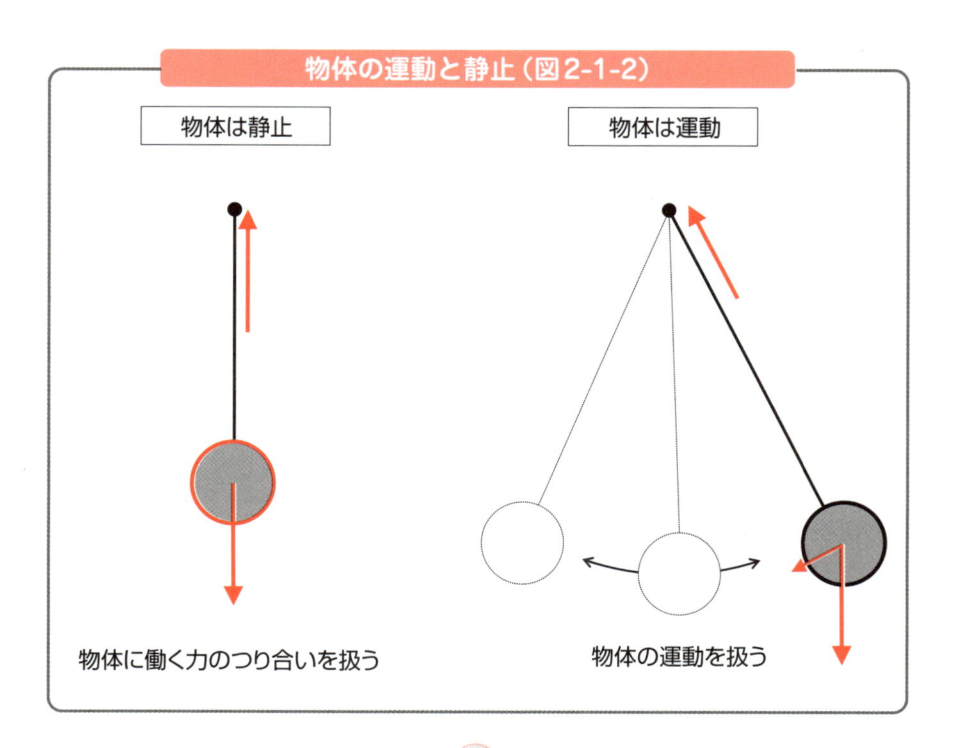

2-2 質点と剛体と弾性体

斜面の上に物体を置くと、物体は斜面に沿って転がり始めます。

斜面に置かれた物体の運動

物体に働いている力は、**重力**、重力の斜面垂直方向成分と同じ大きさで向きが反対の**垂直抗力**、および**摩擦力**です。そして、重力と垂直抗力の合力が摩擦力とバランスがとれていれば物体は停止し、合力が摩擦力よりも大きければ物体は斜面に沿って滑り落ちます。

斜面に置かれた物体の運動（図2-2-1）

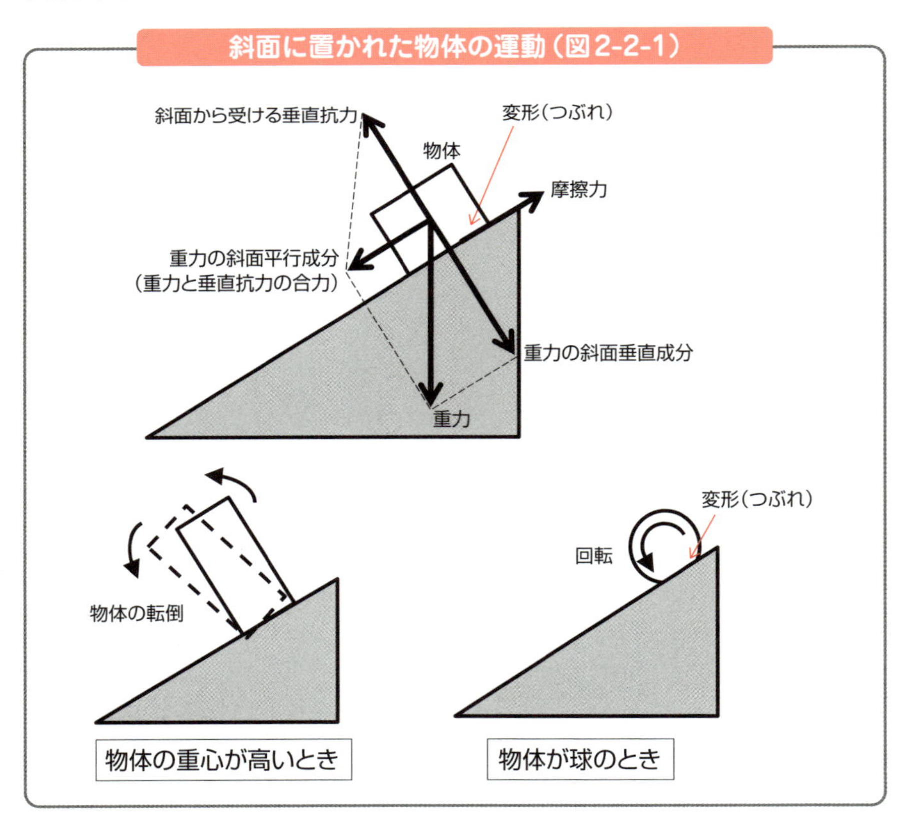

このときの物体の加速度は、ニュートンの法則から次のように求めることができます。

$$[\text{物体の加速度}] = \frac{[\text{合力}] - [\text{摩擦力}]}{[\text{物体の質量}]}$$

ただし、実際にはもう少し複雑な現象になります。物体の重心が高いときは、転倒するかもしれません。物体が球の場合は、斜面に沿って回転しながら下りていく（転がり落ちていく）ことが予想されます。さらに、物体は斜面に接触する部分でつぶれて変形しているでしょう。つまり、回転しながら球体の形状が微妙に変わっていくのです。

質点、剛体、弾性体

実際の複雑な物理現象について、すべての運動を考えるのはたいへん難しいことです。そこで機械設計では、必要に応じて簡略化した理想的な概念を用いて考えます。

下表に、質点・剛体・弾性体のそれぞれについて、斜面に沿った運動を示します。**質点**は、物体を「大きさがなくて質量を持った点」として扱います。したがって、空気抵抗などの外力や物体の回転運動を考えません。

質点、剛体、弾性体（図2-2-2）

質点		物体を、大きさがなくて質量を持った点（質点）として扱う。
剛体		物体を、力を加えても変形をしないものとして扱う。
弾性体		物体を、力を加えると変形し、力を取り除くと元の形に戻るものとして扱う。

こうした仮定により、力学計算を簡略化することができます。

剛体は、力を加えても変形しない物体です。物体は形状によって滑り落ちたり転がり落ちたりますが、物体や斜面の変形はないと仮定します。質点の力学よりも現実の現象に近くなります。**弾性体**は、力を加えると変形し、力を取り除くと元の形に戻る物体です。物体の変形を考慮します。弾性体は実際の物体に近く、物体の運動解析を正確に行えます。しかしながら、弾性体として行う運動解析は一般に複雑で、物理的にも経済的にも負担が大きくなります。

機械設計を行う際は、目的に応じて質点・剛体・弾性体を適時、使い分けて取り扱います。

COLUMN 斜面を滑り落ちる物体の加速度

斜角度θの斜面に沿って滑り落ちる物体の加速度aは、次のようになります。

[摩擦力：f]＝[動摩擦係数：μ]×[垂直抗力：N]
$N = mg\cos\theta$ なので、$f = \mu mg\cos\theta$

m：物体の質量、g：重力加速度

重力の斜面方向成分と摩擦力の、力のバランスを考えます。

$$ma = mg\sin\theta - \mu mg\cos\theta$$

よって、$a=g(\sin\theta - \mu\cos\theta)$となります。

一方、同じ斜面で半径r、質量Mの円板が斜面を滑らないで転がり落ちるときの落下の加速度aと回転の角加速度αは次のようになります。

斜面方向の運動方程式：$Ma = Mg\sin\theta - F$
円板の回転運動の運動方程式：$I\alpha = Fr$
F：斜面の摩擦力、I：円板の慣性モーメント

円板が転がり始めてから時間t秒後の速度をv、角速度をωとすれば、$v = at$、$\omega = \alpha t$、$v = r\omega$ の関係式を用いて、右に示す式のようになります。

$$a = \frac{Mgr^2\sin\theta}{Mr^2 + I} \quad \alpha = \frac{Mgr\sin\theta}{Mr^2 + I}$$

2-3 力と力のモーメント

スパナを用いてボルト締める場合を考えます。

スパナのボルト締め

同じ大きさのボルト（ナット）を締め付けるときに、大きさの違う２種類のスパナを用います。同じ締め付け力を得るとき、スパナの柄が長い方が、短い方よりも小さな力で締め付けることができます。

スパナのボルト締め（図2-3-1）

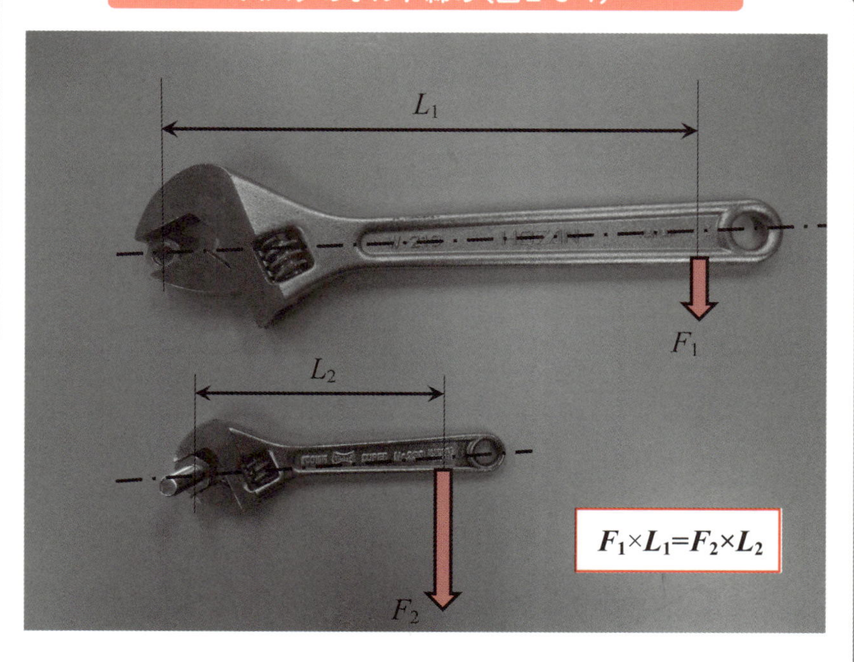

力Fならびに力が働く地点までの支点からの距離Lの積を**力のモーメント**Mといい、次のように表されます。

$$M = F \times L \quad (2\text{-}1)$$

力のモーメントは、支点を中心とする回転力を表しています。力のモーメントは、力と同じように分解や合成ができます。ある支点の周りにおいて、2つの力のモーメントの和は、その支点に関する合力のモーメントに等しくなります。

物体のつり合い

図に示すように、物体に2つの力が働いているとします。物体がつり合うためには、まず、物体に働く2つの力の大きさが同じである必要があります。また、回転しないためには、2つの力のモーメントがつり合っている必要があります。

物体のつり合い（図2-3-2）

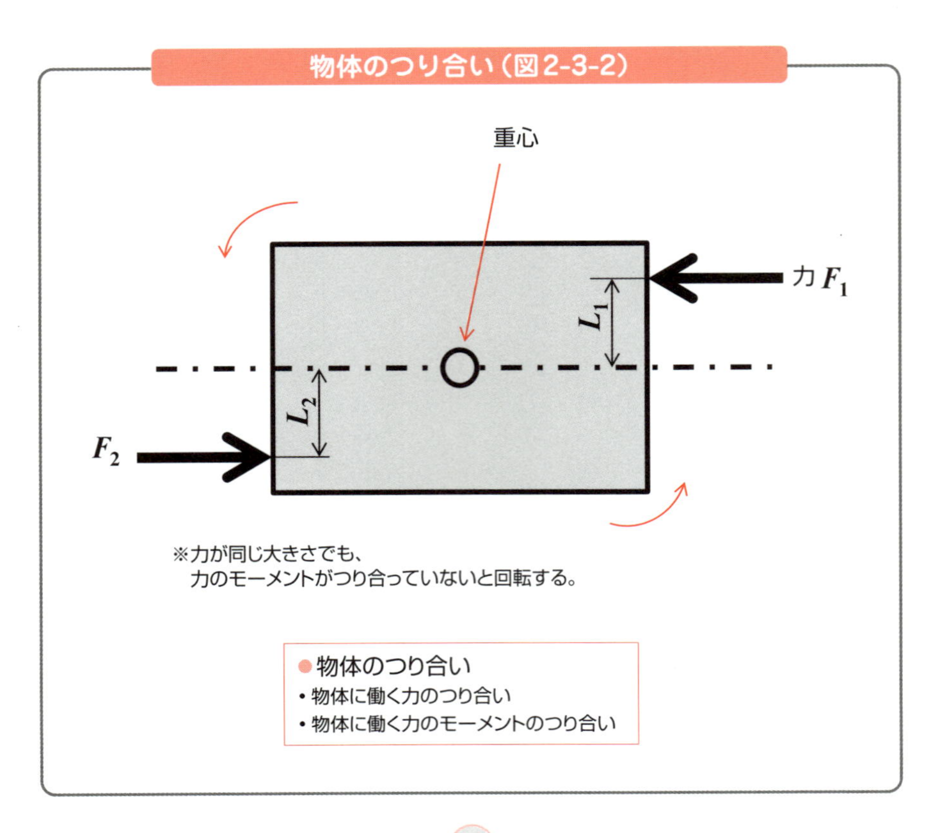

物体が移動せず、回転もしないとき、その物体は**つり合っている**といいます。例えば、直行座標系で考えると、x方向、y方向、z方向に移動せず、かつ、x軸を中心とした回転、y軸を中心とした回転、z軸を中心とした回転がない場合、その物体はつり合っています。

COLUMN 物体の転倒

物体に外力が働いていないとき、物体を少しずつ傾けていっても、重心に働く重力の作用線（図中の「-·-·-·-·-」）が底面を通る状態ならば、傾きが元に戻る方向に力が働きます。

しかし、傾きが大きくなって作用線が底面から外れた状態になると、転倒します。

物体は、重心を低くしたり、底面を広くしたりすると、転倒しにくくなります。

物体の安定

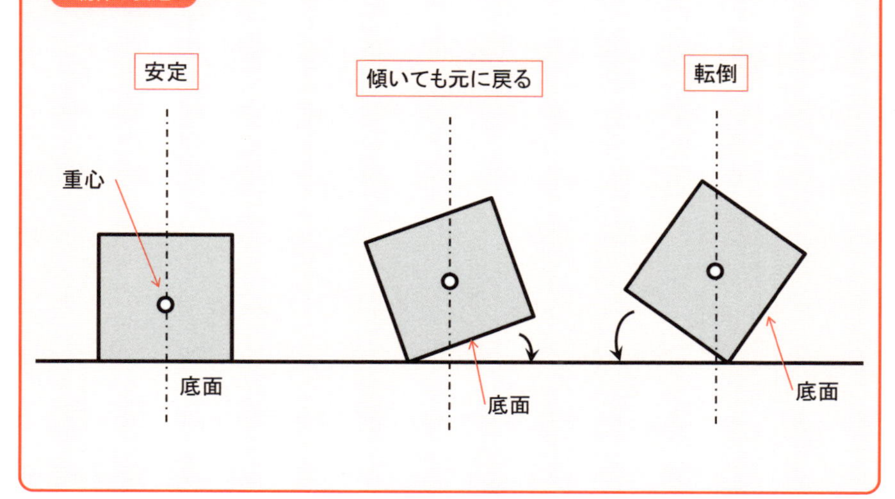

2-4 物体の運動

物体の運動には、直線運動、曲線運動、放物運動、円運動、相対運動などがあります。

直線運動

直線運動は、物体が直線上を移動するときの運動です。物体が移動する速度は、単位時間当たりの移動量、つまり「移動した距離と、移動に要した時間の比」で示されます。

$$[速度：m/s] = \frac{[移動した距離：m]}{[移動に要した時間：s]}$$

機械の運動は、速度が一定ではないことが多いです。しかし、ごく短い時間であれば「速度は一定である」と見なすことができます。そして、「微小時間における微小速度を、移動に要した時間で積分」して、**移動距離**を求めることができます。

また、移動量（変位）がわかっているときは、これを時間で微分することにより、任意の地点における**瞬時速度**を知ることができます。**加速度**は、単位時間当たりの速度の変化量、すなわち「速度の変化と、その変化に要した時間の比」で示されます。

$$[加速度：m/s^2] = \frac{[速度の変化量：m/s]}{[速度変化に要した時間：s]}$$

物体が自由落下するときは、物体に一定の加速度（これを**重力加速度**といいます）が働いています。加速度が一定の場合の速度は、次のようになります。

$$v = v_0 + at \tag{2-2}$$

v：速度[m/s]、v_0：初速度[m/s]、a：加速度[m/s^2]、t：時間[s]

また、時間t[s]の間に移動した距離x[m]は、式(2-2)を時間で積分することにより、次のように求めることができます。

$$x = v_0 t + \frac{1}{2} a t^2 \qquad (2\text{-}3)$$

加速度は、速度を時間で微分することにより求められます。実際の機械では、運転開始時や停止時に加速度が変動します。また、運転中においても、加速度が変動する場合があります。機械設計では、必要に応じて速度を時間で微分することにより、**瞬時加速度**を求めます。

円運動

円運動は、直線運動における速度v[m/s]を回転運動の角速度ω [rad/s]に置き換え、加速度a[m/s²]を角加速度α [rad/s²]に置き換えることによって、直線運動と同じように考えることができます。

角速度は、回転運動において、単位時間当たりに回転した角度（rad：ラジアン）、すなわち「回転角と回転に要した時間の比」によって表されます。

$$[\text{角速度：rad/s}] = \frac{[\text{回転した角度：rad}]}{[\text{回転に要した時間：s}]}$$

角速度も、機械の運動においては一定でないことが多いです。回転角度は、「微小時間における微小角速度を、移動に要した時間で積分する」ことで求められます。また、回転角度（変位）がわかっているときは、これを時間で微分することにより、任意の角度における**瞬時角速度**を知ることができます。

角加速度は、単位時間当たりの角速度の変化量、つまり「角速度の変化と、変化に要した時間の比」で示されます。

速度と加速度

物体が直線上を移動する速度は「移動した距離と移動に要した時間の比」で示され、加速度は「速度の変化とその変化に要した時間の比」で示される。

$$［角加速度：rad/s^2］=\frac{［角速度の変化量：rad/s］}{［角速度変化に要した時間：s］}$$

角加速度が一定の場合の角速度は、次のように示されます。

$$\omega = \omega_0 + \alpha t \tag{2-4}$$

ω：角速度[rad/s]、ω_0：初期角速度[rad/s]、
α：角加速度[rad/s²]、t：時間[s]

さらに、時間t[s]の間に回転した角度θ[rad]は、式(2-4)を時間で積分することにより求めることができます。

$$\theta = \omega_0 t + \frac{1}{2}\alpha t^2 \tag{2-5}$$

角加速度は、角速度を時間で微分することにより求められます。

円運動のいろいろな関係（図2-4-1）

1回転 (360°をラジアンで表す)	$360° = 2\pi$ [rad]
周期 T [s] (1回転するのに要する時間)	$T = \frac{2\pi}{\omega}$ ω：角速度[rad/s]
回転数(周波数) f [Hz]	$f = \frac{\omega}{2\pi}$
1分間当たりの回転数 N [min⁻¹]	$N = 60f = \frac{60\omega}{2\pi} = \frac{30\omega}{\pi}$
円運動をしているときの、円周上の点における接線方向速度 v [m/s]	$v = r\omega$ r：円運動の半径[m]

2-5 剛体の回転

剛体が、角加速度αで回転運動している場合の力のモーメントは、トルク* を受けて回転運動をしているときの運動方程式として表せます。

慣性モーメントの大きさ

運動方程式を次に示します。

$$M = I\alpha \quad (2\text{-}6)$$

I [kgm^2]：慣性モーメント

慣性モーメントの大きさは、物体の大きさや形状、回転軸に関係して決まり、回転軸の位置や距離、そして物体に穴などの空間がある場合その他で変わります。

そこで、剛体の全質量m[kg]が回転軸から半径r[m]の位置に集中しているとすると、**慣性モーメント**Iは次のようになります。

$$I = mr^2 \quad (2\text{-}7)$$

剛体の運動を表す式は、質点の運動を表す式に似ています。この対応関係を整理すると表のようになります。

質点運動と剛体運動の対応関係（図2-5-1）

質点			剛体	
力	F[N]	⟺	力のモーメント	M[Nm]
質量	m[kg]	⟺	慣性モーメント	I[kgm^2]
速度	v[m/s]	⟺	角速度	ω[rad/s]
加速度	a[m/s^2]	⟺	角加速度	α[rad/s^2]

*トルク　物体の回転運動に要する力。力と力が作用する点から回転軸までの距離との席で表されます。

2-6 機械要素に働く力

製品に組み込まれているねじや軸などの機械要素には、いろいろな力が働いていて、変形したり、力に耐えられなくなると破壊したりします。

荷重とは

機械要素の変形や破壊は、機械の機能不全を引き起こすばかりでなく、場合によっては、重大な事故につながります。したがって設計者は、所望の機能が得られ、かつ所定の許容値以下に変形量が収まるように、あるいは破壊しないように、機械要素の材料や寸法を決める必要があります。

一般に、機械要素の材料および部材の「破壊に対する抵抗」を**材料の強さ**といい、「変形に対する抵抗」を材料の**剛性**あるいは**こわさ**といいます。また、材料に作用する外力を**荷重**といい、材料の内部に発生する力を**内力**といいます。

荷重は、荷重の加わり方や加える速度により、図に示すように分類されます。

荷重の加わり方による分類（図2-6-1）

引張荷重 Tensile load		材料を引き延ばす方向に加わる荷重
圧縮荷重 Compressive load		材料を押し縮める方向に加わる荷重
せん断荷重 Shearing load		材料をはさみで押し切るような方向に加わる荷重
曲げ荷重 Bending load		材料を曲げる方向に加わる荷重
ねじり荷重 Torsional load		材料をねじる方向に加わる荷重

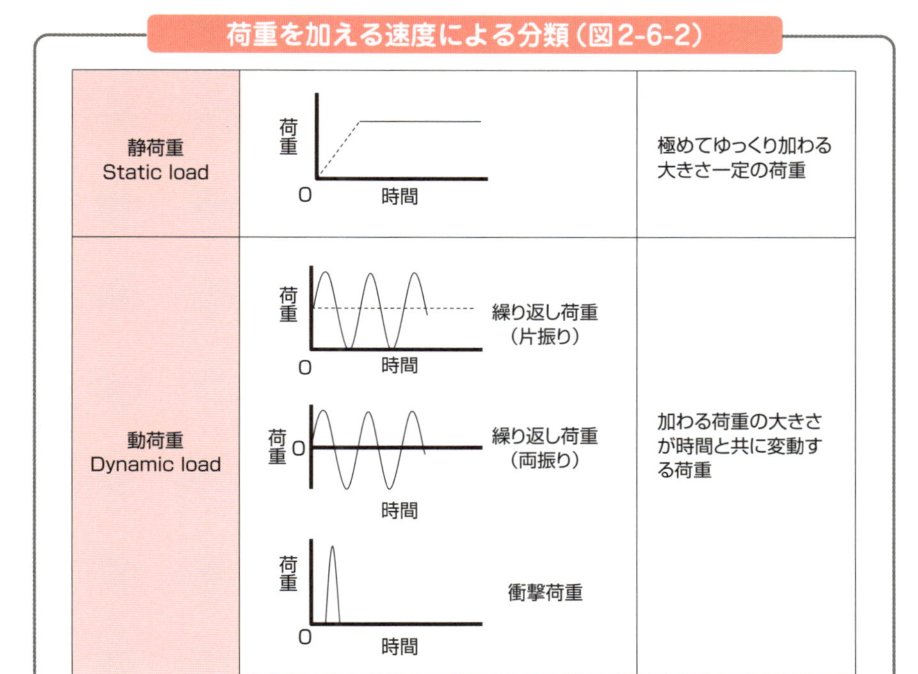

材料の強さや剛性の検討

一般に、機械設計では、次の仮定のもとに、材料の強さや剛性を検討します。

①材料は連続した固体である。

②材料は等質・等方性である。

③材料は外力を受けると内力を発生し、内力は外力が作用しない限り存在しない。

④材料に力を加えたときに生じる変形は、力がある限界の大きさを超えなければ力に比例する。そして、作用している力を取り除けば変形は消滅し、材料は完全に元の形に戻る（**弾性体の仮定**）。

⑤材料に多数の力が同時に作用した場合に生じる結果は、それらが任意の順序でそれぞれの位置に働いたときに生じる結果と同じである（**重ね合わせの法則**）。

⑥外力の着力点から十分に離れたところに生じる変形および内力は、外力の合力とモーメントが同一であれば、外力の影響をほとんど受けない（**サブナンの原理**）。

2-7 引張強さと圧縮強さ

機械設計に必要な力学の中でも、引張強さと圧縮強さは、重要な位置を占めています。

応力

材料に引張あるいは圧縮の荷重W[N]が加わる場合、横断面Xの単位面積当たりに生じる**内力**は、全体の内力P[N]すなわちそれと等しい荷重W[N]を断面積A[m^2]で割ることで求められます。これを**応力**σ [Pa]といい、次のようになります。

$$[応力：\sigma]=\frac{[荷重：W]}{[断面積：A]}$$

（単位は[Pa]あるいは[MPa]が用いられる）

垂直応力（図2-7-1）

引張応力

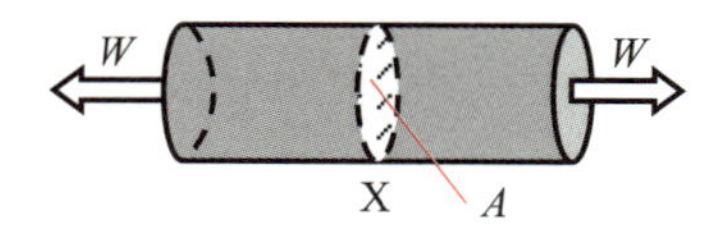

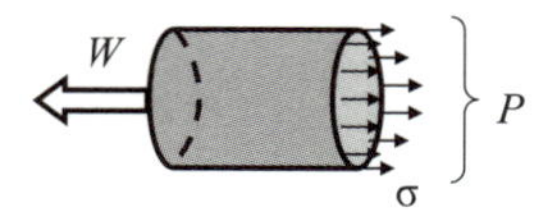

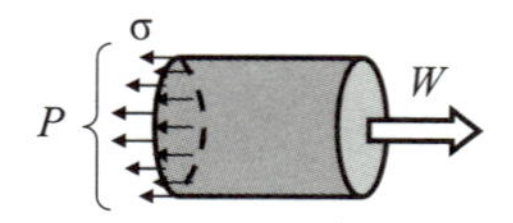

圧縮応力

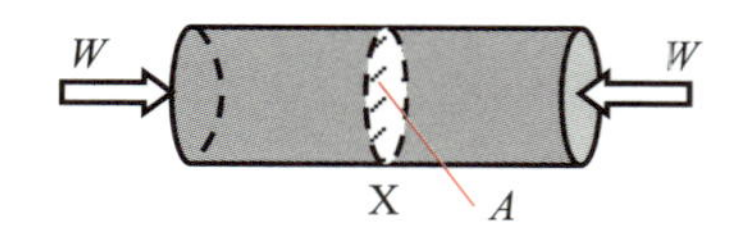

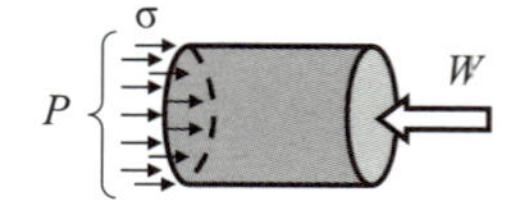

引張荷重により生じる応力を**引張応力**、圧縮荷重により生じる応力を**圧縮応力**といいます。この両者はどちらも断面に垂直な方向に発生する応力であり、総称して**垂直応力**といいます。

変形とひずみ

一様な断面を持つ棒状の材料が引張荷重Wを受ける場合、この材料の長さは、図に示すように元の長さlからλ伸びて$l+\lambda$となります。このときの単位長さ当たりの伸びを**引張ひずみ**εといい、次のように表されます。

$$\left[\text{ひずみ}:\varepsilon\right]=\frac{\left[\text{材料の変形量}:\lambda\right]}{\left[\text{材料の元の長さ}:l\right]}$$

同様に、圧縮荷重を受ける場合は、元の長さlからλ縮んで$l-\lambda$となります。このときの単位長さ当たりの縮みを**圧縮ひずみ**εといい、引張ひずみと同じ値で符号が負となります。引張ひずみと圧縮ひずみは、共に棒の長さ方向のひずみで、これらを**縦ひずみ**といいます。

材料の変形（図2-7-2）

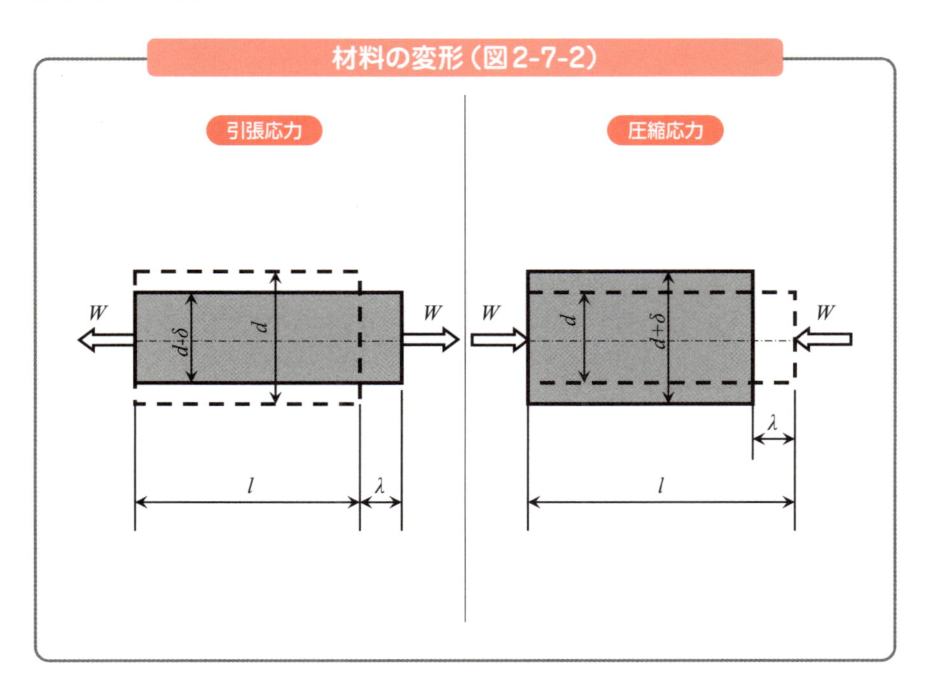

一般に材料は、例えば、棒状の材料が長さ方向に伸びる場合、長さ方向に直角の方向（丸棒ならば半径方向）の長さは縮みます（細くなる）。また、長さ方向に縮む場合は、その直角方向は伸びます（太くなる）。

丸棒で考えると、変形前の直径をdとし、荷重が加えられたときの直径の変形量をδとすると、直径のひずみε_dは次のようになります。

$$\varepsilon_d = \frac{\delta}{d} \tag{2-8}$$

これは荷重の方向と直角の方向のひずみで、**横ひずみ**といいます。

材料の変形が小さい場合（弾性変形を行う場合）、縦ひずみと横ひずみの比の絶対値は、材料により一定の値となります。これを、**ポアソン比**νあるいは**ポアソン数**mといい、次のように表されます。

$$[\text{ポアソン比}：\nu] = \frac{1}{[\text{ポアソン数}：m]} = \left|\frac{[\text{横ひずみ}：\varepsilon_d]}{[\text{縦ひずみ}：\varepsilon]}\right|$$

縦弾性係数

材料は、ある外力を受けると変形し、その外力に平衡する応力が材料内部に生じます。外力がさらに大きくなると、その変形量と応力は共に大きくなります。このときに、加えている外力を徐々に減少させゼロに戻すと、変形と応力は消滅して材料は元の形に戻ります。これを**弾性**といいます。

完全にひずみがなくなり原形に戻る場合、この材料を**完全弾性体**といいます。軟鋼、アルミニウム、木材、コンクリートなど、多くの材料はそれぞれのある限度内、例えば外力が過大でない範囲では、完全弾性体と見なして取り扱うことができます。

コイルばねに荷重をかけたとき、弾性範囲ではコイルの伸び量はそのときの荷重に比例しますが（**フックの法則**）、さらにヤングにより、垂直応力σと縦ひずみεの間に次の関係があることが明らかになっています。

$$\sigma = E \cdot \varepsilon \quad [\text{MPa}] \tag{2-9}$$

この比例定数Eを**ヤング率**といい、材料の**縦弾性係数**といいます。

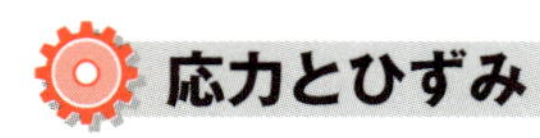

応力とひずみ

軟鋼に関して、荷重により生じる応力とそのときのひずみを図に示します。このような図を**応力−ひずみ線図**といいます。図において、OA間では、応力とひずみは比例し、荷重を取り除くとひずみもすべて除去されます。

A点の応力は、比例関係となる限界であり、**比例限度**といいます。AB間は、応力とひずみは比例関係ではなくなりますが、荷重を取り去れば、ひずみはなくなる領域です。ここまでが弾性変形の領域であり、弾性を保つ限界のB点の応力を**弾性限度**といいます。

B点を超えると、荷重を取り去ってもひずみが残り、変形したままになります。このときの残ったひずみを**永久ひずみ**といい、永久ひずみが生じる材料の性質を**塑性**といいます。

応力—ひずみ線図（図2-7-3）

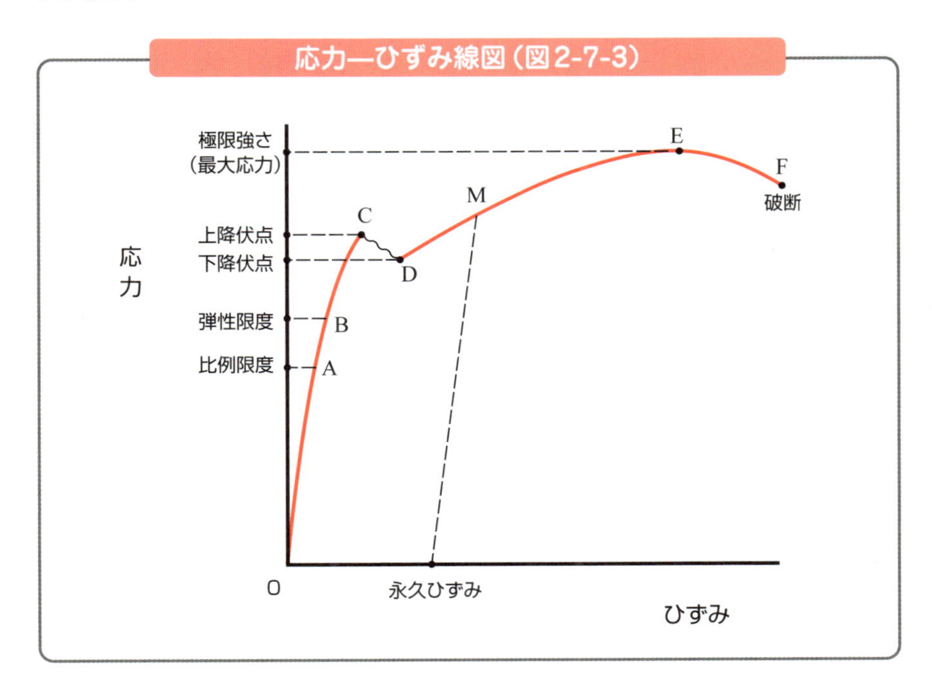

また、C点の応力を**上降伏点**といい、D点の応力を**下降伏点**といいます。軟鋼以外の材料では、例えば**図2-7-4**に示すように、降伏点が明確に現れません。したがって、一般に0.2%の永久ひずみが生じたときの応力を**降伏点**と見なします。

このときの応力を**耐力**といいます。E点の最大応力を**極限強さ**といい、この極限強さのことを、引張の場合は**引張強さ**といい、圧縮の場合は**圧縮強さ**といいます。E点を超えると材料にくびれが生じ始め、F点で破断します。**図2-8-2**に代表的な工業材料の弾性係数とポアソン比を示します。

脆性材料と延性材料の応力とひずみ（図2-7-4）

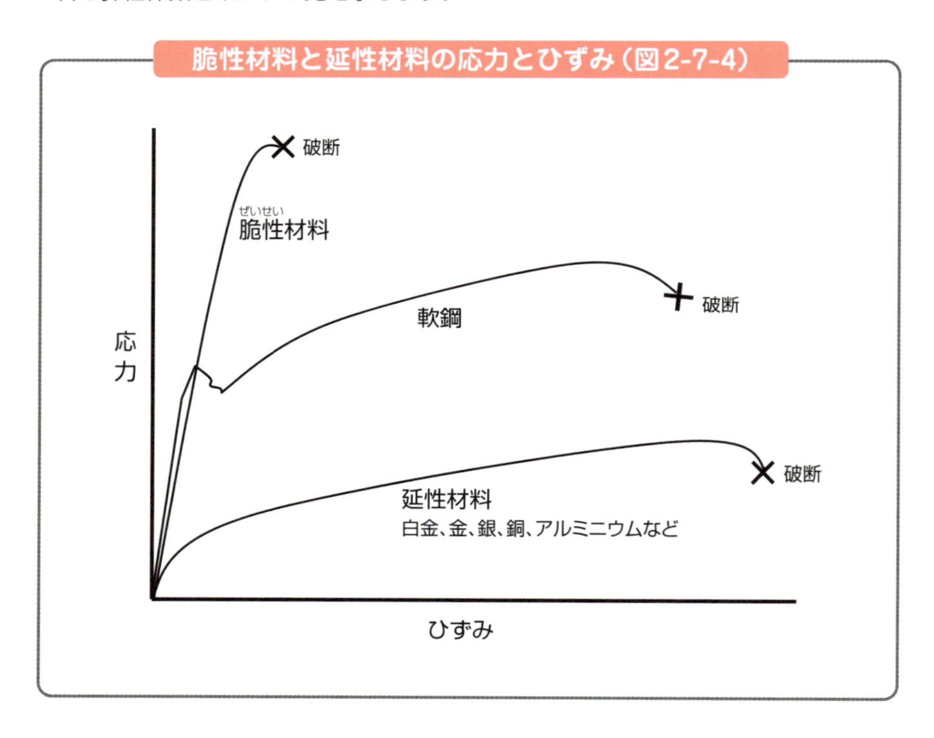

ヤング率

多くの材料は、外力が過大でないそれぞれの限度内では、完全弾性体と見なすことができる。このとき、垂直応力は縦ひずみに比例する。この比例定数を**ヤング率**（縦弾性係数）という。

2-8 せん断強さ

ねじやリベット、軸、ピンなどの機械要素の設計では、圧縮応力や引張応力のほかに、せん断応力の検討が必要となる場合が多いです。

せん断力

板材と板材を固定するリベット継手(つぎて)では、板の境界面Xに沿ってリベットを切断しようとする作用(**せん断力**)を受けています。断面X上では、せん断力Wに抵抗する内力Pが面に沿って生じています。

この内力が断面上に均一に分布していると仮定して、その応力を**せん断応力**あるいは**平均せん断応力**といいます。

断面積をA、せん断応力をτで表すと、次のように表すことができます。

$$\tau = \frac{P}{A} = \frac{W}{A} \quad \text{(単位は[Pa]あるいは[MPa]が用いられる)} \qquad (2\text{-}10)$$

せん断力を受ける場合も、材料は変形して相対的なずれを生じます。**図2-8-1**に示すような、断面が長方形の直方体状の材料が、その底面を固定され、上面に平行な力(せん断力)を受けるとき、生じる相対的なずれ量λ_s、すなわち距離当たりの滑り量は次のように表されます。

$$\left[\text{せん断ひずみ}:\gamma\right] = \frac{\left[\text{材料のずれ量(変形量)}:\lambda_s\right]}{\left[\text{材料の元の長さ}:l\right]}$$

このときのγを**せん断ひずみ**といいます。

また、せん断応力τとせん断ひずみγの間にもフックの法則が成立し、両者は比例するので、その比例定数をGとすれば、次の式が成り立ちます。

$$\frac{\tau}{\gamma} = G \qquad (2\text{-}11)$$

ここで、Gは**せん断弾性係数**あるいは**横弾性係数**といいます。代表的な材料の弾性係数を**図2-8-2**に示します。

せん断力（図2-8-1）

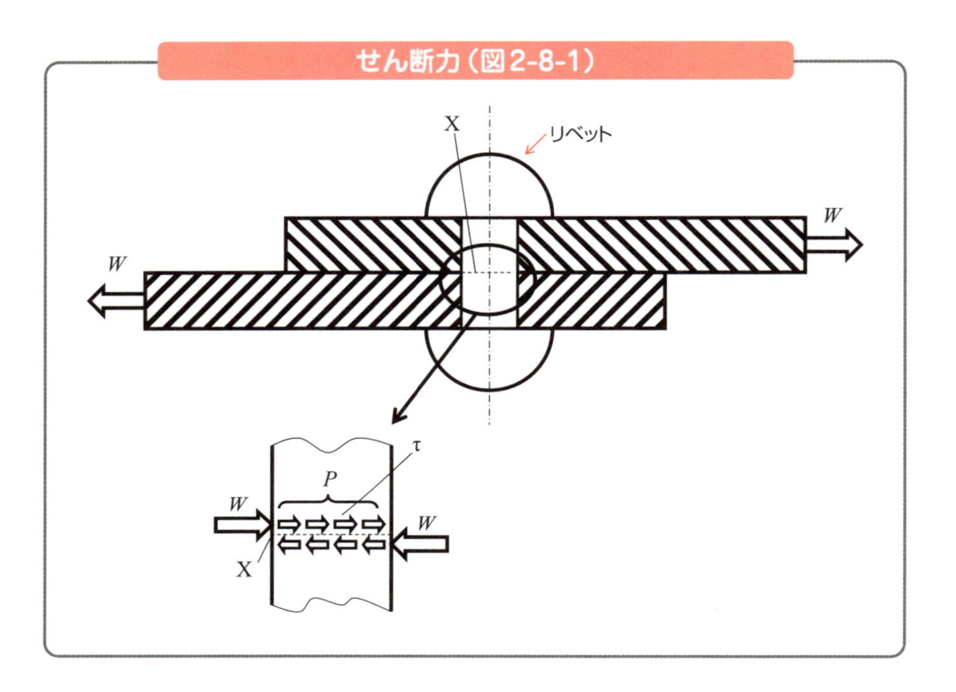

工業材料の弾性係数とポアソン比（図2-8-2）

材料	縦弾性係数	横弾性係数	ポアソン比
	E［GPa］	G［GPa］	ν
軟鋼	206	79	0.28～0.33
硬鋼	206	79	0.28～0.33
鋳鋼	211	81	0.28～0.33
鋳鉄	98	37	0.28
アルミニウム	71	2.6	0.33
コンクリート	20	－	0.10

2-9 曲げと強さ

車軸、伝動軸、板ばね、歯車の歯などは、圧縮荷重、引張荷重、せん断荷重のほかに、曲げ荷重も受けて材料の変形や応力が生じています。

はりの曲げ応力

回転機械で軸に曲げ荷重が働き、軸受内で軸がたわむと焼き付きの原因になり、重大な事故を引き起こす可能性があります。したがって、曲げ荷重とその変形量（たわみ量）を検討することは重要です。

縦方向の荷重により曲げ作用を受けて、その荷重を支えている細長い部材を一般に**はり**といいます。軸は、はりと見なして解析を行うことができます。

はりに荷重（外力）が作用すると、はりは曲げモーメントMを受け、図に示すようにたわみます。

このとき、AC側は圧縮されて縮み、BD側は引っ張られて伸びています。このような断面には、圧縮応力と引張応力の両方が存在しており、この２つの応力を総称して**曲げ応力**といいます。

はりの曲げ応力（図2-9-1）

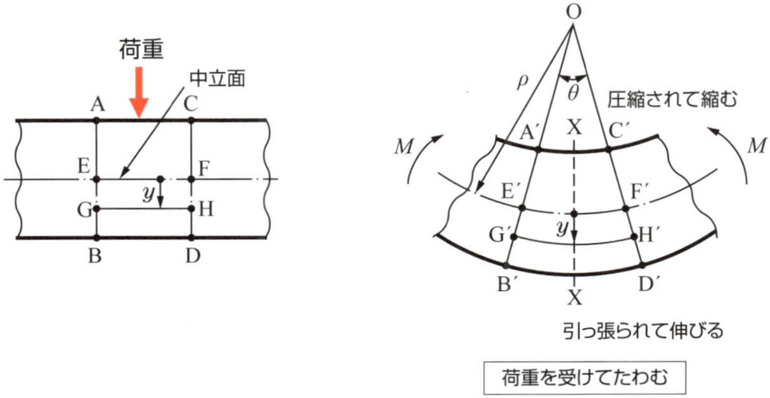

荷重を受けてたわむ

最大曲げ応力をσ_{max}とし、そのときの断面係数をZとすると、曲げモーメントは、次のようになります。

$$M = \sigma_{max} Z \tag{2-12}$$

断面係数は、断面形状だけによって決まる係数で、回転機械のクランク軸やピストンピンなど、曲げ荷重を受ける機械要素の構造設計上、重要な係数です。代表的な断面係数を表に示します。

設計では、σ_{max}の値が材料の許容応力よりも小さくなるように、断面形状を検討したり、材料選定を行うようにします。

代表的な断面係数の例（図2-9-2）

断面形状	断面係数 Z [mm³]
円（直径 d）	$\dfrac{\pi}{32}d^3$
中空円（内径 d_1、外径 d_2）	$\dfrac{\pi}{32}\dfrac{d_2^4 - d_1^4}{d_2}$
長方形（幅 b、高さ h）	$\dfrac{1}{6}bh^2$
I形（h_2、h_1、b_1、$\dfrac{b_2}{2}$、$\dfrac{b_2}{2}$）	$\dfrac{1}{6}\dfrac{b_2h_2^3 - b_1h_1^3}{h_2}$

2-10 材料の破壊

機械要素に用いられる部材は、その材料が破壊しない範囲以下の応力で使用しなければなりません。

許容応力と安全率

材料に対して、安全であるとして許される最大の応力を**許容応力**といいます。許容応力は、使用状況を考慮して設定されており、「材料の基準強さを安全率で割った値」を用います。使用応力は、次に示すように許容応力以下となるようにします。

$$[\text{使用応力}] \leq [\text{許容応力}] = \frac{[\text{材料の基準強さ（応力）}]}{[\text{安全率}]}$$

安全率は、荷重の状態、その機械の用途によって定められている法令ならびにそれをもとに会社内で規定している基準に従って設定します。実際には、製品化する前に試験を実施し、十分な強度が確保されていることを確認する必要があります。参考までに、許容応力と安全率の例を**図2-10-1～2**に参考として示します。

疲労

繰り返し荷重が材料に長時間作用し、ある繰り返し回数を超えると、静荷重に比べて、小さい荷重でも破壊することがあります。このような現象を**疲労**といい、疲労による破壊を**疲労破壊**といいます。

エンジンのピストンヘッド、クランク軸や回転機械の弁、ばね、カム、歯車など、多くの機械要素は、繰り返し荷重が作用することから、疲労破壊を最小に抑える工夫が設計上必要となります。そのため、荷重が分散するような構造上の工夫をしたり、材料選定に注意を払ったりする必要があります。また、疲労破壊を起こす繰り返し回数以内、あるいは許容応力以内で作動するような設計が求められることもあります。

一般に、材料に加えられる繰り返し荷重によって生じる繰り返し応力の大きさと、破壊するまでの繰り返し回数の間には、一定の関係が成り立っています。例えば、繰り返し応力の大きさを下げていくことで、破壊するまでの繰り返し回数は増加していきます。

常温における鉄鋼の許容応力（図2-10-1）

荷重		許容応力 [MPa]			
		軟鋼	中硬鋼	鋳鋼	鋳鉄
引張	静荷重	83～147	117～176	59～117	29
	動荷重	59～98	78～117	39～78	19
	繰り返し荷重	29～49	39～59	19～39	10
圧縮	静荷重	88～147	117～176	88～147	88
	動荷重	59～98	78～117	59～98	59
曲げ	静荷重	88～147	117～176	73～117	—
	動荷重	59～98	78～117	49～78	—
	繰り返し荷重	29～49	39～59	24～39	—
せん断	静荷重	70～117	94～141	47～88	29
	動荷重	47～88	62～94	31～62	19
	繰り返し荷重	23～39	31～47	16～31	10
ねじり	静荷重	59～117	88～141	47～88	—
	動荷重	39～78	59～94	31～62	—
	繰り返し荷重	19～39	29～47	16～31	—

（注） 動荷重は片振り繰り返し荷重、繰り返し荷重は両振り繰り返し荷重に相当。
（日本規格協会『JISに基づく機械システム設計便覧』による）

安全率の例（図2-10-2）

荷重	静荷重	繰り返し荷重		衝撃荷重
		片振り	両振り	
軟・中硬鋼	3	5	8	12
鋳鋼	3	5	8	15
鋳鉄	4	6	10	15
銅・軟金属	5	6	9	15

しかし、繰り返し応力の大きさがある値以下になると、繰り返し回数をいくら増加させても破壊しなくなります。この、破壊しなくなる応力値を**疲労限度**といいます。

応力集中

断面形状が急に変化するような部材に荷重が働くとき、一部分に平均応力よりも大きな応力が発生します。この現象を**応力集中**といい、そのときの最大応力を**集中応力**といいます。

例えば、図に示すようなクランク軸の角部では、確実に応力集中が発生し、応力集中箇所から破壊します。この対策としては、角部にR（丸み）を付けたり、肉厚を大きくして剛性を強化するなどの設計上の措置がなされます。ほとんどの機械要素は、断面形状が変化しているので、少なからず応力集中に対する対策を講じる必要があります。

応力集中（図2-10-3）

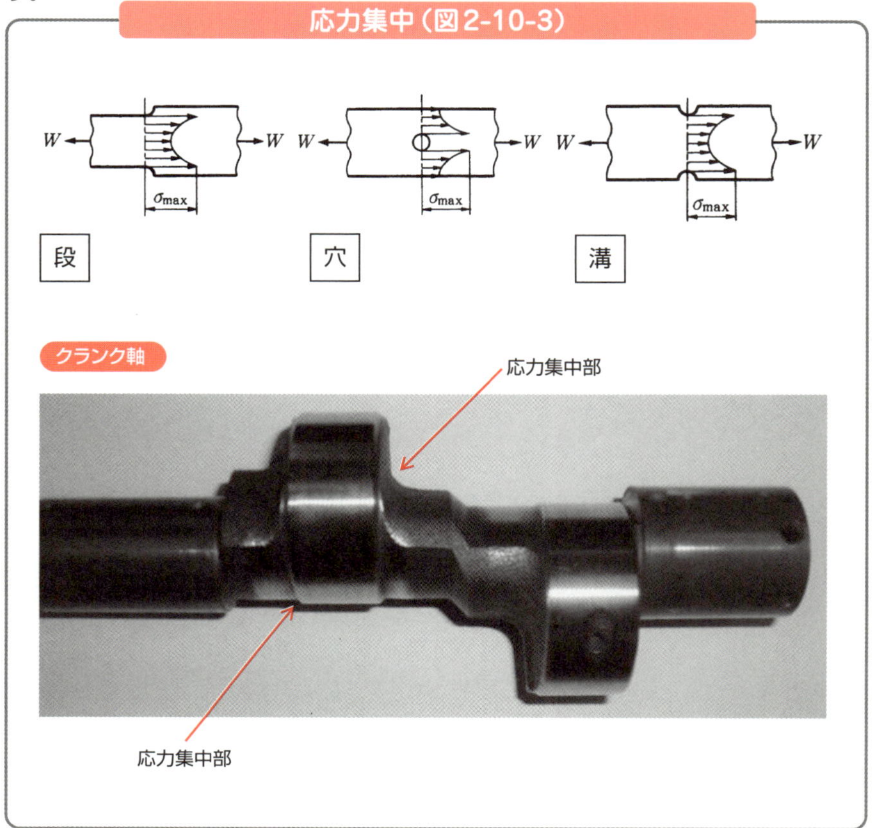

クリープ

材料に一定の荷重を長時間加え続けると、時間と共にひずみが次第に増加します。この現象を**クリープ**といい、生じるひずみを**クリープひずみ**といいます。

クリープひずみは、一定の温度において一定時間が経つと増加しなくなり、以後は一定値となります。このときの最大応力を**クリープ限度**といいます。クリープひずみは、内部の応力が大きいほど、また使用温度が高いほど、大きくなり破壊しやすくなります。したがって、長時間にわたり高温にさらされるような用途では、クリープひずみによる破壊を考慮する必要があります。

熱応力

材料は、温度の上昇・下降によって伸びたり縮んだりする性質があります。いま、室温で長さlの軸がt[K]の温度上昇により、元の長さlからλだけ伸びて、$l+\lambda$の長さになったとします。温度の上昇幅が極端に大きくなければ、次の関係式で表すことができます。

$$\lambda = \alpha t l \qquad (2\text{-}13)$$

ここで、α は材料の**線膨張係数**といい、材料によって決まった値となります。主な材料の線膨張係数を表に示します。

主な材料の線膨張係数（図2-10-4）

材料	線膨張係数α（1/K）
炭素鋼	12.5×10^{-6}
耐熱鋼	10.8×10^{-6}
鋳鉄	11.7×10^{-6}
銅	16.5×10^{-6}
真鍮（しんちゅう）	18.3×10^{-6}
アルミニウム	25.7×10^{-6}

熱ひずみ

ところが、**図2-10-5**に示すように、軸の両端が壁に固定されている場合は、軸の膨張が壁に妨げられて長さが変化しなくなります。その際、棒は壁に圧縮されて長さ$l+\lambda$が長さlとなったと考えることができます。このときに生じる軸のひずみε_Tを**熱ひずみ**といい、次のように表すことができます。

$$\varepsilon_T = \frac{-\lambda}{l+\lambda} = \frac{-1}{1+(\lambda/l)}\frac{\lambda}{l} \fallingdotseq -\frac{\lambda}{l} \qquad (2\text{-}14)$$

このとき、軸に生じている熱応力σは次のようになります。

$$\sigma = E\varepsilon_T t \qquad (2\text{-}15)$$

温度上昇による熱ひずみの発生(2-10-5)

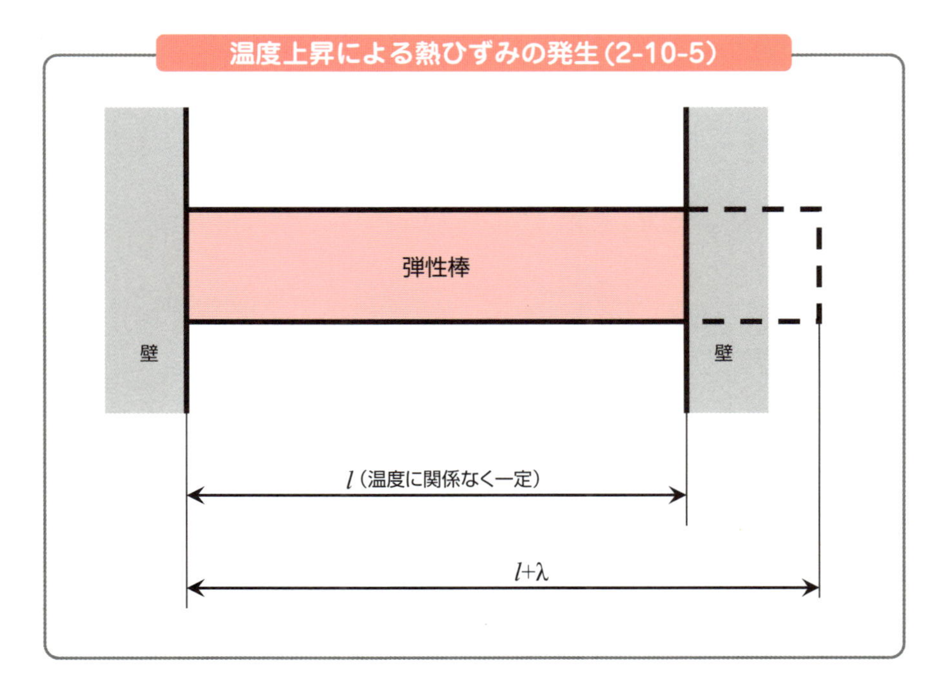

2-11 流れのせん断応力

機械に燃料を供給したり排気誘導したり、熱交換器を用いて加熱や冷却をしたりする際には、多くの場合に流体力学の知識が必要となります。

ニュートン流体

図に示すように、流体が平面上を速度uでx方向に流れている場合を考えてみましょう。流体分子は、固体壁面上では壁面に付着しているので$u=0$と考えることができます。

固体壁面近傍の流速（図2-11-1）

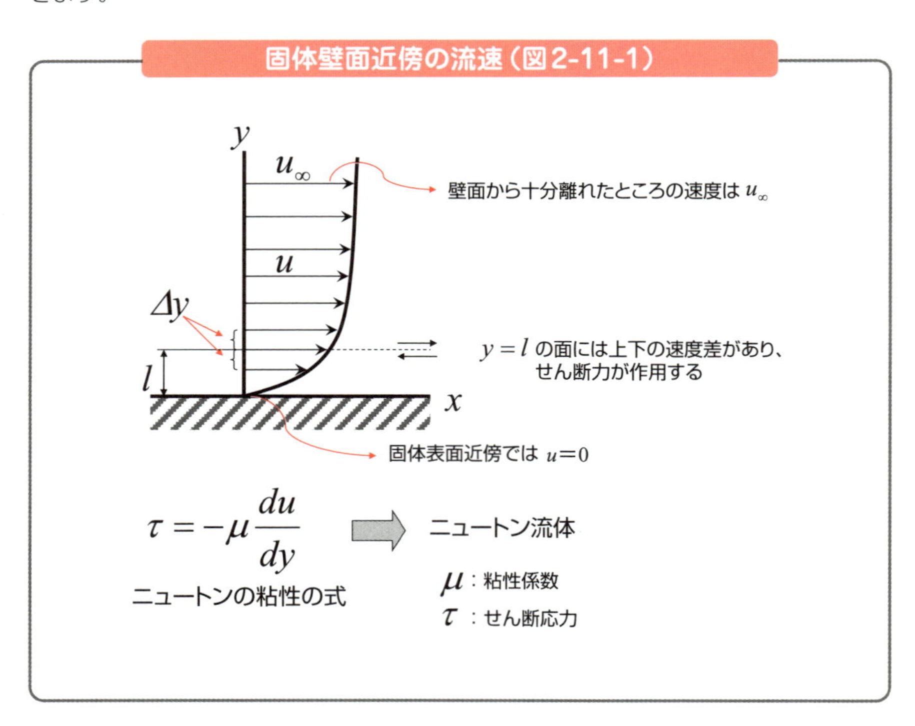

しかし、壁面から十分に離れたところでは、流れは一定のu_∞となります。その中間では、図のように徐々に速度uがu_∞に変化する速度勾配を持った流れになっています。

この速度変化している途中の$y=l$でxに平行な１つの面を考えると、その面よりΔyだけ上では速度と運動量が大きくなり、Δyだけ下では速度と運動量が小さくなっています。

したがって、$y=l$の面には、上下の速度差によりせん断力が作用します。単位面積当たりのせん断力、すなわち、せん断応力をτとすれば、τは上下面の速度差が大きいほど大きくなるので、$\Delta u/\Delta y$に比例すると考えることができます。Δyを無限に小さくとれば、$\Delta u/\Delta y$は$y=l$における速度勾配du/dyとなります。

よって、比例定数をμとして、速度分布が減少する方向を正にとれば、次のような関係式に表すことができます。

$$\tau = -\mu \frac{du}{dy} \tag{2-16}$$

式(2-16)は**ニュートンの粘性の式**といいます。ここで、μは**粘性係数**と呼ばれ、この式に従う性質を有している流体を**ニュートン流体**といいます。流れの摩擦力は、せん断応力τを積分して求めることができます。

COLUMN 管路の工夫

庭にホースをセットして、蛇口をひねればまんべんなく花に水をあげられるようにしたのに、ほとんど水が出ない箇所や集中してたくさん出る箇所があったりします。

管路の分岐と合流では、それぞれの管路の流動抵抗が同じでなければ、流れる流量は変わってしまうのです。

例えば、下の左図のように配管してしまうと、管路が長くなる部分では水は流れにくくなります。このような場合は、右の図のように、どの管路も等しい長さとなるようにすればよいのです。

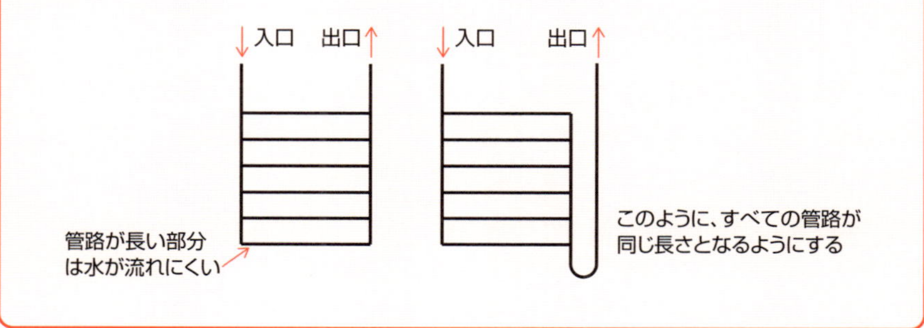

2-12 層流と乱流

大きなタンクの下部に水が円滑に流れ込むガラス管を取り付けて、タンクの水を流出させる実験を考えてみます。ガラス管の出口は、弁により流量を調節できるようにしています。

層流と乱流

ガラス管の入口には、注射針のような細管から色素で着色した液体をほぼ同じ速度で流し出すようにします。すると、ガラス管内の流速が小さい場合には、色素の流れは周囲に広がっていくことなく、一筋の流れとなって観察されます（図参照）。

層流と乱流の流れ（図2-12-1）

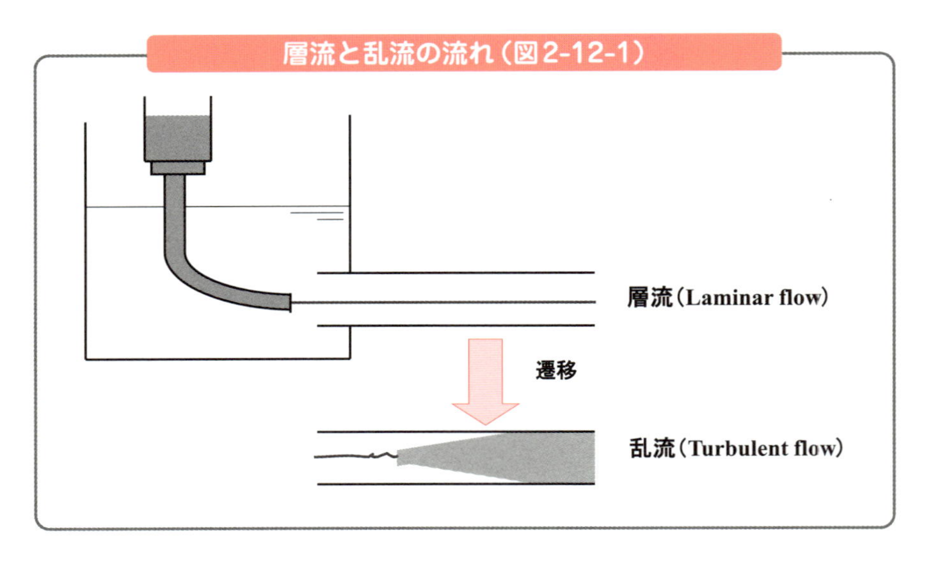

色素の流れは、層状をなして整然と進み、流れに対して直角方向に広がることはありません。このような流れを**層流**といいます。次に、出口の弁を開いて、少しずつガラス管内の流速を大きくしていきます。

ある速度以上になると、色素の線が崩れて、管内いっぱいに広がって流れるようになります。これは、流れの中に数多くの小さな渦や乱れが発生し、それらがひとかたまりになって、互いに入り乱れて流れるためです。このような流れを**乱流**といいます。

流体の流れには、大きく分けて層流と乱流があり、層流から乱流へ移行することを**遷移**といいます。水の代わりに、アルコールのような水よりも粘性の小さい液体を用いた場合は、水よりも小さい流速で遷移します。一方、逆に油のように粘性の大きい液体では、水よりも大きい流速で遷移します。

一般に、流速u[m/s]、代表寸法（管の場合内径）d[m]、粘性係数μ[Pa·s]、流体の密度ρ[kg/m^3]が遷移に関係しています。そして、これらの諸量で示される無次元数Reが、ほぼ一定値のときに遷移することが知られています。

この無次元数Reを**レイノルズ数**といいます。レイノルズ数は、流れの粘性力に対する慣性力の割合を示しています。

管のように、流路断面が円形の場合、レイノルズ数は式(2-17)で求めることができます。また、円形断面以外の場合は式(2-18)で求めることができます。

$$Re = \frac{ud\rho}{\mu} = \frac{ud}{\nu} \qquad (2\text{-}17)$$

$$\nu = \frac{\mu}{\rho} \quad [\mathrm{m^2/s}]$$ ：動粘性係数

$$Re = \frac{u(4m)}{\nu} \qquad (2\text{-}18)$$

$$m = \frac{A}{s}$$ ：流体平均深さ

A：流れの断面積

s：流路断面で流体が接している固体壁の長さ（ぬれ縁長さ）

層流から乱流に遷移するときのレイノルズ数Reを**臨界レイノルズ数**といい、円管では約2320、平板上の流れではおよそ3×10^5となります。機械設計上、流れを伴う場合は、層流か乱流かを見極めることが極めて重要です。また、流れは熱伝達率に大きく関与するため、熱交換器や放熱を伴う機器の設計でも重要となります。

2-13 速度境界層

一般に、流れが物体の表面や固体の壁面と接しているとき、その表面では速度uが0となり、表面から十分に離れたところでは流れの速度がu_∞となっています。

流れの境界

速度は、0から急激にu_∞となるわけではなく、表面のごく近傍の薄い層の中で連続的に次第に大きくなっています。この薄い層を**境界層**といい、濃度や温度に関する境界層と区別して**速度境界層**といいます。速度境界層では、急な速度勾配があります。速度境界層の厚さδは、一般的に図に示すように、「表面から十分離れた遠方の速度u_∞の99%に達する点までの厚さ」と定義しています。

速度境界層内では、速度勾配が大きいため、摩擦によるエネルギー損失があります。

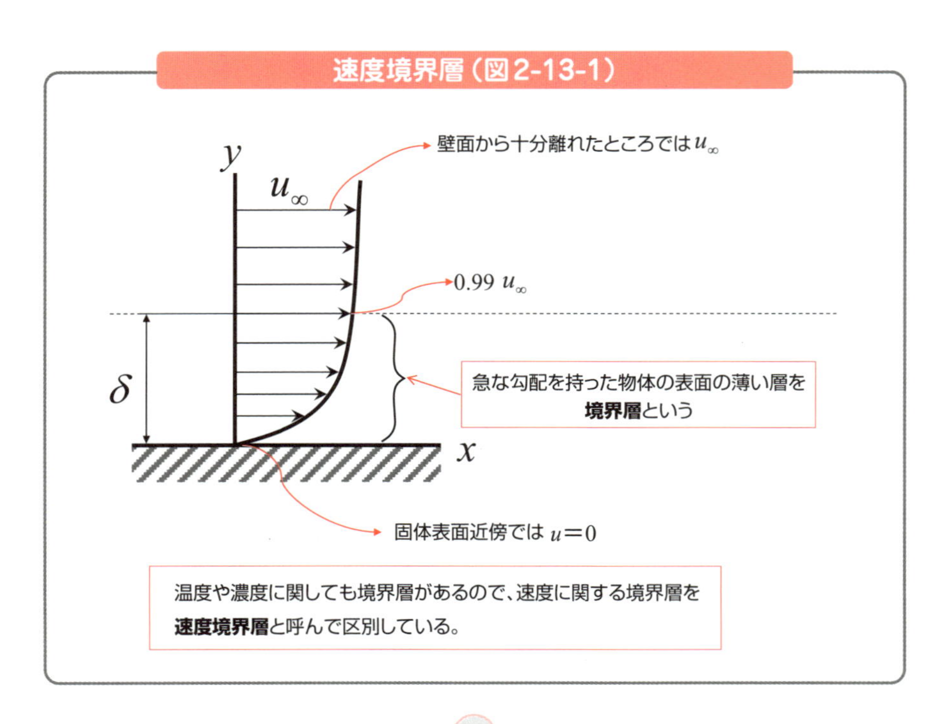

例えば、平板に沿った流れの場合、摩擦によるエネルギー損失によって速度が次第に遅くなり、速度境界層の厚さが増加していきます。

層流でも、流れが進むとある地点で乱流に遷移し、厚さは大きくなります。乱流に遷移する前の速度境界層を**層流境界層**といい、遷移後を**乱流境界層**といいます。乱流境界層においても、表面にごく近い領域では層流となっています。この部分を**層流底層**といい、その上に遷移層があり、さらにその上に乱流境界層が構成されています。

COLUMN 類似の移動現象

流体の流れ、熱の流れ、物質の拡散における分子の流れは、すべて類似の移動現象として考えることができます。

下図で、この3つの移動現象を比較してみました。これらを取り扱う数式も同じ形をしています。したがって、それぞれ同じように取り扱って解析を進めることができるのです。

そしてこれらは、工業的にも密接に関連しており、機械設計を進めるときに関連してよく登場します。3つの移動現象をまとめて整理しておくとよいでしょう。

3つの移動現象

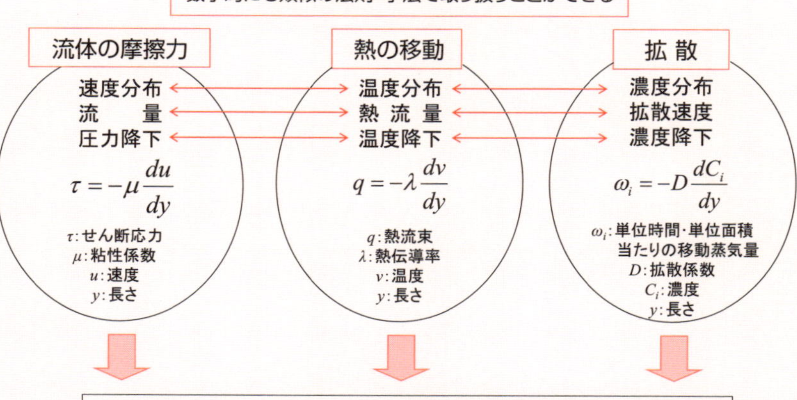

2-14 連続の式

流体の流れる場においては、「流れの途中で流体物質が生成したり消滅したりすることはない」という質量保存の法則が成り立っています。

流管内の流れ

これを表現したものが連続の式です。流れに沿った１つの仮想的な線を考え、その両側の流体は、その線を境として互いに混じり合うことがないような線を、**流線**といいます。また、流線で囲まれた任意断面を持つ仮想的な管を**流管**といいます。図に示すような、断面積がAの流管における連続の式は、式(2-19)のように表すことができます。

流管内の流れ（図2-14-1）

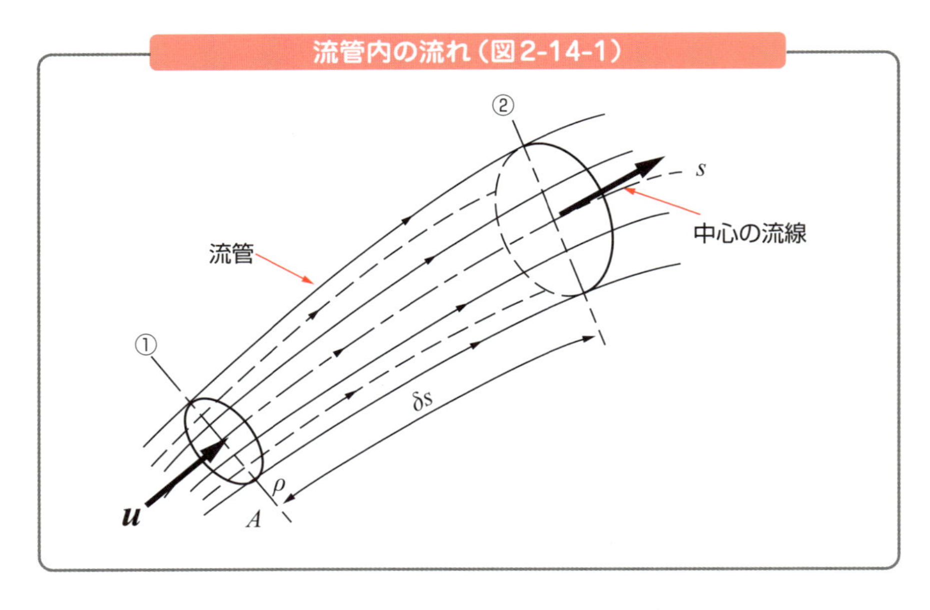

$$\frac{\partial(\rho A)}{\partial t}+\frac{\partial(\rho u A)}{\partial s}=0 \qquad (2\text{-}19)$$

ここで、断面①における面積、流速、密度をそれぞれ、A、u、ρとします。

さらに、流れが時間と共に変化しない定常流について考えます。式(2-19)は、次のようになります。

$$\int_A \rho u dA = \rho u A = [\text{一定}] \tag{2-20}$$

また、ρ =[一定] と見なすことができる液体と仮定すれば、次のようになります。

$$uA = [\text{一定}] \tag{2-21}$$

COLUMN 一次元流れの連続の式

図2-14-1の流管において、微小距離δsだけ離れた2つの断面を①②とした微小流管を考えます。微小流管内に微小時間δtに蓄えられる質量は、

$$(\rho vA)\delta t - \left\{\rho vA + \frac{\partial(\rho vA)}{\partial s}\delta s\right\}\delta t = -\frac{\partial(\rho vA)}{\partial s}\delta s\,\delta t \tag{1}$$

となります。ここで、左辺第1項の$(\rho vA)\delta t$は、断面①を通って、δt時間に微小流管に流入する質量です。また、左辺第2項の

$$-\left\{\rho vA + \frac{\partial(\rho vA)}{\partial s}\delta s\right\}\delta t$$

は、断面②からδt時間に流出する質量です。

一方、微小流管内の流体質量$(\rho A\delta s)$のδt時間での変化量は、

$$\frac{\partial(\rho A\delta s)}{\partial t}\delta t \tag{2}$$

となります。質量保存の法則から、式(1)と式(2)が等しいとおくと、

$$\frac{\partial(\rho A)}{\partial t} + \frac{\partial(\rho uA)}{\partial s} = 0 \tag{3}$$

となり、一次元流れの連続の式が得られます。

2-15 熱力学の法則

熱力学の法則は第0から第3まで4つありますが、一般には第1・第2法則を指して**熱力学の法則**と呼ぶことも多いです。

熱力学の第1・第2法則

熱力学の第1法則は、熱と仕事はいずれもエネルギーの一形態なので、**エネルギー保存の法則**が成り立ち、互いに等価に保存されることを表したものです。

熱力学の第2法則は、熱エネルギーの本質を述べた法則で、クラウジウスやトムソンらがそれぞれ独特の表現をしており、自然界における不可逆現象*の存在を表したものです。

エネルギー保存の法則

エネルギー保存の法則とは、「1つの系において、外部との間にエネルギーの出入りがないかぎり、エネルギーの総和は一定で不変である」というものです。ここでいう**系**とは、着目するあるエネルギーを有する空間のことをいいます。

この法則は、いろいろな現象変化に伴い、エネルギーが形態を変えても成立します。そして、系のエネルギー量は、外部との間にエネルギーの出入りがあれば、出入りした量と同じ量だけ増加あるいは減少します。この法則は、「自然界のエネルギーの総量は変化がなく一定である」という事実を示したものです。

熱力学の第1法則は、熱も仕事もエネルギーの一形態であり、両者間にエネルギー保存則が成り立つことによるもので、次のように表現されます。

「熱と仕事はいずれもエネルギーの一形態であり、熱を仕事に換えることもその逆も可能である」

*不可逆現象　元の状態に再び戻れない現象のこと。

熱力学の法則（図2-15-1）

熱力学の第0法則

A、B、Cの3つの系において、AとBおよびBとCがそれぞれ互いに熱平衡の状態にあれば、AとCも熱平衡の状態にある。

①AとBの温度が同じ

②BとCの温度が同じ

B

A

C

①と②が成り立つなら、AとCの温度も同じ

熱力学の第1法則

熱と仕事は、いずれもエネルギーという本質上同じものの一形態であって、仕事を熱に換えることも、その逆も可能である。

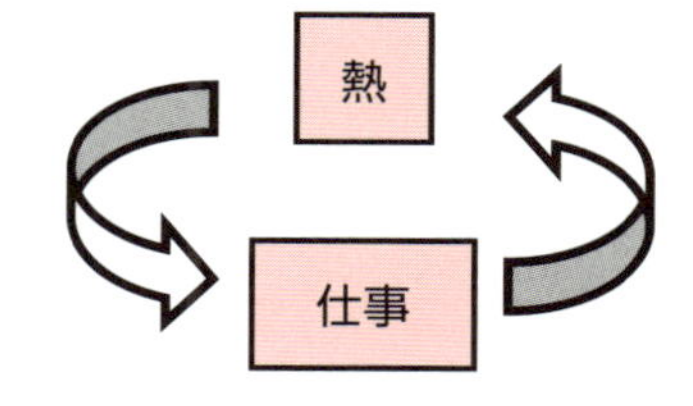

熱力学の第2法則

クラウジウス：熱はそれ自身では低温部分から高温部分に向かって流れることはない。
トムソン：自然界に何らの変化も残さないで、一定温度の熱源の熱を全部仕事に換える機械をつくることはできない。

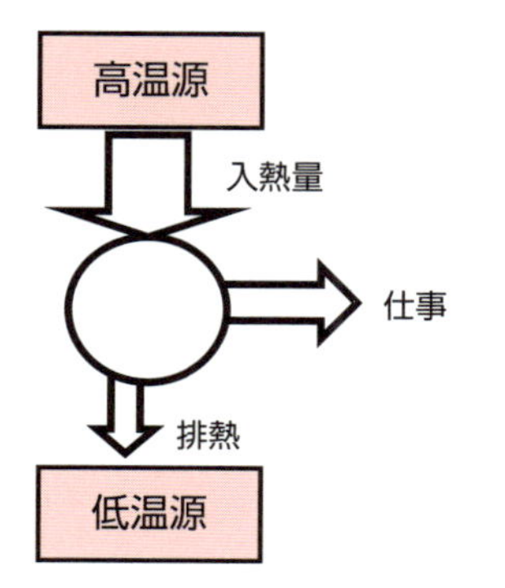

熱力学の第3法則

純粋物質の絶対温度が、熱力学的な平衡を保ちながら0に近づくにつれて、その物質のエントロピも限りなく0に近づく。

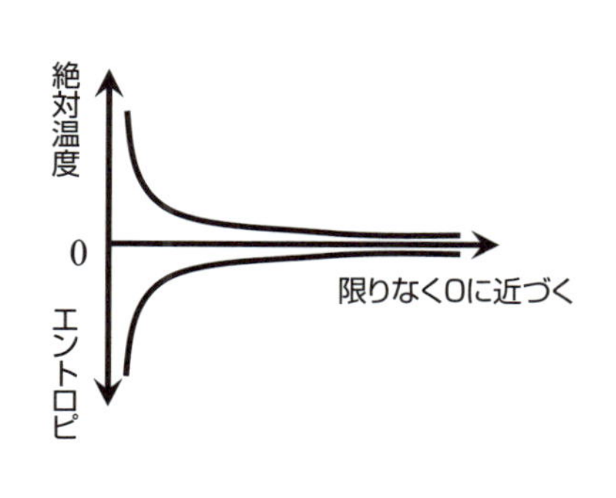

熱力学の第2法則

周囲が断熱された容器に、薄い隔壁を隔てて、お湯と水を入れたとします（図参照）。お湯と水の間には、隔壁を介して熱移動が起こります。この熱移動は、温度差がある限り続き、しかるべき時間の経過後に温度差がなくなり、熱移動がなくなります。

このとき、隔壁を隔てたどちらも同じ温度になり、平衡状態*となります。水の温度がさらに上がり、反対にお湯の温度が下がっていくことはありません。

一般に、系にはその条件により定まる平衡状態があり、平衡状態にない系が放置されると、条件に応じた平衡状態へ向かって自然に変化を続け、最終的には平衡状態に達して変化が止まり、元に戻ることはありません。

ほとんどすべての自然現象において、自発的に進行する変化は常に平衡状態へ向かって進みます。逆方向には決して進まない不可逆変化です。

不可逆変化（図2-15-2）

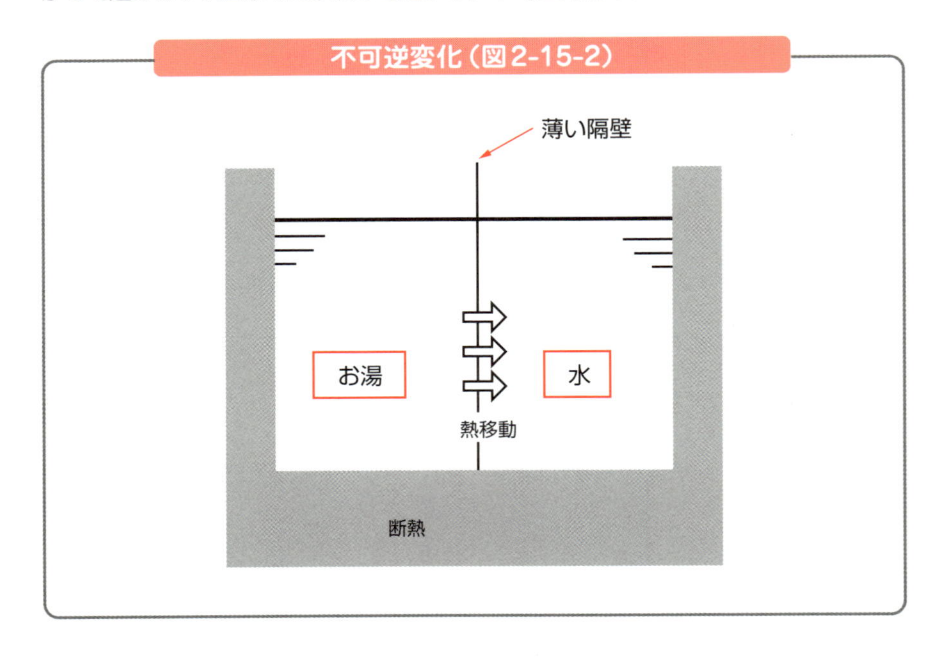

＊平衡状態　作用している力が、すべて互いに均衡しており、温度や圧力などが同じ状態をいつまでも連続的に保つ状態のこと。

力学的エネルギーと熱エネルギー

エネルギーには多くの形態があります。これらが自然に変換される場合、その変化にも方向性があり、しかるべき平衡状態に向かって変化します。例えば、図に示すように、トロッコで坂から平たんな道へと下りたとき、次第にその速度は低下し、最終的にはトロッコは停止します。

これは、位置エネルギーが運動エネルギーと摩擦によるエネルギーに変換され、運動エネルギーにより仕事をした結果です。つまり、最終的には、**力学的エネルギー**が、摩擦による**熱エネルギー**に変換され、放出されたのです。

これは、力学的エネルギーが100%熱エネルギーに変換されたことになります。しかしながら、逆に熱エネルギーを力学的エネルギーに100%変換することはできず、不可逆変化となります。

力学的エネルギーと熱エネルギーの変換（図2-15-3）

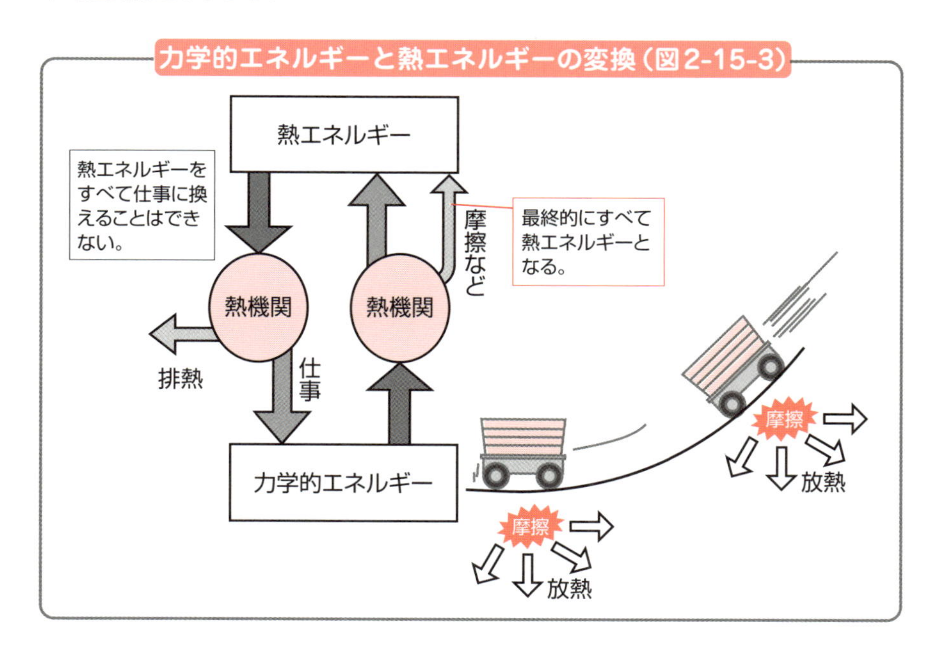

熱力学の第2法則とは、この変化の方向性を法則化したものです。「熱はそれ自身では、低温部から高温部に向かって流れることはない」（クラウジウス）、「自然界に何らの変化も残さないで、一定温度の熱源の熱を全部仕事に換える機械をつくることはできない」（トムソン、のちのケルヴィン卿）などと表現されています。

2-16 エネルギー式

自動車は、ガソリンの化学エネルギーを熱エネルギーに変換して仕事をする（＝力学的エネルギーを取り出す）ことで、走行しています。

閉じた系と開いた系

熱と仕事は互いに変換可能ですから、機械は、与えられたエネルギーの一部を運動エネルギーに変換して仕事を行っているのです。図に示すようなある系に対して、熱力学の基本となる**エネルギー式**を考えます。

閉じた系と開いた系（図2-16-1）

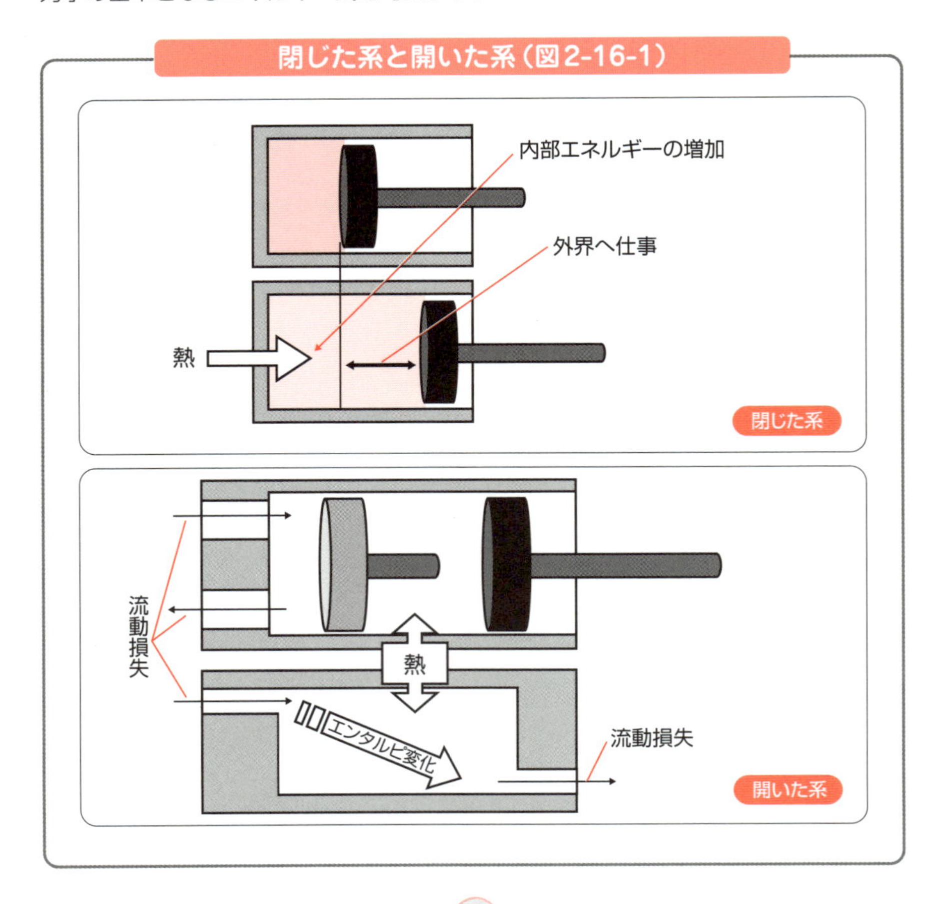

系は、物質の出入りのない場合と、境界を通して外界との間で物質のやりとりをする場合の2とおりが考えられます。前者を**閉じた系**、後者を**開いた系**といいます。自動車のエンジンにおけるシリンダは開いた系といえます。

閉じた系のエネルギー

閉じた系が有するすべてのエネルギーは、大きく分けると力学的エネルギーと内部エネルギーの2つになります。**力学的エネルギー**とは、運動エネルギーと位置エネルギーをいいます。系の内部に存在する物質は、運動エネルギーあるいは位置エネルギーの片方もしくは両方を保有しています。

また、系の中には、主に熱エネルギーが含まれており、これを**内部エネルギー***といいます。内部エネルギーは、その系の瞬間的な状態によって定まる値です。したがって、この値は系の状態を表す指標の1つとなります。このような、ある状態によって定まる値を**状態量**といい、温度や圧力なども状態量の1つです。

閉じた系に対するエネルギー式

ピストン-シリンダ系において、吸気も排気もされない閉じた系を考えてみます。シリンダの外界から熱を得た場合、次のような状態変化が生じると考えられます。

①シリンダ内部に加えられた熱の一部により、シリンダ内のガスの温度が上昇し、顕熱としてエネルギーが蓄えられる。
②シリンダ内部に水あるいは氷が存在すれば、加えられた熱の一部により、蒸発あるいは融解によって相変化し、潜熱としてエネルギーが蓄えられる。
③シリンダ内のガスが膨張してピストンを押し下げ、熱エネルギーが力学的エネルギーに変換されて、外界への仕事をする。

この中で、①と②の和が内部エネルギーの増加量dUです。内部エネルギーの増加量とシリンダに加えられた全熱量δQ、③の外界への仕事δWには、熱力学の第1法則により、次の関係があります。

***内部エネルギー** 化学エネルギーなども含まれるが、系内の内部エネルギーの変化に注目したときに、化学変化を伴わない場合は含めなくてもよい。

$$dU = \delta Q - \delta W \tag{2-22}$$

dU：内部エネルギーの増加量
δQ：加熱量
δW：外部へなした仕事量

この式を一般に**閉じた系に対するエネルギー式**といいます。加熱前の状態を1、加熱後の状態を2として、式(2-22)を積分します。内部エネルギーの増加量と、状態が1から2へ変化する間に授受されるエネルギー量が得られます。

$$\int_1^2 dU = \int_1^2 \delta Q - \int_1^2 \delta W$$

$$U_2 - U_1 = Q_{12} - W_{12}$$

U：内部エネルギー
Q：加熱量
W：外界への仕事量

添え字　1：状態1、2：状態2、12：状態1から2まで

開いた系のエネルギー式

ピストン-シリンダ系において、図に示すような、圧縮機や内燃機関に用いられている「吸気弁から燃料と空気の混合ガスが流入し、排気弁から燃焼ガスが流出する」形の開いた系のエネルギー式を考えてみます。

系の全エネルギーは、内部エネルギーUおよび力学的エネルギー（運動エネルギーE_Kと位置エネルギーE_Pの和）の和となります。動作流体が流入する入口の状態を状態1、流出する出口の状態を状態2とします。また、系の外界からQの熱量を受け取り、外界へWの仕事を行うものとします。

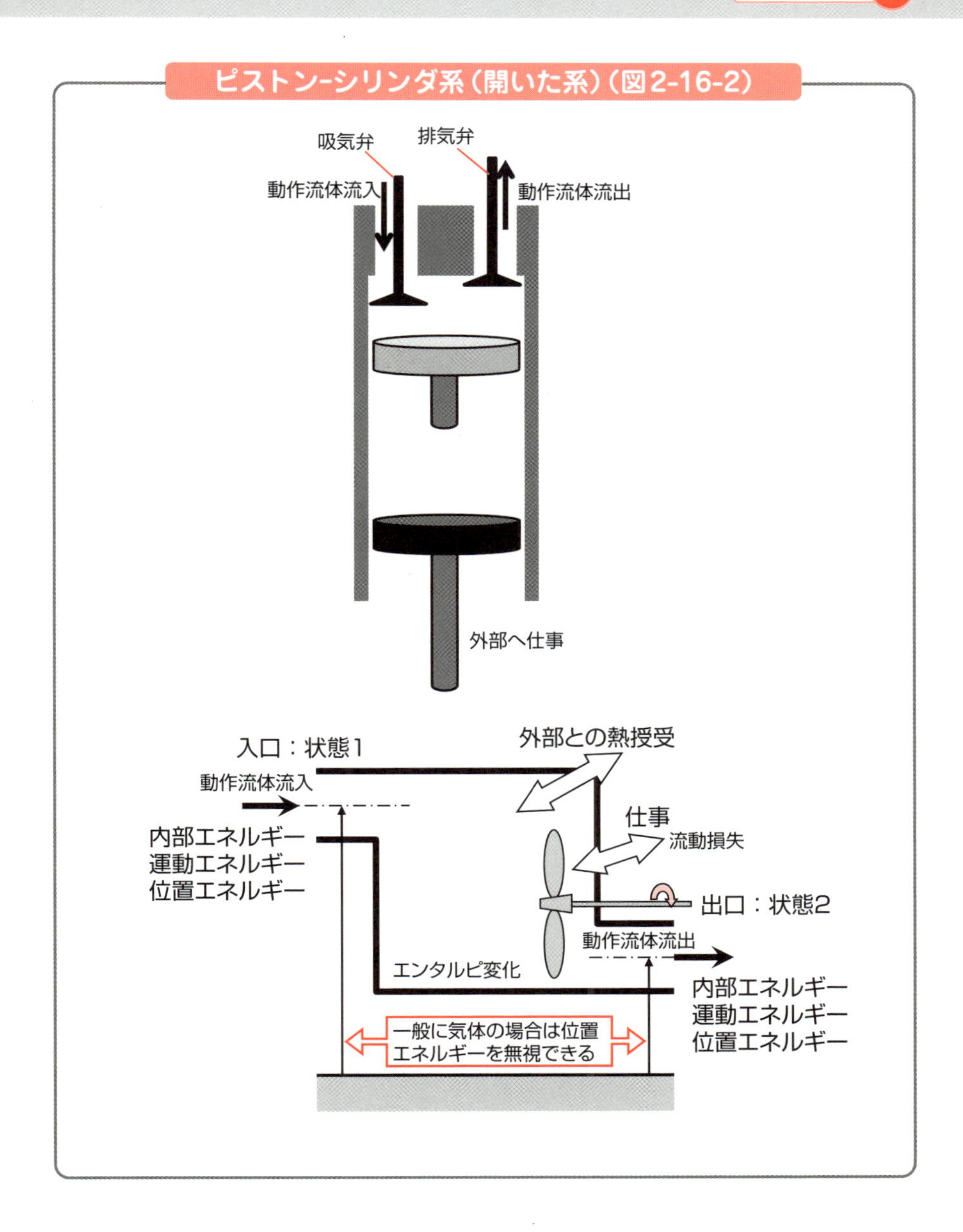

このとき、系に入るエネルギー量は、動作流体と共に流入するエネルギー量と外界から受ける熱量の和となります。また、系から出るエネルギー量は、動作流体と共に流出するエネルギー量と外界へなす仕事量の和となります。この両者は等しいことから、エネルギー量のバランス式は次のようになります。

$$U_1 + E_{K1} + E_{P1} + Q = W + W_f + U_2 + E_{K2} + E_{P2} \tag{2-23}$$

U_1：入口の内部エネルギー　E_{K1}：入口の運動エネルギー
E_{P1}：入口の位置エネルギー　Q：外界から受ける熱量
W：外界へなす仕事（動力）　W_f：動作流体の流動仕事
U_2：出口の内部エネルギー　E_{K2}：出口の運動エネルギー
E_{P2}：出口の位置エネルギー

ここで、動作流体が気体の場合、位置エネルギーはほかに比べて小さいので無視できます。さらに、

$$h = u + pv \tag{2-24}$$

u：単位質量当たりの内部エネルギー[J/kg]　v：比体積[m^3/kg]
p：シリンダ内部の圧力

で定義される状態量の比エンタルピhを導入すれば、エネルギーバランス式は、式(2-25)のように示されます。エンタルピとは、物質が保有するエネルギー状態を示す状態量で、単位質量あたりのエンタルピを比エンタルピといいます。

$$Q + m\left(h_1 + \frac{{c_1}^2}{2}\right) = W + m\left(h_2 + \frac{{c_2}^2}{2}\right) \tag{2-25}$$

c：流速[m/s]　h：比エンタルピ[J/kg]
m：単位時間当たりの流入質量（質量流量）
添え字　1、2：状態1、状態2

さらに、全エンタルピh_0

$$h_0 = h + \frac{c^2}{2}$$

を用いれば、単位質量当たりの外界への仕事は、最終的に次のように整理できます。

$$W = m(h_{01} - h_{02}) + Q \tag{2-26}$$

これは、外界への仕事が、閉じた系では内部エネルギーの差によるものであったのに対し、開いた系ではエンタルピの差によるものだということを示しています。

外界へする仕事

動作流体が気体のとき、閉じた系と開いた系における外界への仕事について考えてみます。ピストン-シリンダ系において、閉じた系での外界への仕事dWは、

$$dW = pdV = dQ - dU \tag{2-27}$$

dV：シリンダ体積変化
dQ：シリンダへの加熱量　dU：内部エネルギーの変化量

であり、外界との熱の授受と内部エネルギーの変化のみによって、外界に仕事を行うことになります。

一方、開いた系では、気体の流入と流出における流動仕事を考慮します。ここで、力学的エネルギーや内部発熱は無視できるとします。

開いた系の外界への仕事dW_tは、

$$dW_t = -Vdp = dQ - dH \tag{2-28}$$

V　：シリンダ内部体積　dp：シリンダ圧力変化
dQ：シリンダへの加熱量
dH：エンタルピ　$H = mh = m(u + pv)$

となります。これは、「開いた系において、系が外界へする仕事は、外界からの熱の授受とエンタルピの変化による」ことを示しています。

実際の熱機関では、「動作流体を吸気して仕事をしたのちに排気する」サイクルを構成するので開いた系となり、得られる仕事量W_tを**動力**といいます。また、閉じた系と区別して**工業仕事**といいます。

2-17 理想気体と状態方程式

気体には、圧力、温度、体積の間に一定の関係があります。理想気体とは、ボイルの法則（Boyle's law）とシャルルの法則（Charle's law）に厳密に従う、仮想の気体のことです。

理想気体とは

ボイルの法則とは、「温度Tが一定の状態において、一定質量mの気体の体積Vは圧力pに反比例する」関係を示したもので、$pV=$［一定］となります。

シャルルの法則とは、「圧力pが一定のとき、一定質量mの気体の体積Vは温度Tに比例する」関係を示したもので、$\dfrac{V}{T}=$［一定］となります。

ボイルの法則、シャルルの法則（図2-17-1）

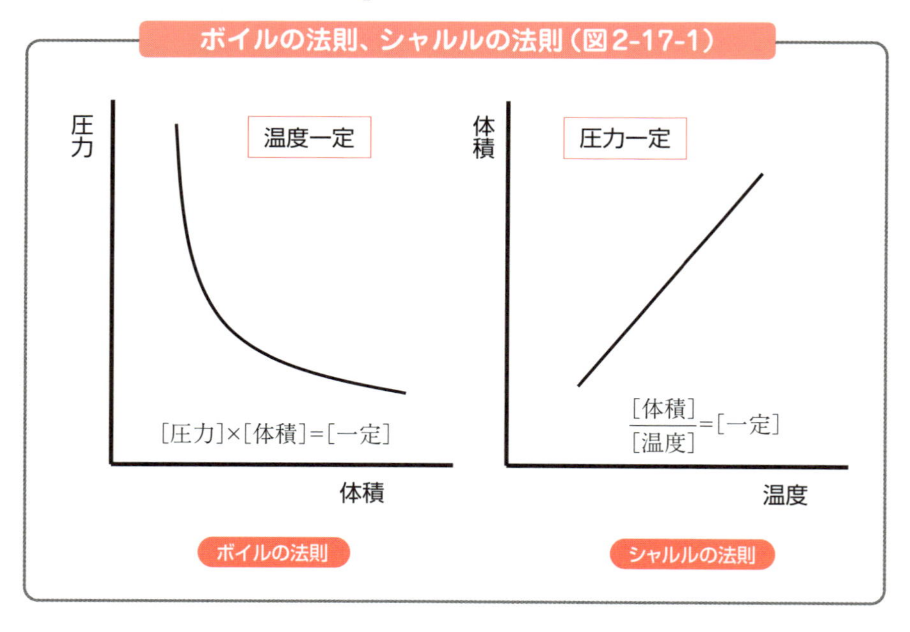

理想気体は実際には存在しませんが、多くの気体は理想気体に近い振る舞いをします。例えば、空気や燃焼ガス、水素、ヘリウム、窒素などの気体は、通常の温度・圧力では、理想気体と見なして取り扱うことができます。

エンジンの設計では、空気や燃焼ガスの状態変化を知る必要があり、理想気体の振る舞いは大いに設計の助けになります。

これに対し、水蒸気や、空調機・冷凍機に用いられるフロン系冷媒の蒸気、炭化水素系蒸気、アンモニア蒸気などは、常温域では理想気体から離れた特性を示します。

それは、これらのガスが常温域では飽和状態に近く、分子間力が大きくなるためです。こういった気体は、理想気体に対して、**蒸気**あるいは**実在気体**といいます。蒸気も低圧力・高温域では理想気体の状態に近づくので、この領域では理想気体として取り扱うことができます。

理想気体の状態方程式

ボイルの法則とシャルルの法則を結合させると、理想気体の質量m[kg]について、圧力p[Pa]、温度T[K]、体積V[m^3]に次の関係があることがわかります。

$$[\text{圧力}p]\times[\text{体積}V]=[\text{質量}m]\times[\text{気体定数}R]\times[\text{温度}T]$$

これを**理想気体の状態方程式**といいます。体積を比体積v[m^3/kg]を用いて表せば、理想気体の状態方程式は式(2-29)のようになります。

$$pv=RT \tag{2-29}$$

気体定数R[J/(kg·K)]は、気体の種類によって異なる定数です。

理想気体の比熱

ジュールの法則*によれば、理想気体の内部エネルギーUは、圧力pや体積Vにはよらず、Tだけに依存して決まります。したがって、理想気体の内部エネルギーU、エンタルピH、比内部エネルギーu、比エンタルピhは、いずれも温度Tのみの関数となります。

一般に、質量1[kg]の物質に熱量dq[J]を与えたときの温度上昇がdT[K]であるとすると、物質の比熱cは、次のようになります。

***ジュールの法則**　ジュールは、導線に電流が流れると発生する熱についての法則のみならず、理想気体の性質についても法則を見いだしている。

$$[\text{比熱}:c]=\frac{[\text{1kgの物質に加えられる熱量}:dq]}{[\text{物質の温度上昇}:dT]}\quad [\text{J/(kg·K)}] \tag{2-30}$$

ただし比熱cは、温度を1[K]上げるために必要な熱量が体積一定のもとか圧力一定のもとかによって、異なる値となります。体積一定とした場合の比熱を**定容比熱**c_vといい、圧力一定とした場合の比熱を**定圧比熱**c_pといいます。

気体は、等圧のもとでは熱を受けると膨張により外界へ仕事をするので、定容比熱c_vはそのぶんだけ定圧比熱c_pよりも大きくなります。そして、その差が気体定数Rとなります。また、定圧比熱c_pと定容比熱c_vの比を**比熱比**κといいます。

$$c_p-c_v=R \tag{2-31}$$

$$\kappa=\frac{c_p}{c_v} \tag{2-32}$$

代表的な気体の特性値（図2-17-2）

気体	化学式	モル質量 M $\left[\frac{\text{kg}}{\text{mol}}\times10^{-3}\right]$	気体定数 R $\left[\frac{\text{J}}{\text{kg·K}}\right]$	密度 ρ $\left[\frac{\text{kg}}{\text{m}^3}\right]$	定圧比熱 c_p $\left[\frac{\text{J}}{\text{kg·K}}\right]$	定容比熱 c_v $\left[\frac{\text{J}}{\text{kg·K}}\right]$	比熱比 κ
ヘリウム	He	4.002	2077.2	0.166	5197	3120	1.67
アルゴン	Ar	39.948	208.13	1.783	523	315	1.66
水素	H_2	2.0158	4124.6	0.083	14288	10162	1.41
窒素	N_2	28.013	296.80	1.165	1041	743	1.40
酸素	O_2	31.998	259.83	1.331	919	658	1.40
水蒸気	H_2O	18.015	461.52	-	-	-	-
二酸化炭素	CO_2	44.009	188.92	1.839	847	658	1.29
アンモニア	NH_3	17.030	488.20	0.771	2056	1566	1.31
メタン	CH_4	16.042	518.27	0.668	2226	1702	1.31
エタン	C_2H_6	30.070	276.50	1.356	1729	1445	1.20
空気	-	28.967	287.03	1.024	1007	720	1.40

（101.325kPa, 20℃）

2-18 カルノーサイクル

熱力学の第2法則によれば、熱機関は、高温源から熱を受け取り、外界へ仕事をなし、低温源へ放熱します。

高温源温度と低温源温度の比

この放熱量をできる限り小さくし、外界へなす仕事量をできる限り大きくしたサイクルがあれば、熱効率は大きくなり、工業的に有用となります。このような熱効率が最大となり得る理想サイクルを、**カルノーサイクル**（Carnot cycle）といいます。カルノーサイクルの熱効率は、高温源温度と低温源温度の比で表すことができます。

$$[\text{カルノーサイクルの熱効率}] = 1 - \frac{[\text{与えられた熱量}]}{[\text{放熱量}]} = 1 - \frac{[\text{高温源温度}]}{[\text{低温源温度}]}$$

カルノーサイクル（図2-18-1）

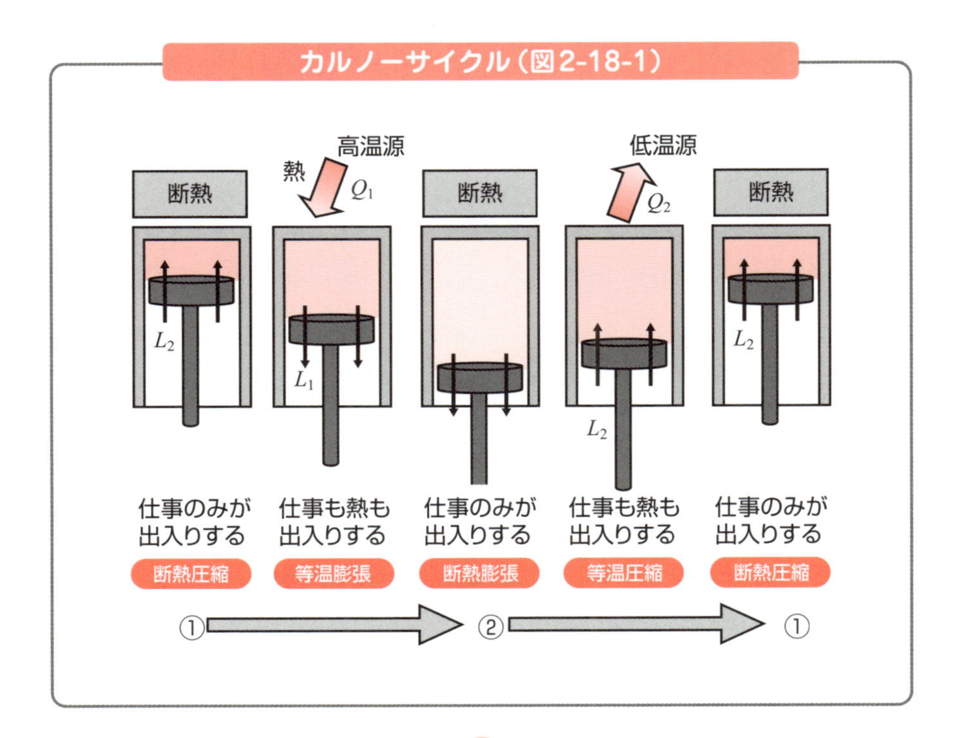

カルノーサイクルは、理想気体を動作流体として用い、**図2-18-1**に示すように等温膨張過程、断熱膨張過程②、等温圧縮過程、断熱圧縮過程①の４過程を組み合わせた可逆サイクルです。

しかし、「膨張や圧縮を、温度一定あるいは完全な断熱のもとで、短時間に行うことが難しい」など、カルノーサイクルが成立するためのいくつかの条件が実現困難です。残念ながら、実際にカルノーエンジンを製作することはできません。熱機関の設計時には、実用サイクルの効率を比較する際の基準サイクルとしてカルノーサイクルが用いられます。

COLUMN 回転運動をしている物体を止めるには

回転数Nが600[min^{-1}]で回転運動をしているフライホイール（慣性モーメント$I=2$[kgm^2]）を、4[Nm]の制動トルクMを加えて停止させることを考えてみましょう。

運動方程式は、

$$M = I\alpha$$

であるので、制動の角加速度αは次のようになります。

$$\alpha = -\frac{M}{I} = -2\,[\mathrm{rad/s^2}]$$

また、フライホイールの初期角速度ω_0は次のようになります。

$$\omega_0 = \frac{2\pi \times 600}{60} = 62.8\,[\mathrm{rad/s}]$$

したがって、フライホイールが停止する（$\omega=0$）までにかかる時間tは次のようになります。

$$t = \frac{\omega_0}{\alpha} = 31.4\,[\mathrm{s}]$$

また、停止するまでの回転数Nは、停止するまでの回転角度θから求めることができます。

$$\theta = \omega_0 t + \frac{1}{2}\alpha t^2$$

より、$\theta = 986.0$ [rad] となるので、回転数Nは、次のようになります。

$$N = \frac{\theta}{2\pi} = 156.9$$

慣性モーメントIは、大きければ大きいほど加速や減速がしにくくなりますが、蓄積できるエネルギー量は大きくなります。

有効エネルギー

熱エネルギーを利用しようとするときは、その一部しか利用することができません。

有効エネルギーとは

図に示すような、外界よりも高い圧力の気体が入っている瓶の栓を抜いたとき、外界と同じ圧力になるまでは、気体が噴出するエネルギーを利用できます。しかし、外界よりも低い圧力にはならないことから、それ以上は利用できません。

そこで、普通に利用できるエネルギーを考える必要があります。工業仕事として有効に利用できるエネルギー、つまり「熱力学の第２法則による制約のもとで、理論的に仕事に変換し得る最大のエネルギー」を**有効エネルギー**といいます。

有効エネルギー（図2-19-1）

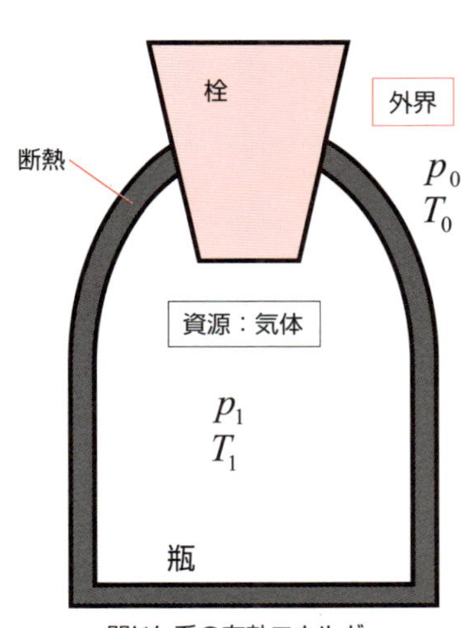

閉じた系の有効エネルギー

外界の環境下に、圧力P_1、温度T_1の気体が入った瓶があるとする

栓を開ける

⇩

気体が外界へ吹き出す

⇩

時間と共に外界と平衡状態になる

$p_1 = p_0$

$T_1 = T_0$

有効エネルギー（エクセルギーともいう）とは、平衡状態になるまでに、最大限に取り出し得る仕事。

熱エネルギーから仕事を取り出す

カルノーサイクルにより、熱エネルギーから仕事を取り出すことを考えます。カルノーサイクルは、高温源から熱エネルギーを受け取り、仕事を行い、低温源に放熱します。低温源の温度が絶対零度にならない限り、常に仕事を取り出すことが可能です。

しかし、地球上で熱を仕事に変換する場合、最も低い低温源は大気と考えられるので、低温源が大気温度以下になると、すべてを有効エネルギーとして得ることはできません。河川や海洋などを利用して、何らかの方法で大気の温度よりも低い温度を低温源とすることができたとしても、長時間にわたってその状態を保つことは不可能なことから、最終的には大気と同温度となります。

膨張仕事の有効エネルギー

熱の有効エネルギーは、その系の周囲環境温度を基準にしています。いま、系が膨張して外界へ仕事をすることを考えます。系は、地球上においては大気に包まれており、大気圧下にあります。

したがって、気体が外部に対して行う仕事から、大気圧下で押しつぶされないように抵抗する仕事を差し引いた分が、膨張仕事の有効エネルギーだと考えられます。一般に、地球上では大気圧力が自然の最低の圧力であり、有効エネルギーはこれを周囲環境圧力として基準とします。

熱から仕事を得るには？

高温源と低温源に温度差があれば、仕事を取り出すことが可能。ただし、基準温度より低い温度では、有効エネルギーは得られない。地球上では、大気や河川、海洋の温度が基準となる。

Chapter 3

材料の選択

機械設計における材料の選択は、その製品の品質に大きく関わることから、十分な検討が必要です。材料の選定次第では、材料代や加工代が余計にかかったり、本来は不要なはずの熱処理などの各種処理が必要になったりして、コストや納期にも大きな影響を及ぼします。ここでは、材料の基礎知識について解説します。

3-1 機械材料の種類

機械製品に用いられる材料は、金属材料と非金属材料に大きく分けることができます。

機械材料の多様な種類

機械材料にはそれぞれ一長一短があり、強度や重量、成形性または加工性、コスト、防食性や塗料との相性など、様々な特性を考慮して選定されます。近年は航空機やスポーツ用品などで、炭素繊維強化樹脂やガラス繊維強化樹脂といった複合材料（FRP：Fiberglass Reinforced Plastic）が新素材として注目を集めています。これらの中で、工業製品に最も多く用いられているのは**金属材料**です。

機械材料の種類（図3-1-1）

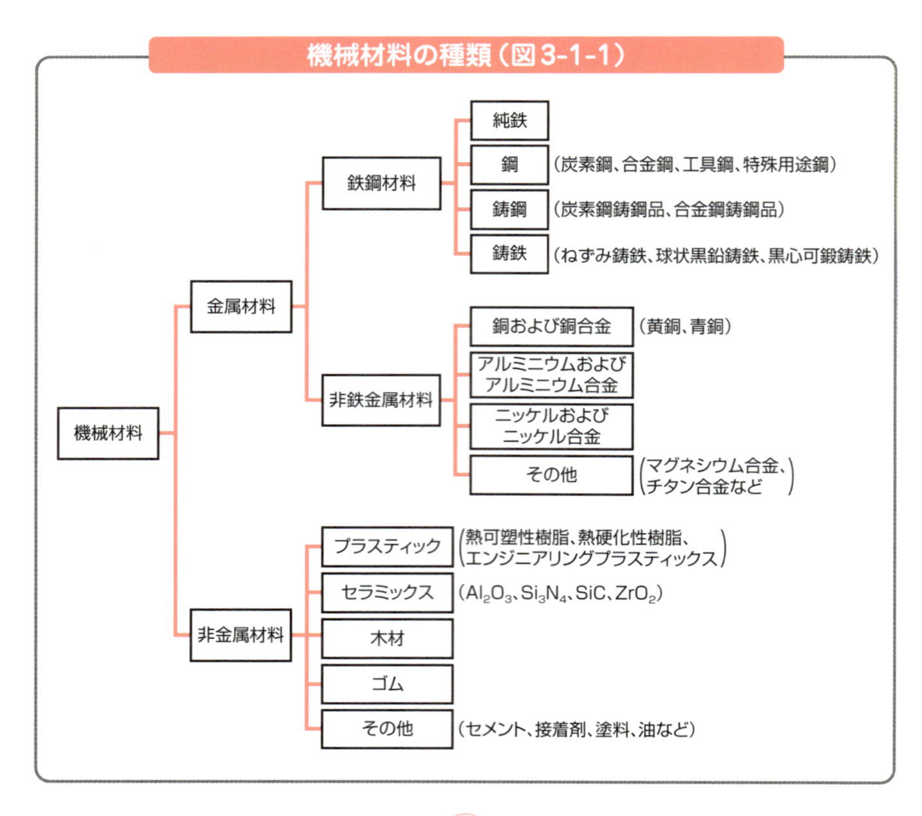

3-2 一次製品と加工工程

金属材料は、原料としての鉱石から金属を製錬によって取り出し、一次加工によって必要な形状や特性に整えられます。その結果、基本形状の素材である板材や線材、管などの一次製品ができあがります。

機械部品から製品へ

一次製品が二次加工を経て機械部品となり、機械部品が組み合わされて、最終的に製品に加工されます。このプロセスを**図3-2-2**に示します。金属材料は、製法により結晶構造が変態することで、機械的性質に違いが出てきます。設計時には、用途を熟考して最適な材料が選択されます。

加工法と一次製品（図3-2-1）

加工法		一次製品
圧延	平滑ロール 孔形ロール	板材 形材、棒、線材
押出し	前方・後方押出し	継ぎ目なし管、異形材・管
せん孔	熱間加工	継ぎ目なし管
引抜き	冷間加工	線、管
造管・溶接	帯板を丸めて管に成形し、継ぎ目を溶接	溶接管、鍛接管
鍛造	自由鍛造 造形鍛造	少数・大型鍛造品 量産品、中・小型鍛造品

機械製品製造における加工工程（図3-2-2）

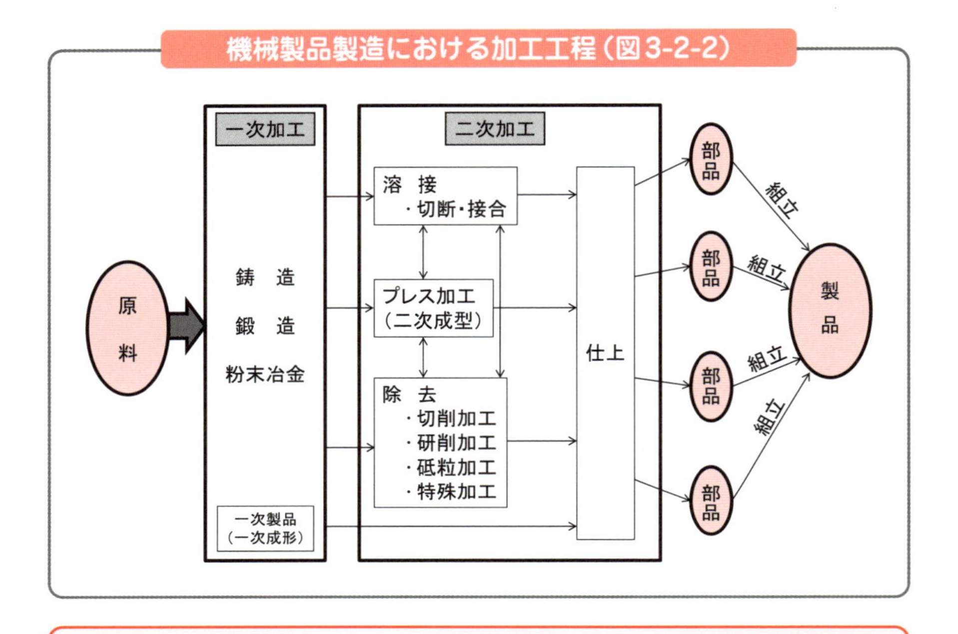

COLUMN 新素材と環境問題

PFAS（ピーファス）という言葉を聞いたことがあるでしょうか。

PFASとは：有機フッ素化合物のうち、ペルフルオロアルキル化合物及びポリフルオロアルキル化合物を総称して「PFAS」と呼び、1万種類以上の物質があるとされています。PFASの中でも、PFOS（ペルフルオロオクタンスルホン酸）、PFOA（ペルフルオロオクタン酸）は、幅広い用途で使用されてきました。これらの物質は、難分解性、高蓄積性、長距離移動性という性質があるため、国内で規制やリスク管理に関する取り組みが進められています。

（環境省［1/12/2024］：https://www.env.go.jp/water/pfas.html）

撥水性、撥油性があることから、生活用品工業製品に多く使われてきました。例えば、防水スプレーやフライパンのコーティング、食材の包み紙などに広く使われてきました。PFASは、化学的安定性が高いため、分解されにくいとされています。土壌に残ったPFASはやがて地下水に浸透します。

しかしながら近年、PFASが生態系や人体に与える影響が問題となっており、環境汚染も指摘されています。

未来に起こる環境問題を予想することは難しいですが、設計者は絶えずアンテナを高くして、最新の情報を収集し、環境問題が起こらないように努力を続けることが大切です。

3-3 鉄鋼材料

鉄鋼材料とは、主成分の鉄に、鉄鉱石由来または製鋼過程で添加される5元素（炭素、けい素、マンガン、りん、硫黄）が含まれたものです。

鉄鋼の基本元素

5元素の中でも炭素は、鉄鉱石の硬さや靭性（じんせい）に大きな影響を与えることから、炭素の含有量が鉄鋼材料を分類する際の基本となっています。例えば、一般的に炭素が0.006%以下のものは**純鉄**（α-Fe）、0.006%を超えるものは**鋼**（はがね）と呼ばれています（図参照）。鋳造に用いられる鋳鋼も鋼の一種です。

鉄鋼材料のほとんどは鋼であり、鋼の炭素量は最大でも2%程度となります。炭素量が2%を超えるものは**鋳鉄**（ちゅうてつ）といいます。

鉄鋼の基本元素（図3-3-1）

鉄鋼材料とは、主成分の鉄に鉄鉱石由来や製鋼過程で添加された5元素が含まれたもの。

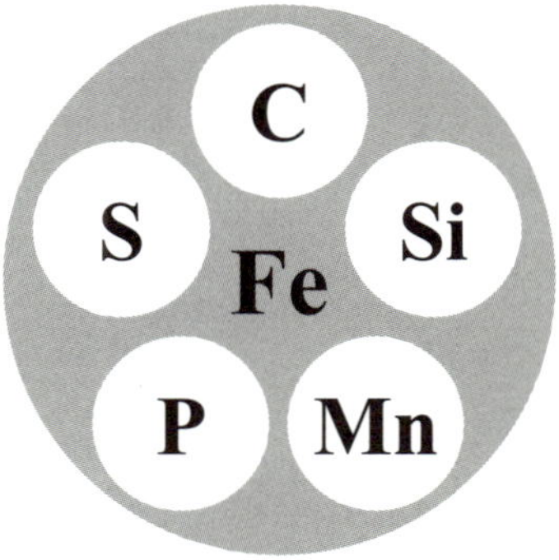

炭素量

0.006%以下	：純鉄（α-Fe）	鉄鋼材料
～2%	：鋼	鉄鋼材料
2%を超えるもの	：鋳鉄	鉄鋼材料

5元素
- 炭素（C）0.04～1.5%
- けい素（Si）0.1～0.4%
- マンガン（Mn）0.4～1.0%
- りん（P）0.04%以下
- 硫黄（S）0.04%以下

JISで規格化されている主な鉄鋼材料の分類と用途（図3-3-2）

分類		JIS鋼種記号	主な用途
圧延鋼材	一般構造用圧延鋼材	SS	橋、船舶、車両、その他構造物
	溶接構造用圧延鋼材	SM	SSと同様で溶接性重視のもの
	建築構造用圧延鋼材	SN	建築構造物
圧延鋼板・鋼帯	冷間圧延鋼板・鋼帯	SPC	各種機械部品、自動車車体
	熱間圧延軟鋼板・鋼帯	SPH	建築物、各種構造物
線材	ピアノ線材	SWRS	より線、ワイヤロープ
	軟鋼線材	SWRM	鉄線、亜鉛めっきより線
	硬鋼線材	SWRH	亜鉛めっきより線、ワイヤロープ
	冷間圧造用炭素鋼線材	SWRCH	ボルトや機械部品など冷間圧造品
	冷間圧造用ボロン鋼線材	SWRCHB	ボルトや機械部品など冷間圧造品
機械構造用鋼	機械構造用炭素鋼	S--C	一般的な機械構造用部品
	クロムモリブデン鋼	SCM	高強度を重視した機械構造用部品
	ニッケルクロム鋼	SNC	高靱性を重視した機械構造用部品
	ニッケルクロムモリブデン鋼	SNCM	高強度・高靱性を重視した機械構造用部品
工具鋼	炭素工具鋼	SK	プレス型、刃物、刻印
	高速度工具鋼	SKH	切削工具、刃物、冷間鍛造型
	合金工具鋼	SKS	切削工具、たがね、プレス型
		SKD	冷間鍛造型、プレス型、ダイカスト型
		SKT	熱間鍛造型、プレス型
特殊用途鋼	ステンレス鋼	SUS	耐食性を重視した各種部品、刃物
	耐熱鋼	SUH	耐食・耐熱性を重視した各種部品
	ばね鋼	SUP	各種コイルばね、重ね板ばね
	軸受鋼	SUJ	転がり軸受
	快削鋼	SUM	加工精度を重視した各種部品

鋼における5元素の含有量は、特殊な場合を除きほぼ決まっていて、炭素（C）0.04～1.5%、けい素（Si）0.1～0.4%、マンガン（Mn）0.4～1.0%、りん（P）0.04%以下、硫黄（S）0.04%以下となります。

けい素やマンガンは有益元素であり、鋼中の有害物質の除去を目的に製鋼時に添加されることもあります。りんおよび硫黄は、鉄鋼材料に対しては有害元素であることから、含有量はできるだけ少ない方がよいでしょう。

りんは、製鋼材料の遅れ破壊*を誘発します。また、低温で使用する際に脆（もろ）くする性質（低温脆性（ぜいせい））があります。硫黄は、高温で使用する際に脆くする性質（高温脆性）があります。ただし、硫黄には鉄鋼材料の被削性（切削加工の容易さ）を向上させる働きがあることから、0.3%まで添加した快削鋼もあります。

主な鉄鋼材料の分類と用途

5元素のほかに、耐摩耗性、靭性、耐食性、耐熱性を向上させるために、その目的に応じてクロム（Cr）、モリブデン（Mo）、タングステン（W）、バナジウム（V）、ニッケル（Ni）、コバルト（Co）、ボロン（B）、チタン（Ti）などの合金元素を添加した鋼種もあります。

JISで規格化されている主な鉄鋼材料の分類と用途を**図3-3-2**に示します。設計の際には、鋼種記号を要目欄や注記に記入するようにします。

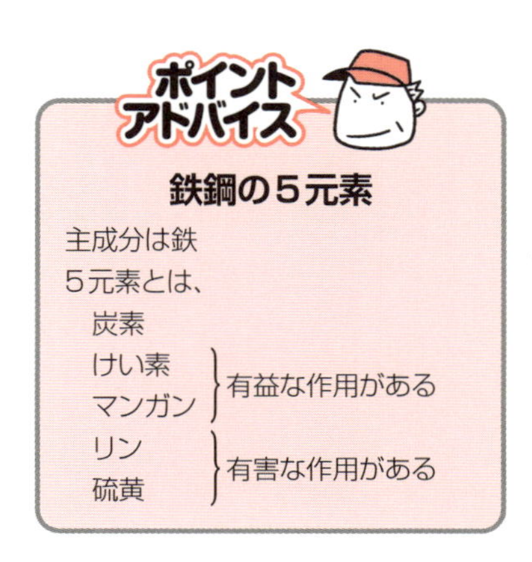

*__遅れ破壊__　引張応力下で、ある時間経過後に割れる現象のこと。

3-4 アルミニウムおよびアルミニウム合金

アルミニウムを基本とする材料には、アルミニウムおよびアルミニウム合金（展伸材）、アルミニウム合金鋳物、アルミニウム合金ダイカストなどがあります。

工業製品に広く活用

展伸材とは、圧延加工した板や条、展伸加工した棒や線材をいいます。アルミニウムおよびアルミニウム合金（展伸材）には、**図3-4-1**に示すような種類があり、工業製品のほかに、装飾用途品やスポーツ用品などにも利用されています。

また、アルミニウム合金鋳物やダイカストは、**図3-4-2**に示すような種類があり、工業製品に広く活用されています。

アルミニウムおよびアルミニウム合金（展伸材）（図3-4-1）

1000系　純Al系	装飾品、ネームプレート、印刷板、各種容器、照明器具
2000系　Al-Cu-Mg系	航空機用材、各種構造材、航空宇宙機器、機械部品
3000系　Al-Mn-(Mg)系	一般用器物、建築用材、飲食缶、電球口金、各種容器
5000系　Al-Mg系	建築外装、車両用材、船舶用材、自動車用ホイール
6000系　Al-Mg-Si系	船舶用材、車両用材、建築用材、クレーン、陸上構造物
7000系　Al-Zn-Mg-(Cu)系	航空機用材、車両用材、陸上構造物、スポーツ用品
8000系　Al-Fe系	アルミニウム箔地（はくじ）、装飾用、電気通信用、包帯など

アルミニウム合金（鋳物、ダイカスト）（図3-4-2）

【アルミニウム合金鋳物】	
Al-Cu-Si系（AC2A）	マニホールド、ポンプボディー、シリンダヘッド、自動車用足回り部品など
Al-Si系（AC3A）	ケース類、カバー類、ハウジング類などの薄肉もの
Al-Si-Mg系（AC4A）	ブレーキドラム、クランクケース、ギヤボックス、船舶用・車載用エンジン部品など、自動車ホイール（高純度品）
Al-Mg系（AC7A）	航空機・船舶用部品、架線金具など
Al-Si-Cu-Ni-Mg系（AC8A）	自動車用ピストン、プーリ、軸受など
【アルミニウム合金ダイカスト】	
Al-Si-Cu系（ADC12）	生産性が高く、機械的性質も優れている 自動車用ミッションケース、産業機械用部品、光学部品、家庭用器具など広範囲で使用されている

アルミニウム合金

アルミニウム合金には、展伸材、鋳物、ダイカストなどがあり、工業製品を中心に広く使用されている。展伸材は、装飾用途や建材などにも利用されている。

3-5 銅および銅合金

銅は、電気伝導性・熱伝導性が良好であり、工業的には電機部品や熱交換器などに広く利用されています。

銅および銅合金の幅広い用途

銅合金は、軸受の材料や一般機械部品に利用されています。また、建材などの装飾品にも利用されています。銅および銅合金鋳物の種類と主な用途を**図3-5-1**に、銅および銅合金（展伸材）の種類と主な用途を**図3-5-2**に示します。設計の際には、合金記号を要目欄などに記載して指定します。

銅および銅合金鋳物（図3-5-1）

合金記号	合金の種類	合金系	主な用途
CAC100系	銅鋳物	純Cu系	羽口、電気用ターミナル、一般電気部品、一般機械部品
CAC200系	黄銅鋳物	Cu-Zn系	電気部品、一般機械部品、給排水金具、計器部品
CAC300系	高力黄銅鋳物	Cu-Zn-Mn-Fe-Al系	船舶用プロペラ、軸受、軸受保持器、スリッパー、弁座
CAC400系	青銅鋳物	Cu-Sn-Zn-(Pb)系	軸受、ポンプ部品、バルブ、羽根車、電動機械部品
CAC500系	りん青銅鋳物	Cu-Sn-P系	歯車、スリーブ、油圧シリンダ、一般機械部品、ギヤ
CAC600系	鉛青銅鋳物	Cu-Sn-Pb系	シリンダ、バルブ、車両用軸受、中高速・高荷重用軸受
CAC700系	アルミニウム青銅鋳物	Cu-Al-Fe-Ni-Mn系	船舶用プロペラ、軸受、バルブシート、化学用機械部品
CAC800系	シルジン青銅鋳物	Cu-Si-Zn系	船舶用ぎ装品、軸受、歯車、水力機械部品

銅および銅合金（展伸材）（図3-5-2）

合金記号	合金の名称		合金系	主な用途
C1020	純銅	無酸素銅	純Cu系	電気用、化学工業用
C1100		タフピッチ銅		電気用、建築用、化学工業用、ガスケット、器物
C2..		りん脱酸銅		風呂釜、湯沸器、ガスケット、建築用、化学工業用
C2100～C2400	黄銅	丹銅	Cu-Zn系	建築用、装身具、化粧品ケース
C26..～C28..		黄銅		端子コネクター、配線器具、深絞り用、計器板
C35..～C37..		快削黄銅	Cu-Zn-Pb系	時計部品、歯車
C4250		すず入り黄銅	Cu-Zn-Sn-P系	スイッチ、リレー、コネクター、各種ばね部品
C4430		アドミラルティ黄銅	Cu-Zn-Sn系	熱交換器、ガス配管用溶接管
C46..		ネーバル黄銅		熱交換器用管板、船舶海水取入口用
C61..～C63	アルミニウム青銅		Cu-Al-Fe-Ni-Mn系	機械部品、化学工業用、船舶用
C70.., C71..	白銅		Cu-Ni-Fe-Mn系	熱交換器用管板、溶接管

銅と銅合金

銅は、良好な電気伝導性や熱伝導性を活かした、電機部品や熱交換器などに利用される。

銅合金は、鋳物や展伸材があり、幅広い用途に用いられる。

3-6 非金属材料

金属材料以外にも、プラスティック、セラミックス、天然樹脂、皮類などが工業用途として使用されています。

最も広く活用されているプラスティック

耐熱性や硬度に優れているセラミックスは、高温部位の部品や摺動(しょうどう)*を伴う箇所に用いられ、皮類はブレーキ材に活用されたりします。そして、非金属材料の中で最も広く活用されているのが、プラスティックです。

プラスティックという言葉は一般に高分子の成形品を指しますが、高分子材料の別名としても使用されています。ただし、高分子材料であっても、繊維とゴムは、その用途の形態や性質の特殊性から、プラスティックには含めないことが多いです。

高分子材料は、新素材といわれる材料分類の一角を占めており、用途に応じて様々なものがあります。高分子材料は、その成形方法から、**熱可塑性プラスティック**と**熱硬化性プラスティック**に分類されます。

図3-6-1に示すような包装材料にも用いられる**ポリプロピレン**(**PP**：Poly propylene)、**ポリエチレン**(**PE**：Polyethylene)、**ポリエチレンテレフタラート**(**PET**：Polyethylene terephthalate)などは、高いリサイクル性があります。

ポリエチレンは、密度の違いにより**低密度ポリエチレン**(**LDPE**)と**高密度ポリエチレン**(**HDPE**)があります。低密度ポリエチレンは、半分以上がフィルム用途として利用されています。また、加工紙、電線被膜、各種成形製品などにも利用されています。加工食品の容器や食品用ラップフィルム、スキーブーツやビニルハウスなどにも用いられています。

高密度ポリエチレンは、工業用途としては、フィルムや中空成形製品、射出成形製品などに用いられています。ポリプロピレンは、軽くて耐熱性・耐薬品性が高く、安価かつ衛生的で、透明性、安全性、リサイクル性にも優れており、全プラスティックの20%以上を占めています。ポリプロピレンの主な用途を**図3-6-2**に示します。

---

* **摺動**　機械の装置などをすべらせながら動かすこと。

ポリプロピレンとポリエチレンの応用例（図3-6-1）

ポリプロピレンの主な用途（図3-6-2）

<table>
<tr><th></th><th>成形方法</th><th>用途</th></tr>
<tr><td>フィルム</td><td>OPP（二軸延伸フィルム）
CPP（無延伸フィルム）</td><td>たばこ包装
アルバム
食品包装
繊維包装</td></tr>
<tr><td>日用品</td><td rowspan="4">射出成形</td><td>キャップ
プリンカップ
衣装ケース
洗剤ボトル
シャンプーボトル</td></tr>
<tr><td>家電製品</td><td>炊飯器ハウジング
洗濯槽</td></tr>
<tr><td>自動車部品</td><td>バンパー
インパネ
トリム</td></tr>
<tr><td>物流資材</td><td>ビールコンテナ
パレット</td></tr>
<tr><td>医療器具</td><td>射出成形
ブロー成形</td><td>注射器
輸液ボトル</td></tr>
<tr><td>繊維</td><td>押出し成形</td><td>紙おむつ
衛生用品
結束バンド</td></tr>
</table>

3-7 材料選定の手順

機械設計において、材料選定をする手順は、その機械の特性により異なりますが、所望の機能が得られる材料であることが必須です。

材料選定のチェックポイント

他の機械要素部品と接続する設計の場合について説明します。図では、溶接やねじ切り、ブッシュなどを接続例に挙げていますが、設計しようとする機械の特性により、いろいろな接続が考えられます。

材料選定のチェックポイント（図3-7-1）

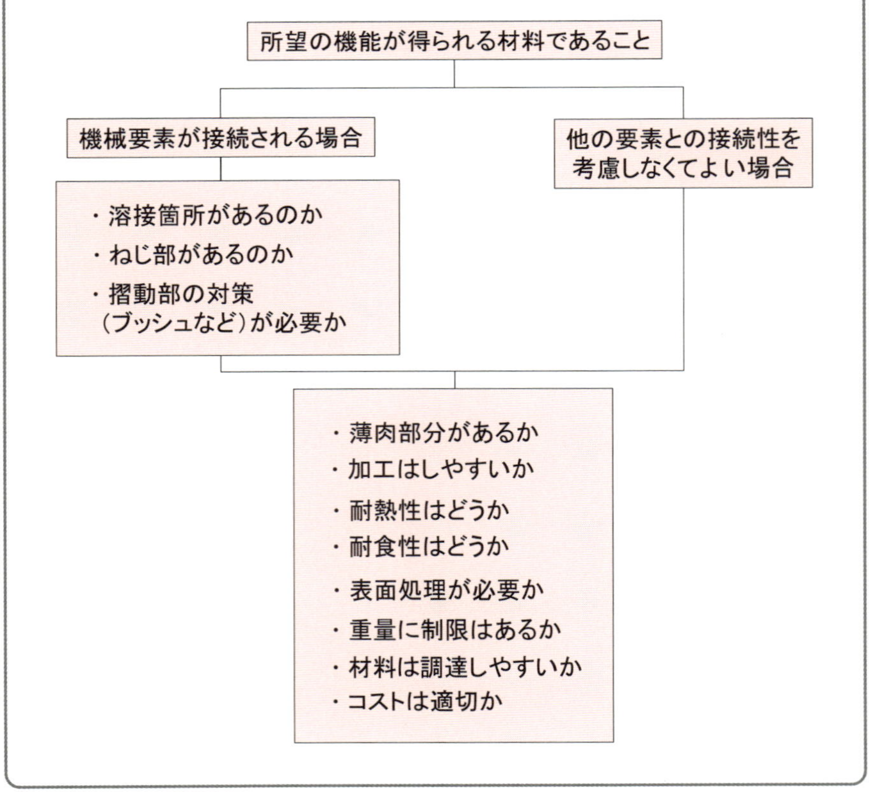

所望の機能が得られる材料であること

機械要素が接続される場合

- 溶接箇所があるのか
- ねじ部があるのか
- 摺動部の対策（ブッシュなど）が必要か

他の要素との接続性を考慮しなくてよい場合

- 薄肉部分があるか
- 加工はしやすいか
- 耐熱性はどうか
- 耐食性はどうか
- 表面処理が必要か
- 重量に制限はあるか
- 材料は調達しやすいか
- コストは適切か

炭素鋼は、炭素量が多くなると溶接が難しくなります。溶接によって何かを取り付ける場合は、低炭素の材料を選んだ方がよいでしょう。

回転機械の回転部にねじを付ける場合は、真鍮のようなねじがゆるみやすい材料は避ける必要があります。また、軸や軸受のような摺動部がある要素については、「摺動性が良好な鋳鉄やアルミニウム合金を用いることが必要か」、「軸受部には**ブッシュ**と呼ばれる軸受材を取り付ける必要があるのか」などが検討されます。

薄肉部分があると、例えば樹脂成形品の場合、反りやひけ（くぼみ、気泡）が生じやすくなることから、技術的に可能かどうかを検討しておく必要があります。

材料選定では、加工性や耐熱性、耐食性も十分に考慮に入れます。材料代が安くても、加工にコストがかかってしまっては意味がありません。

また、耐食性や耐摩耗性などを高めるため、表面硬化その他の表面処理を行うかどうか、といった検討も必要です。これらの検討を経て、最終的に、調達しやすく、コストが低い材料を選ぶようにします。

COLUMN 圧縮機のケースの耐圧試験

エアコンなどに用いられる密閉型の圧縮機のケースの一部は、継ぎ目のない底付き容器を成形する「**深絞り**」というプレス加工法によってつくられます。このケースは、厚さ3.0～4.6mm程度のものが広く使用されますが、ケースの耐圧試験が必要となります。

例えば、安全率4以上を設定した場合は、実際に使用する圧力の4～5倍以上の内圧をかけて、ケースが破壊しないことを確認します。図は油圧による耐圧試験の結果を示しています。き裂が生じており、この試験で設定された圧力には耐えられなかったことがわかります。

密閉型圧縮機ケースの耐圧試験

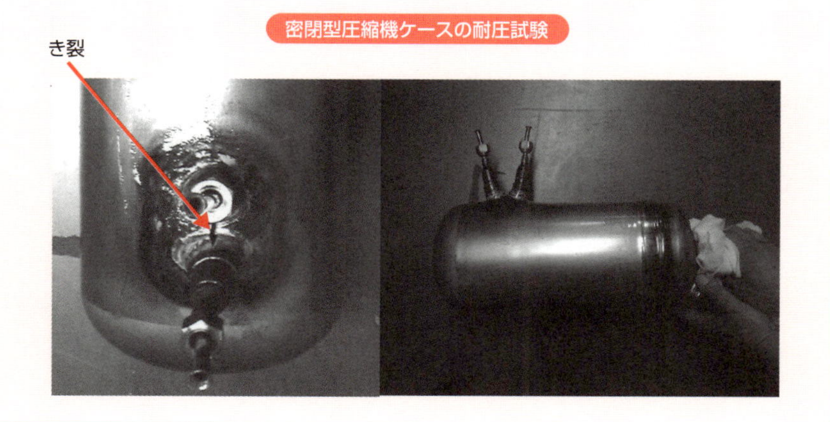

COLUMN 自転車のスポークはどれくらい強い？

自転車のスポークを１本取り出して、静かにぶら下がるとしたら、どれくらいの体重の人まで支えられるか、検討してみましょう。

スポークの直径2mm、材質はステンレス鋼、最大強さ500MPaとします。

構造物の強さは、断面形状の影響も受けますが、ここでは荷重を断面積で割った「応力」で考えます。

【スポークは圧縮荷重よりも引張荷重に強い】

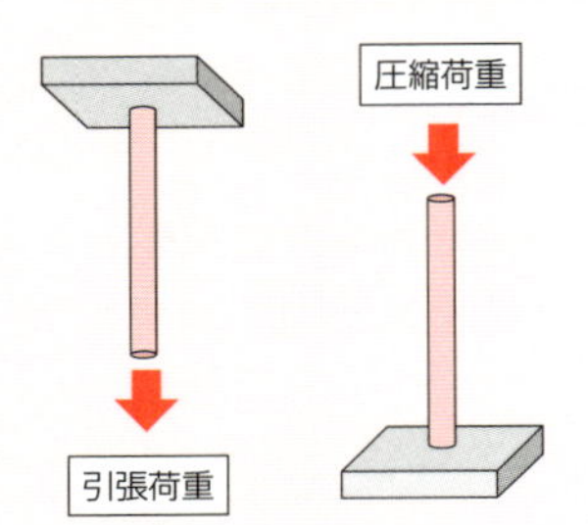

$$[\text{応力}：\sigma(\mathrm{Pa})] = \frac{[\text{荷重}：W(\mathrm{N})]}{[\text{断面積}：A(\mathrm{m}^2)]}$$

直径2mmのスポークの断面積は約$3\mathrm{mm}^2$なので、最大荷重は、

$$W = \sigma A = (500 \times 10^6) \times (3 \times 10^{-6}) = 1500[\mathrm{N}]$$

となる。

重力加速度を$9.8\mathrm{m/s}^2$とすると、
体重（質量）はおおむね150kgになる。
実際は弾性区間で考えれば110kg程度になる。

COLUMN はりの使い方（断面係数の違い）

断面寸法の縦横比２：１の長い材料（角材）をはりとして用い、中央に荷重をかけるとします。このとき、角材の断面は縦長と横長のどちらで使った方がよいか、検討してみましょう。

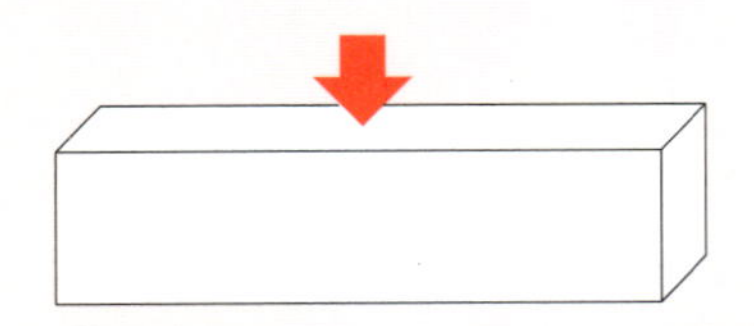

高さ：2

幅：1

こちらの方が安全

$$Z = \frac{1}{6} \times 1 \times 2^2 = 0.67$$

高さ：1

幅：2

$$Z = \frac{1}{6} \times 2 \times 1^2 = 0.33$$

$$Z = \frac{1}{6} \times [\text{幅}] \times [\text{高さ}]^2$$

断面係数

［最大曲げモーメント］＝［最大曲げ応力］×［断面係数］

断面係数が大きいほど、最大曲げモーメントも大きくなるので、より安全だといえます。

Chapter 4

機械要素と機構設計

機械要素は、機械を構成する上でなくてはならないものです。そして、機械の設計時に適切な機械要素を選定することで、製品の品質や安全性はもちろん、製造時の作業性や収益など様々な面で改善を図ることができます。しかし、誤った選定をすれば、重大な事故にもつながりかねません。機械要素の取り扱いは、機械設計の中でも重要な位置を占めます。本章では、機械要素と機構設計について解説します。

4-1 機械要素とは

機械は、多くの機械要素から構成されています。機械要素の中には、規格化されて様々な機械で共通に使われているものも数多くあります。

日々進化する機械要素

共通に使われる**機械要素**は、多くの場合**JIS**（Japanese Industrial Standards：**日本産業規格**）で規格化されています。機械要素の大まかな分類を**図4-1-1**に示します。これらの機械要素は、新しい材料が使われたり、新しい機能が加えられたりしながら、日々進化しています。

設計の際には、これらの機械要素を適切に選定していく必要があります。また、新しい機械要素を知れば、設計の幅が広がります。こうした情報に敏感になっておく必要もあるでしょう。

COLUMN 手鍋のねじ

片手鍋の取っ手を取り付けるねじが、いくら固く締めてもすぐゆるんじゃうので困る……なんていう話をよく聞きます。なぜ、ゆるんでしまうのでしょうか。

鍋は火にかけて使用しますので、鍋のめねじの部分はいつも加熱されています。しかし、コンロから下ろせば次第に冷めます。このとき、ねじ部も熱膨張と熱収縮をしているのです。

もしも、おねじと鍋の素材が異なる金属で線膨張率が違えば、熱膨張の大きさが違うため、熱膨張と熱収縮を繰り返す中で、ねじは次第にゆるんでしまいます。仮に素材が同じ金属だとしても、鍋のめねじと取っ手のねじで温度差があれば、やはり同じことが起きます。では、どうしたらゆるまなくなるでしょう。

ねじのゆるみ止め、ねじ以外の固定方法など、やり方はいろいろありそうですね。ぜひ考えてみましょう。

機械要素の分類（図 4-1-1）

機械要素の機能	要素名	要素の例
要素やユニットを固定・締結する要素	ねじ（ボルト、ナット等）、リベット、キー、ピンなど	
制動、緩衝、エネルギーを吸収する要素	ブレーキ、クラッチ、ばね、ダンパ	
動力、トルク、回転数を伝達する要素	軸、軸受、軸継手、歯車、巻掛け伝動装置	
動きを変換する要素・機構	ねじ、リンク、カム、ピストンクランク機構など	
回転や直線運動を案内する要素	軸受（滑り軸受、転がり軸受）、スライドユニット	
流体を伝え、制御するユニット	管、管継手、バルブなど	
密封する要素	軸封装置、Oリング、ガスケットなど	
機械を動かす駆動源	原動機（エンジン、モータ、流体機械など）、油空圧シリンダ	
機械要素を支える部分	フレーム、支持	
機械を制御する要素	コンピュータ、インタフェース、制御プログラム、リレー、スイッチなど	

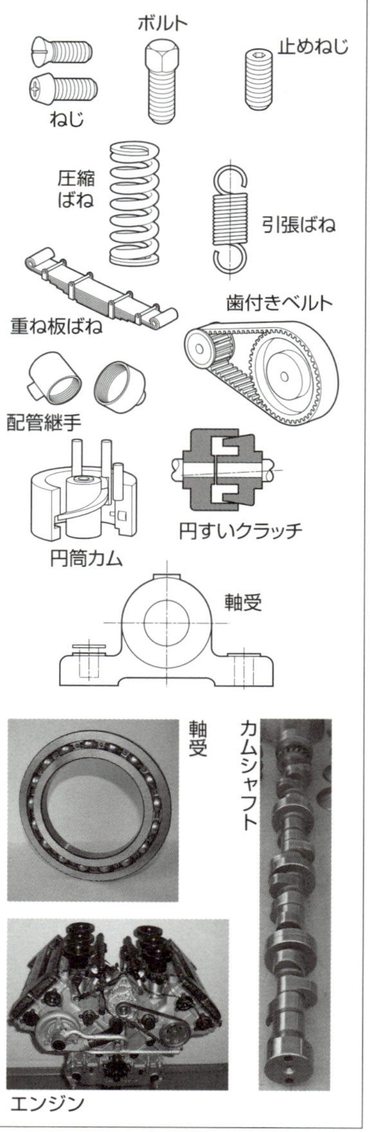

4-2 ねじ

代表的な締結・接合要素として、ねじやリベットがあります。ねじのゆるみ止めには、座金やピンが用いられます。

ねじの概要

ねじなどの機械要素の多くは、JISで規格化されています。したがって、機械に用いる際や図面に記載する際には、規格に従って選定する必要があります。

ねじは、直角三角形を円筒に巻き付けてできるらせん（**つるまき線**という）を円筒面に付けたものです（**図4-2-1**）。このらせんに沿って円筒面を１回転させたとき、軸方向に進む距離を**リード**といい、このときに描ける直角三角形の斜面の角度を**リード角**、隣り合うねじ山の間隔を**ピッチ**といいます。

ねじ（図4-2-1）

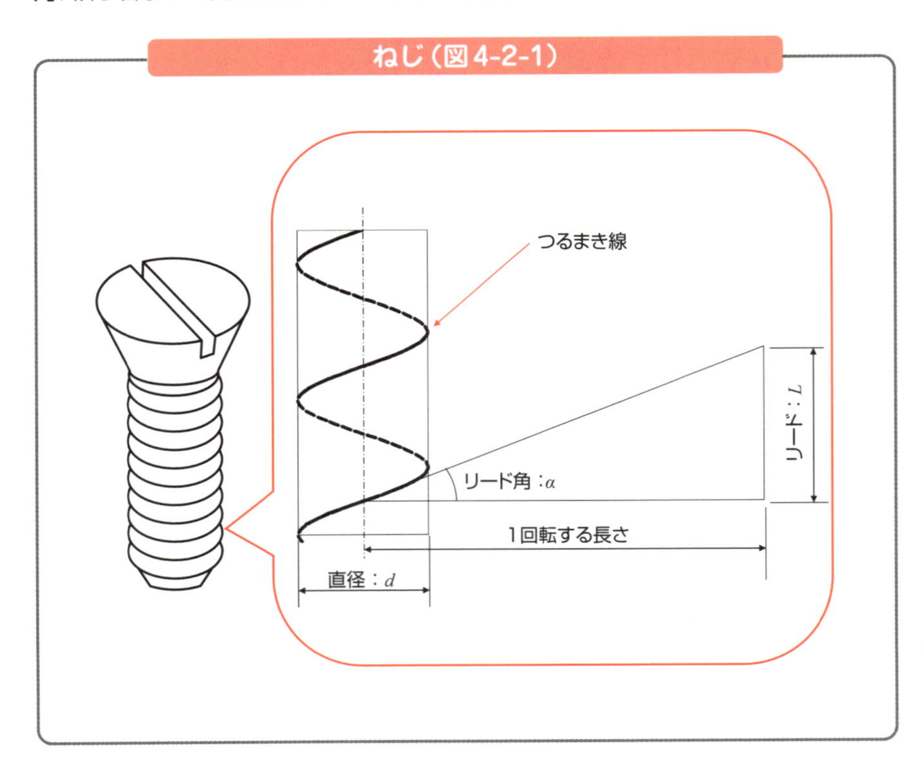

一般に広く用いられている**一条ねじ**（1本のねじ山を巻き付けてつくられるねじ）では、リードとピッチは等しくなります。平行な2本以上のつる巻線に沿って溝を付けたねじを**多条ねじ**といい、条数をnとすれば、ピッチpとリードLには、

$$L=np$$

の関係があります。

おねじは、円筒面にらせん状のねじ山を設けたものです（**図4-2-2**）。穴の内面にねじ山を設けたものは**めねじ**といいます。おねじの外径とめねじの谷の径、おねじの谷の径とめねじの内径がそれぞれ対応しています。また、おねじを切断する長さとめねじを切断する長さが等しくなる径を**有効径**といいます。

ねじの各部の名称（図4-2-2）

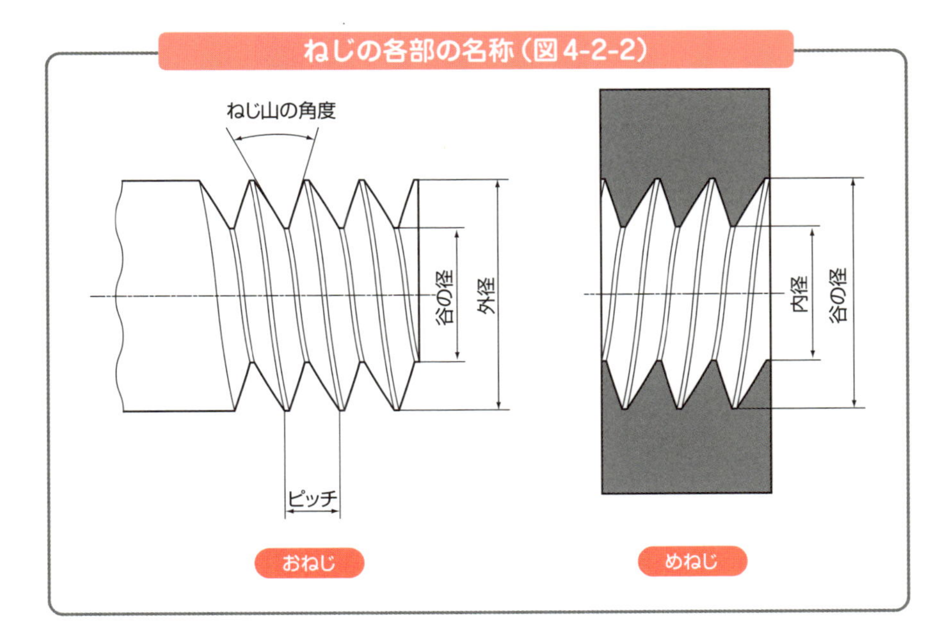

ねじには、右回りに回すと前進する**右ねじ**と、左回りに回すと前進する**左ねじ**があります。通常は右ねじを用いますが、「扇風機の羽根の固定に用いるねじのように、回転部に用いるねじでゆるみ防止の考慮が必要な箇所」、「ガスの種類の誤認を防ぐ目的で特定のガスボンベの口金に用いるねじのように、安全上の配慮が必要な場合」などは、必要に応じて左ねじが用いられています。

ねじの種類と規格

ねじは、ボルト、ナット、万力などのように、機械部品を締め付けて固定する用途に用いられます。また、テーブルの送りやジャッキなどのように、機械やテーブルを少しずつ移動させる**送りねじ**としても用いられています。

ねじの種類としては、三角ねじ、台形ねじ、角ねじ、ボールねじ、のこ歯ねじ、丸ねじなどがあります。一般によく用いられている三角ねじ、台形ねじ、角ねじ、ボールねじについて、それぞれの特徴などを次表にまとめました。

一般的なねじの種類（図4-2-3）

	ねじの種類			特徴	用途
大	三角ねじ	メートルねじ	メートル並目ねじ	ゆるみにくい。	締結用ボルトなど
			メートル細目ねじ		
		インチねじ	ユニファイ並目ねじ		
			ユニファイ細目ねじ		
締め付け力			（ウィットねじ）	（廃止されている）	
		管用ねじ	管用平行ねじ	ゆるみにくい。機密性が高い。	
			管用テーパねじ		
	台形ねじ			高精度の加工が可能。	工作機械の送りねじなど
	角ねじ			伝達力が大きい。加工しにくく精度が悪い。	ジャッキ、万力など
小	ボールねじ			摩擦力が小さい。バックラッシが小さい。	精密工作機械など

 三角ねじ

三角ねじには、メートルねじ、インチねじ（ユニファイねじ）、管用ねじがあります。ねじ山は三角形をしていて、角度は、メートルねじとユニファイねじが60°、管用ねじが55°になっています。

三角ねじは、摩擦力が大きいことから、ゆるみにくい特長があり、締結用に用いられます。メートルねじは、おねじの外径をミリメートル単位で表し、それをねじの**呼び径**としています。めねじは、ねじが合うおねじの外径で表します。

今日、一般的に用いられている三角ねじとしては、メートル並目ねじとメートル細目ねじ、ユニファイ並目ねじとユニファイ細目ねじ、管用平行ねじと管用テーパねじがあります。

メートル細目ねじは、メートル並目ねじよりもピッチが小さいことから、ねじ山の高さが低く、薄肉の部品と締結するのに適しています。

また、リード角が小さいため、ゆるみにくいです。管用ねじも、メートル並目ねじよりピッチが小さいので、薄い部分に使用でき、機密性が高いことから、管と管をつないだり、部品に管を接続する場合に使われます。

 三角ねじ以外のねじ

台形ねじは、ねじ山が台形をしており（**図4-2-4**）、ねじ山の角度が30°になっています。三角ねじよりも摩擦が小さく、締結には不適当です。しかし、三角ねじよりも製作が容易で、高精度に加工でき、強度もあることから、工作機械の送りねじなどに用いられます。

角ねじは、ねじの山が正方形かそれに近い長方形であることから、摩擦が小さく、力の伝達力が大きいという特長があります。しかし、ねじ山の加工が難しいことから、精度が悪くなり、バックラッシ（歯と歯の間の隙間、遊び）が大きくなってしまいます。ジャッキや万力などのねじに用いられます。

ボールねじは、おねじとめねじの間にボールが入っており、ねじを回すとボールが転がることから、ほかのねじに比べて摩擦が小さくなります。したがって、機械の駆動用のほか、精密な位置決めを要する送りねじとして工作機械に用いられています。

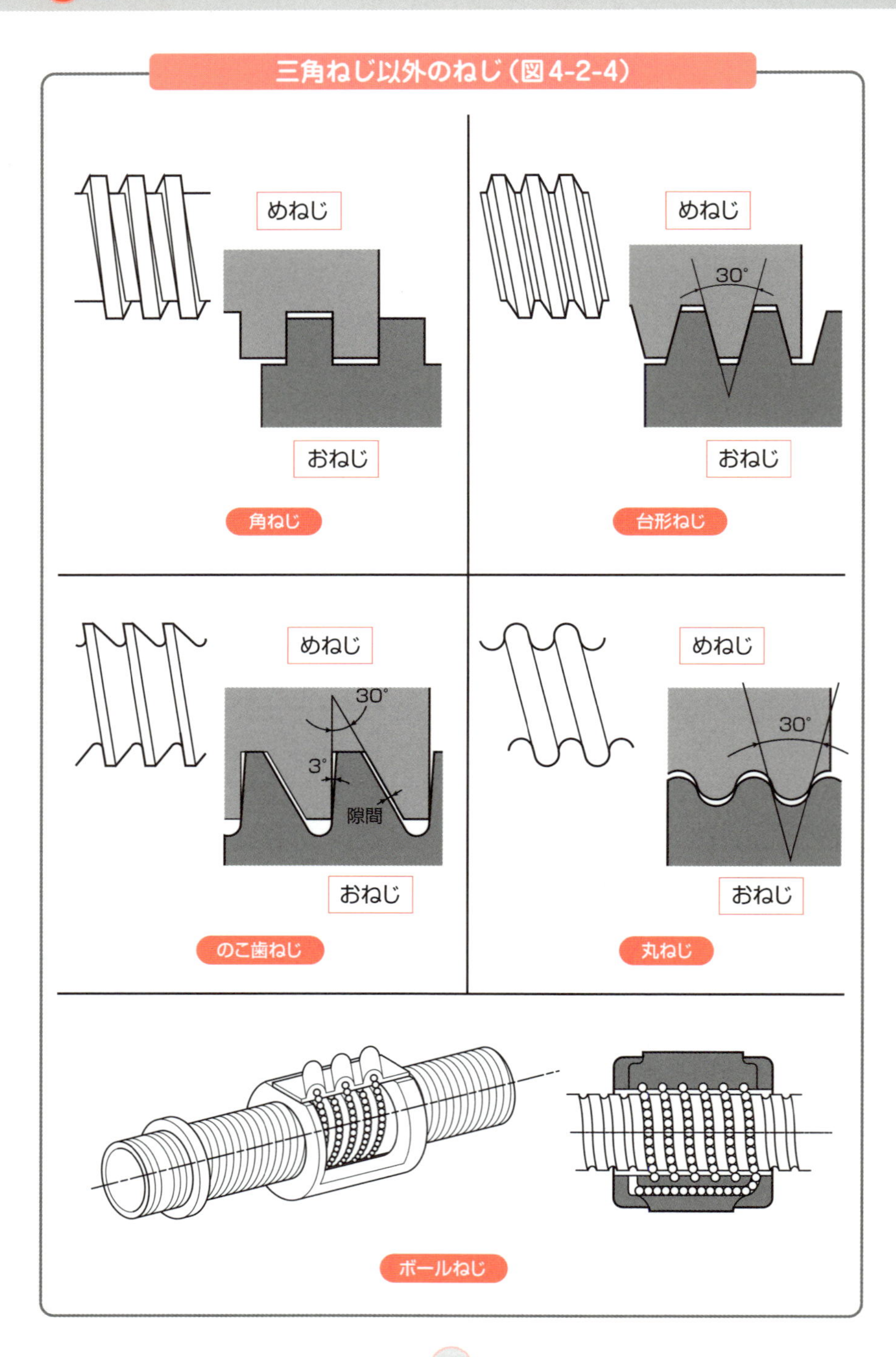
三角ねじ以外のねじ（図4-2-4）
めねじ
おねじ
角ねじ
めねじ
30°
おねじ
台形ねじ
めねじ
30°
3°
隙間
おねじ
のこ歯ねじ
めねじ
30°
おねじ
丸ねじ
ボールねじ

4-3 ねじ部品

ねじ部品には、ボルト、ナット、小ねじ、止めねじ、木ねじ、タッピングねじがあります。

ボルト、ナット

用途に応じて様々なものがあります（**図4-3-2**）。ボルトの頭部やナットは、六角形になっているものが広く使われています。これらは**六角ボルト**、**六角ナット**といい、通しボルト、押さえボルト、植え込みボルトなどに用いられます。

また、円形の頭部に六角形の穴が付いている**六角穴付きボルト**は、頭部の大きさが六角ボルトよりも小さく、材質も強度が高いものが使われていることから、狭い箇所での締結やボルトの頭を沈めたいときに使用されます。これらのボルトは、使用用途に応じて適切に選定して用います。

ボルトとナット（図4-3-1）

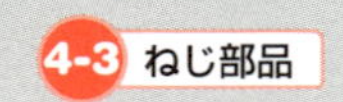

ボルトとナット（図4-3-2）

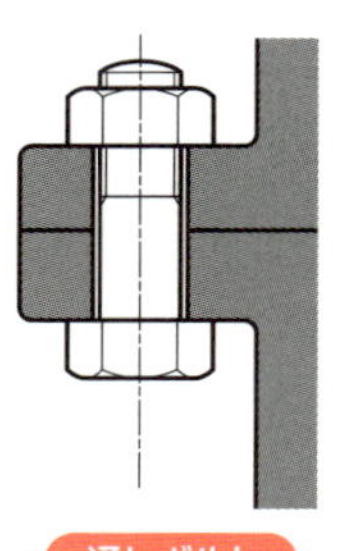
通しボルト

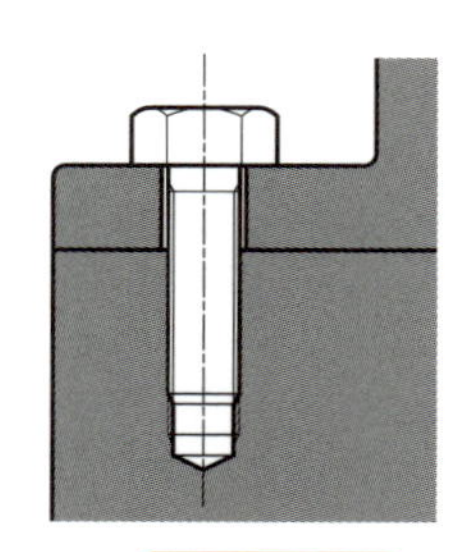
押さえボルト

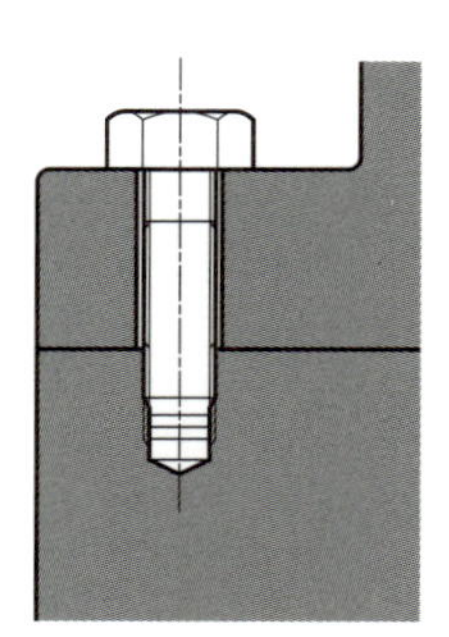
植え込みボルト

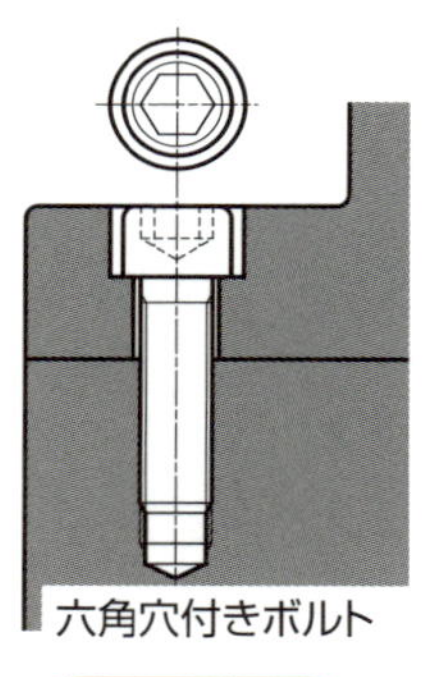

押さえボルト

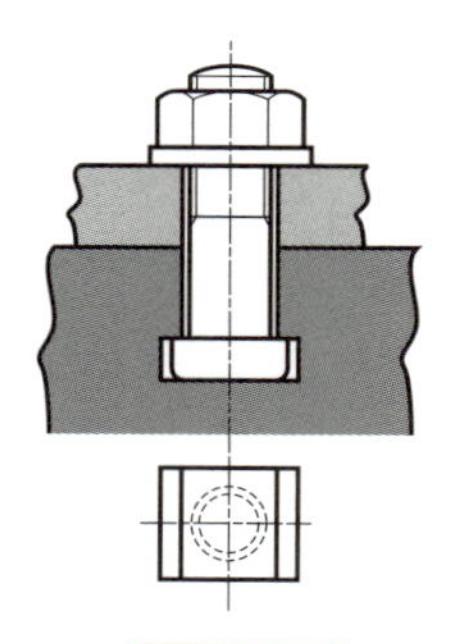
T溝ボルト

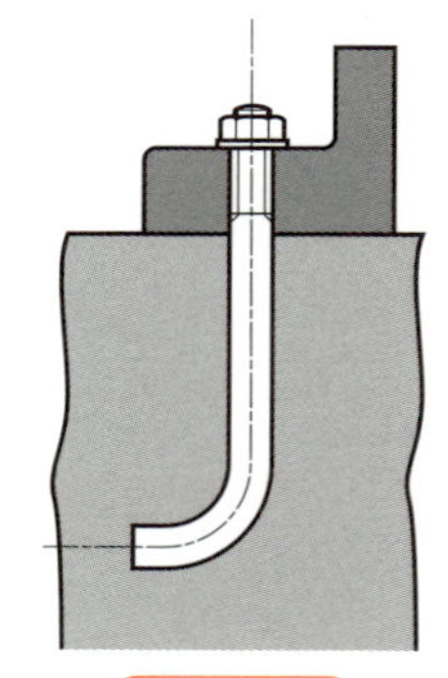
基礎ボルト

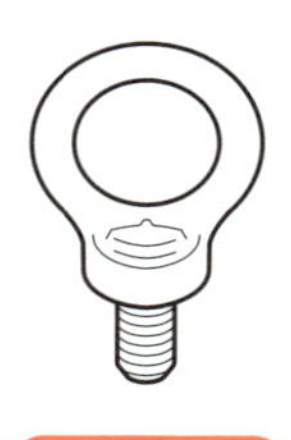
アイボルト

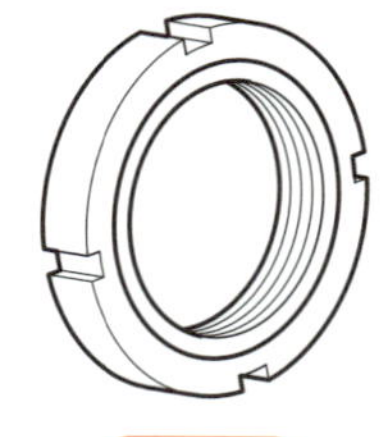
丸ナット

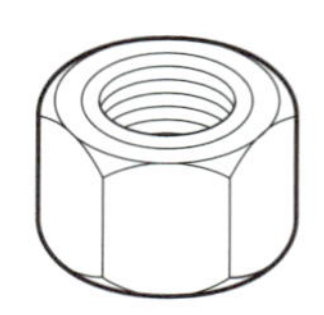
六角ナット

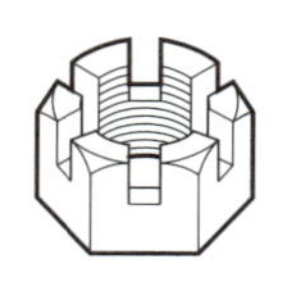
溝付き六角ナット

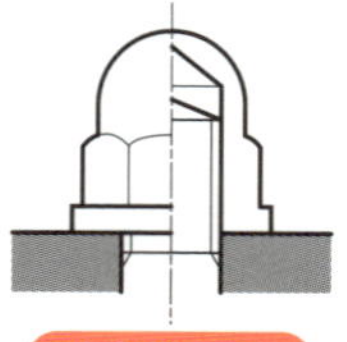
六角袋ナット

ちょうナット

小ねじ

小ねじは、呼び径8mm以下の頭付きねじで、ねじ山の形は三角形となっています。頭の形状は写真に示すようなものがあります。プラス（＋）やマイナス（－）のドライバで頭を回転できるように、十字穴やすりわり（マイナスドライバ用）が設けられています。

小ねじの例（図4-3-3）

ドライバで頭を
回転させる。

止めねじ

部品を固定するために用いられるねじで、頭部がなく、すりわりや六角穴が設けられています（写真参照）。頭部が四角形のものもあります。

止めねじの例（図4-3-4）

部品を固定する
ために用いられる。

ほかにも、木材を締め付ける**木ねじ**、板金ものの締め付けなど、薄板材や柔らかい材料で、めねじのない穴に直接ねじ込み、穴にねじをつくりながら締め付ける**タッピングねじ**などがあります。

木ねじとタッピングねじの例（図 4-3-5）

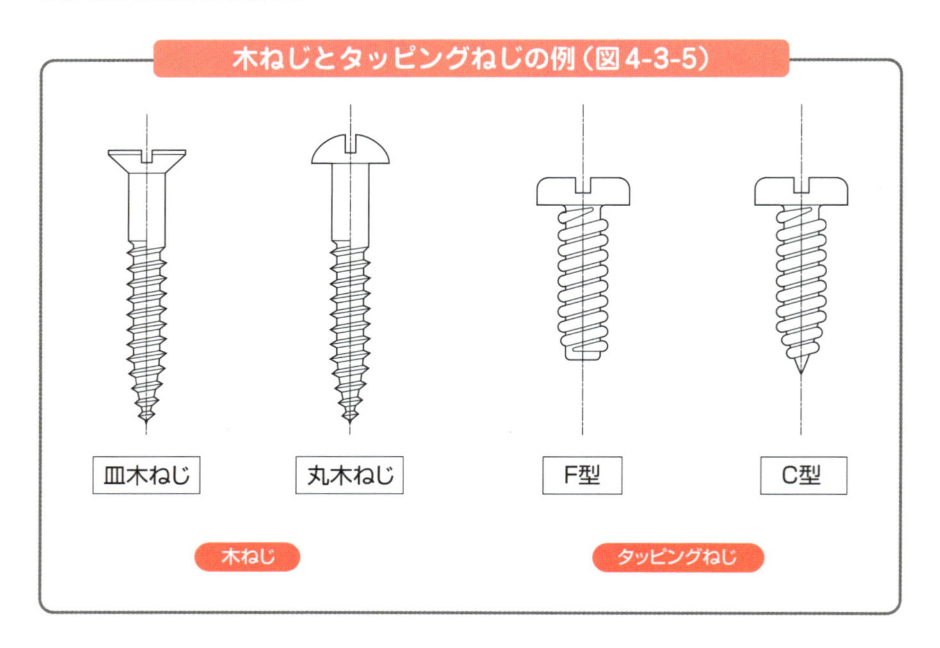

ゆるみ止め

ねじのゆるみ止めには、**座金**（**ワッシャ**）が用いられます。座金の種類は、用途によっていろいろなものがあります。一般的には、ボルト穴が大きすぎたり、座面が平らでなかったり、傾いたり、締め付ける部分が弱いときなどに**平座金**が用いられます。ねじのゆるみを防ぐためには、ばね座金や歯付き座金などを用います。また、平座金と併用したりもします。

ダブルナットや、溝付きナットと割ピンのペアも、ゆるみ止めに用いられています。ダブルナットは、比較的手軽に使えてゆるみ止めの効果が大きいので、ゆるみを嫌う箇所に多用されます。

座金の種類（図4-3-6）

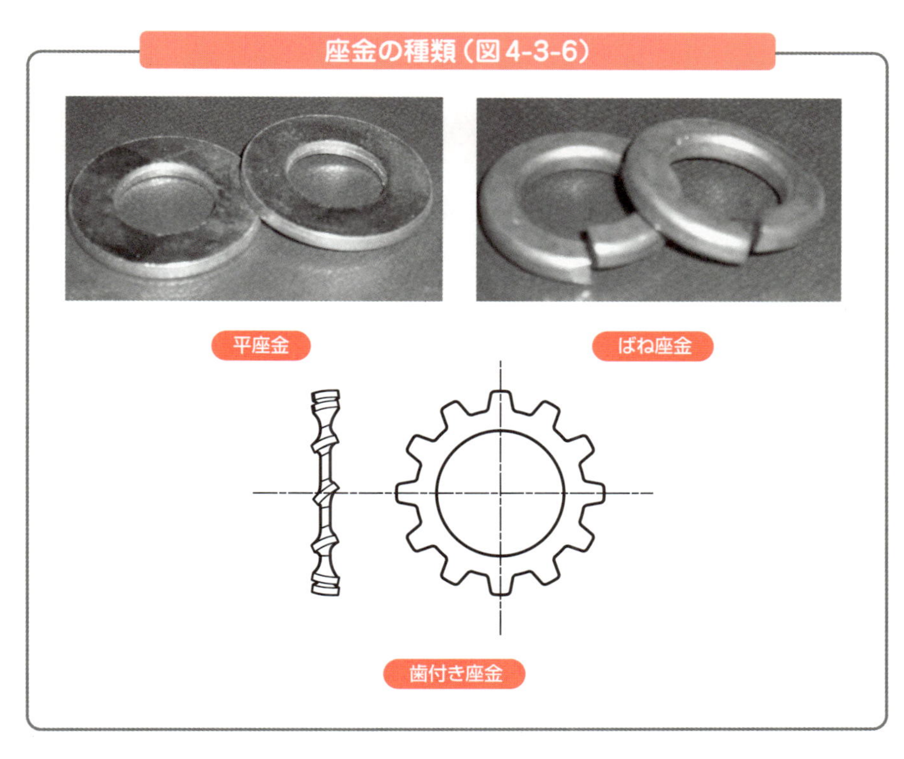

その他のゆるみ止め（図4-3-7）

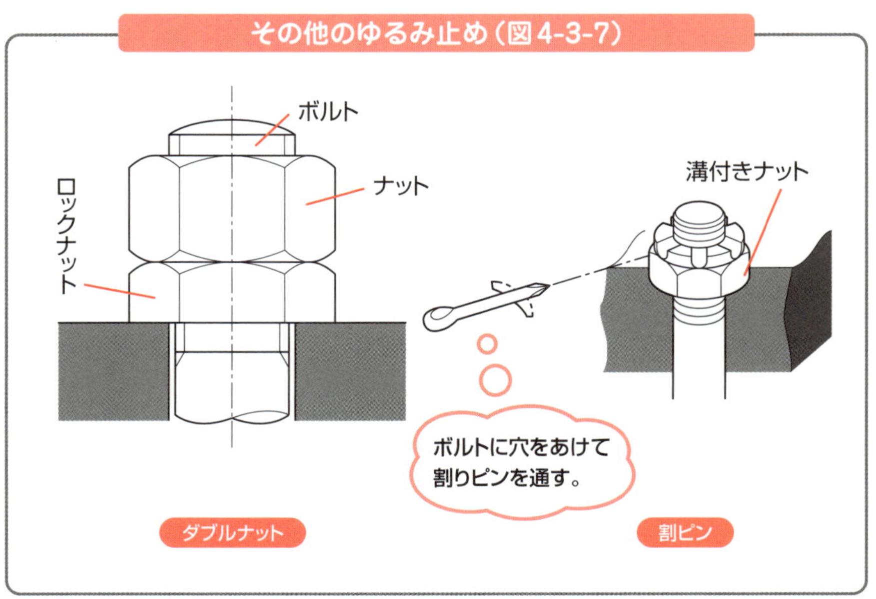

4-4 ねじの力学

ねじは、破断すると大きな事故につながることもあります。材質や強度には十分な配慮が必要です。

 ねじの引張強さ

炭素鋼や合金鋼を用いたねじは、強度区分がJISに規定されています。設計の際には、強度区分を指示します。ボルトとナットは、同じ強度区分のものを用いるようにします。

強度区分は例えば「4.6」のように、小数点を付けた2桁または3桁の数字で表します。小数点の左側の数字は引張強さを表し、右側は降伏点または耐力を表します。強度区分4.6ならば、4は引張強さ400[MPa]を意味し、6は降伏点または耐力が引張強さの0.6倍であることを意味します。

ボルトなどのねじの選定では、引張強さあるいはせん断強さを考慮します。例えば、おねじに軸方向の引張荷重Wが作用するとき（図参照）、おねじの谷の径を直径とする断面積Aとすれば、引張応力σは式(4-1)により求めることができます。

$$\sigma = \frac{W}{A} \qquad (4\text{-}1)$$

ねじの引張強さ（図4-4-1）

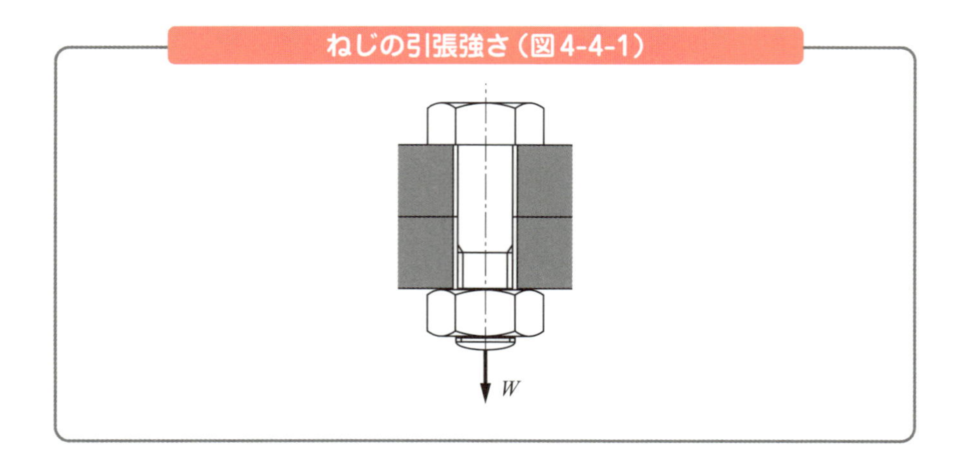

 安全率

実際には、**安全率**Sを考慮する必要があります。安全率は、法令で定められている場合は、工学便覧などによって知ることができます。また、会社によって規定がある場合はそれに従います。

それ以外の場合は、おねじの疲労や使用される環境などを考慮して、余裕度を判断して決めます。例えば鋼の場合、静荷重では3程度、衝撃荷重では12程度を設定します。

やみくもに大きな安全率を設定してしまうと、必要以上に大きなボルトを用いることになったり、ボルトの本数が多くなったりします。一方、安全率が小さすぎると、経年劣化や疲労、非定常な荷重により、破損してしまう恐れがあります。

安全率を考慮した場合、許容される引張応力σ_aは、式(4-2)のようになります。

$$\sigma_a = \frac{WS}{A} \tag{4-2}$$

図2-10-1（常温における鉄鋼の許容応力）の表に示したように、おねじの材質によって決まる許容引張応力σ_{max}があり、$\sigma_a \leqq \sigma_{max}$である必要があります。

よって、

$$\sigma_a = \frac{WS}{A} \leqq \sigma_{max} \tag{4-3}$$

となるので、断面積が、

$$A \geqq \frac{WS}{\sigma_{max}} \tag{4-4}$$

となるようなおねじを選定すればよいことになります。

フランジケースのボルトのように、圧力容器の蓋をn本のボルトで固定する場合は、式(4-5)に示すようになります。

$$A \geqq \frac{WS}{\sigma_{max}\, n} \tag{4-5}$$

締め付けトルク

ねじを締め付けるときには、**締め付けトルク**を管理する必要があります。トルク管理がなされていないと、製品のバラツキが生じ、品質問題になる可能性があります。このような問題を避けるために、生産設計時には、ねじの締め付けトルクを指定します。

JISにもねじの締め付けトルクが規定されているので、適宜参照して、ねじの呼び径に対しては、いつも同じ適切な締め付けトルクで締結するようにします。

ねじの呼び径をdとすると、締め付け力Qを加えるための締め付けトルクTは、次のように近似して表すことができます。

$$T = Qd(0.109 + 0.098) \fallingdotseq 0.2Qd \tag{4-6}$$

COLUMN せん断力が働くリベットの外径

図に示すように、互いに引っ張り合っている2枚の板をリベットで締め付けているときを考えてみましょう。板に働く摩擦力で引張力Wを支えていますが、摩擦力よりも板に働く引張力が大きくなると、リベットに**せん断力**が働きます。リベットの外径をd、許容せん断応力をτとすると、次の関係式が成り立ちます。

$$W = \frac{\pi d^2}{4}\tau \tag{1}$$

したがって、必要なリベットの外径は次式のようになります。

$$d = \sqrt{\frac{4W}{\pi\tau}} \tag{2}$$

安全率Sを考慮すれば、式(2)は次のようになります。

$$d = \sqrt{\frac{4WS}{\pi\tau}} \tag{3}$$

n本のリベットで支える場合は、

$$d = \sqrt{\frac{4WS}{n\pi\tau}} \tag{4}$$

となります。

せん断力が働くリベット

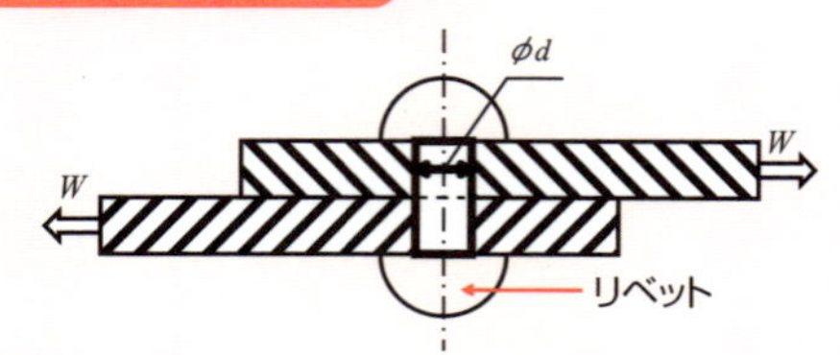

4-5 リベット

重ね合わせた金属板などの薄板を接合するのに用いるのがリベットです。リベット継手は、リベットを用いて、2個の機械部品を永久的に固定するものです。

頭の形状と用途

2枚の板をリベットで接続する場合には、当て盤にリベットを設置して、リベットを板に差し込み、リベッタにより頭をつくって接合します。

リベット締め（図4-5-1）

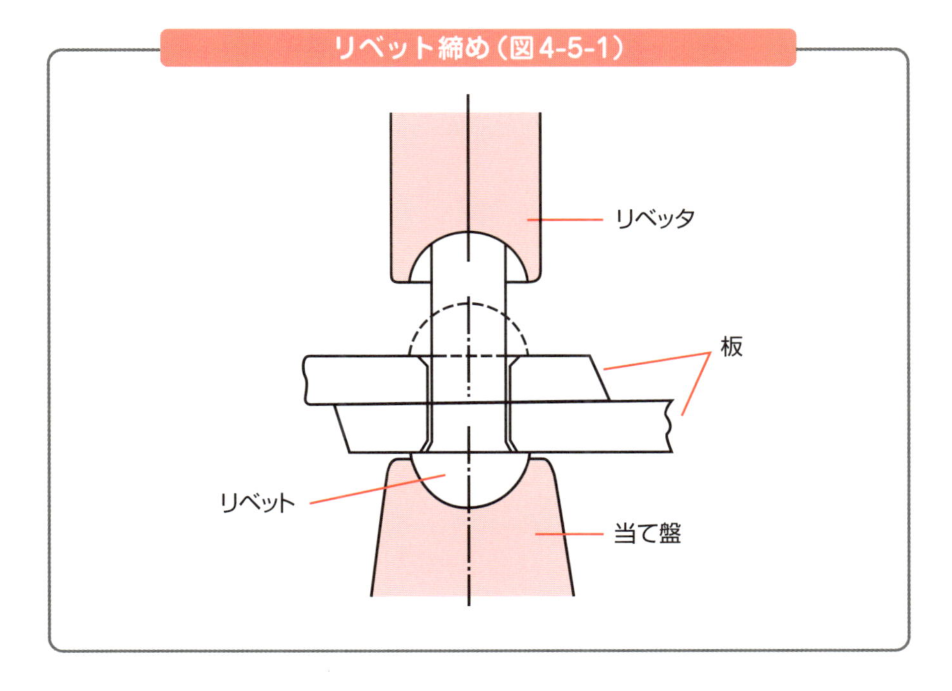

リベットは、頭の形状によりいろいろなものがあります。さらリベットや丸さらリベットは、頭が板上に突き出してはいけないときに用いられています。また、丸リベット、平リベットは、せん断力のほかに引張力も作用するときなどに用いられています。

4-6 軸

軸は、運動を伝達する機械要素で、主に回転運動を伝えるのに用います。

はめ合い部分と断面形状

円筒軸のはめ合い部分の直径の寸法は、表に示すとおりJISに規定されています。

円筒軸の軸径［単位：mm］（図4-6-1）

4 □	14 ＊	35 □＊	75 □＊	170 □＊	360 □＊
4.5	15 □	35.5	80 □＊	180 □＊	380 □＊
5 □	16 ＊	38 ＊	85 □＊	190 □＊	400 □＊
5.6	17 □	40 □＊	90 □＊	200 □＊	420 □＊
6 □＊	18 ＊	42 ＊	95 □＊	220 □＊	440 □＊
6.3	19 ＊	45 □＊	100 □＊	224	450 ＊
7 □＊	20 □＊	48 ＊	105 □	240 □＊	460 □＊
7.1	22 □＊	50 □＊	110 □＊	250＊	480 □＊
8 □＊	22.4	55 □＊	112	260 □＊	500 □＊
9 □＊	24 ＊	56 ＊	120 □＊	280 □＊	530 □＊
10 □＊	25 □＊	60 □＊	125 ＊	300 □＊	560 □＊
11 ＊	28 □＊	63 ＊	130 □＊	315	600 □＊
11.2	30 □＊	65 □＊	140 □＊	320 □＊	630 □＊
12 □＊	31.5	70 □＊	150 □＊	340 □＊	
12.5	32 □＊	71 ＊	160 □＊	355	

注：□印はJIS B 1512（転がり軸受の主要寸法）の軸受内径による。
＊印はJIS B 0903（円筒軸端）の軸端のはめ合い部の直径による。

軸の断面形状としては、一般に円形（中実丸棒）と中空円形（中空丸棒）が用いられます。軸径は、伝達する動力をもとに、軸に作用する引張、圧縮、曲げ、ねじりといった様々な負荷荷重に耐え得る強度を持つように材料が選定されます。また、軸受との摺動部がある場合は、熱処理などの表面処理も検討する必要があります。

COLUMN 軸径の求め方

伝達動力(例えばモータの出力)P[W]、軸回転数n[min⁻¹]、軸に働くトルクT[Nm]とすると、

$$P = T\frac{2\pi n}{60} \tag{1}$$

となります。では、この軸の**軸径**はどれくらいにすればよいのでしょうか。ねじりによるせん断応力は、軸の外周において最大となります。そこで、外周のせん断応力をτ[Pa]とすると、トルクTは次のようになります。

$$T = Z_P\tau \tag{2}$$

ここで、Z_Pは極断面係数で、次表に示すようになります。極断面係数とは、断面の形状と寸法によって決まる定数です。

▼代表的な断面形状の極断面係数

断面形状	極断面係数 Z_P
(中実丸棒、直径 d)	$\frac{\pi}{16}d^3$
(中空丸棒、内径 d_1、外径 d_2)	$\frac{\pi}{16}\left(\frac{d_2^4-d_1^4}{d_2}\right)$

したがって、

$$T = \frac{\pi d^3}{16}\tau$$

となるので、式(1)より次のようになります。

$$P = T\frac{2\pi n}{60} = \frac{\pi d^3\tau}{16}\cdot\frac{2\pi n}{60} \tag{3}$$

よって、軸の直径dは次のように求めることができます。

$$d = \sqrt[3]{\frac{480P}{\pi^2\tau n}} \fallingdotseq 3.65\sqrt[3]{\frac{P}{\tau n}}\ \text{[m]} \tag{4}$$

また、軸の断面形状が中実ではなく中空の丸棒の場合は、次のようになります。

$$d_2 \fallingdotseq 3.65\sqrt[3]{\frac{P}{\tau n\left(1-k^2\right)}}\ \text{[m]} \tag{5}$$

d_1:内径、d_2:外径、$k=d_1/d_2$

実際の軸には、ねじりだけでなく、曲げも作用します。また、たわみが大きくなると不具合の原因になるので、たわみ量も確認する必要があります。

4-7 軸受

軸受は、主に軸を支え、軸を滑らかに運動させるための機械要素です。

潤滑機構から分類する

軸受は、軸だけでなく、軸に接続された部品の重量や運動に伴う負荷荷重も支えることから、強度、摩擦による損失、摩耗などを十分に検討する必要があります。

軸受を潤滑機構から分類すると、流体膜で荷重を支持する**滑り軸受**（図4-7-1）、玉やころなどの転動体によって荷重を支持する**転がり軸受**（図4-7-2）に分けられます。また、磁力で支持する磁気軸受や空気で支える軸受などもあります。

滑り軸受（図4-7-1）

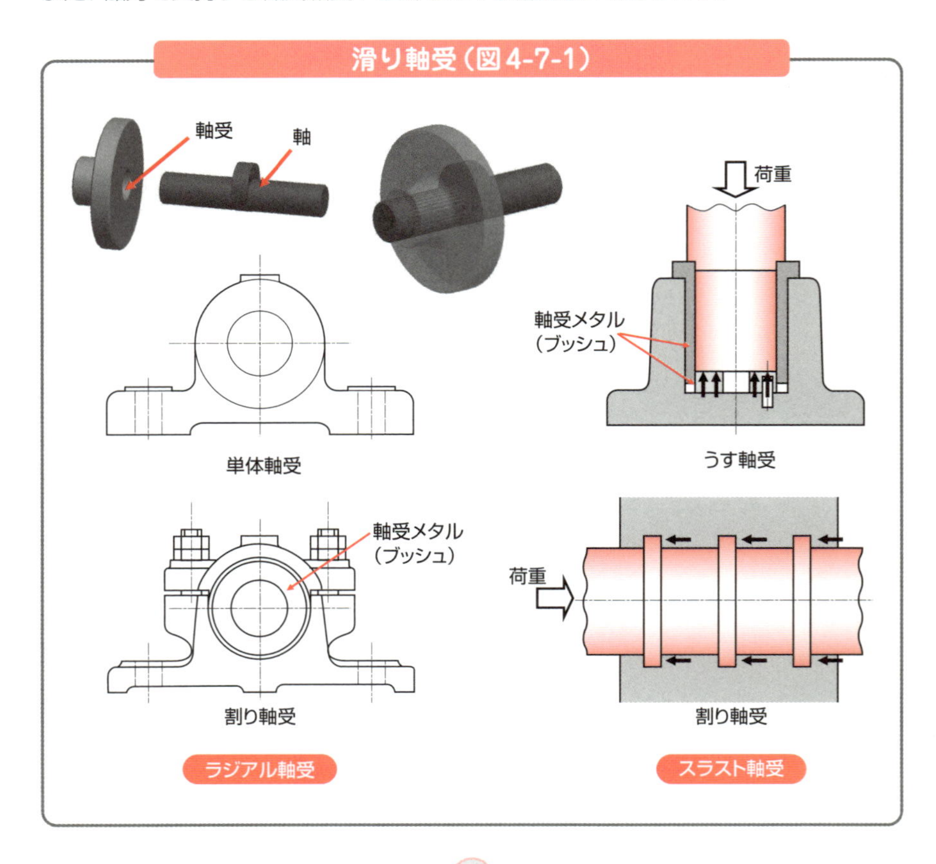

軸受の設計では、滑り軸受と転がり軸受のどちらを選択するかによって、設計思想が大きく変わります。滑り軸受と転がり軸受の性状比較を**図4-7-3**に示します。

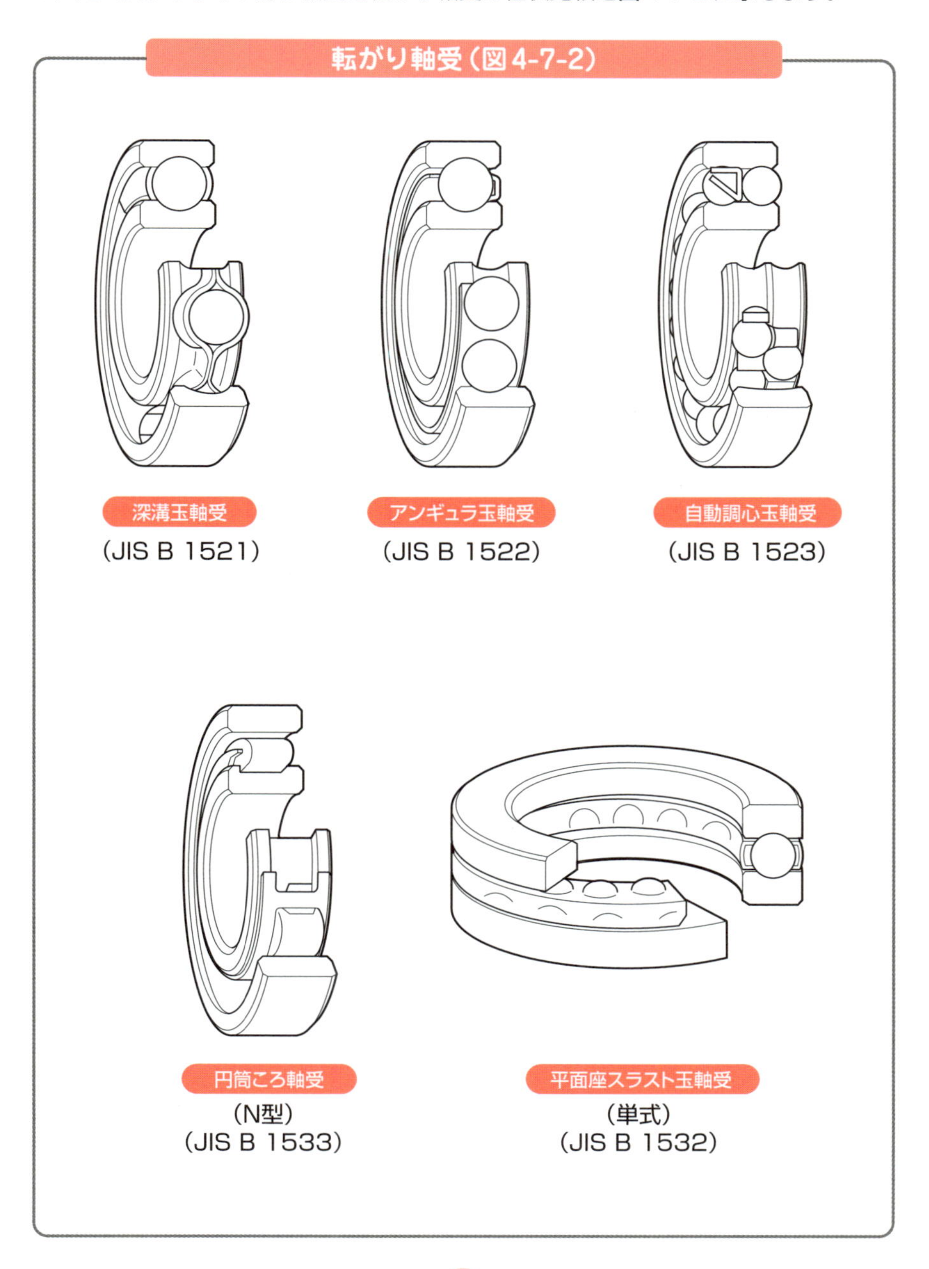

滑り軸受と転がり軸受（図4-7-3）

項目	滑り軸受	転がり軸受
形状	直径は小、幅（長さ）は大。	直径は大、幅（長さ）は小。
構造	一般に簡単。	一般に複雑。
交換性	あまり規格化されていない（自家製作が容易）。	規格化されているので交換が容易。
拘束性	軸方向に自由なので、軸の伸縮を吸収することができる。	軸方向に拘束できるので、スラスト荷重を支持できる。
摩擦	起動摩擦大。しかし、運転中、特に大荷重時は摩擦係数小。	比較的小（特に起動摩擦小）。摩擦係数約 10^{-2}～10^{-3}となる。
潤滑剤	通常は液体潤滑剤のみ。	液体潤滑剤、グリースなど。
寿命	摩耗すれば寿命がくるが、取り扱いがよければ半永久的。	転動体によって繰り返し圧縮が行われ、疲労破壊が起こる。
温度特性	高温と低温では潤滑油の性能が変化するので、よくない。	温度変化に比較的強い。
高速性能	一般に有利（ただし強制給油による冷却が必要）。	転動体、保持器などがあるので一般に不利。
低速性能	一般に不利。	一般に有利。
耐衝撃性	一般によい。	一般によくない。
振動・騒音	特別な高速をのぞき、一般に発生しない。	発生しやすい。
潤滑・保守	一般に手がかかる。	一般に容易（特にグリース潤滑では容易）。

ブッシュ

軸受を、軸受に作用する荷重方向で分類してみます。荷重が軸線の垂直方向（半径方向）に作用する**ラジアル軸受**、軸方向に作用する**スラスト軸受**に分けることができます。

滑り軸受では、摺動するところのみを適切な材料（軸受メタルなど）で円筒状につくり、組み込んで用いることもあります。これを**ブッシュ**といいます。ブッシュは、樹脂を材料とするものや潤滑油が不要なものなど、様々なタイプが市販されています。また、転がり軸受も様々な種類のものが市販されています。メーカーのカタログを参照するとよいでしょう。

定格寿命を求める

転がり軸受は、適正に使用されていても、ある時期が過ぎると転がり面に疲労破損が生じて使用不可能になります。**定格寿命**は荷重条件によって左右され、次の経験式で求めることができます。

$$L = \left(\frac{C}{P}\right)^m \times 10^6 \quad [\mathrm{rev}] \qquad (4\text{-}7)$$

L：定格寿命、C：基本動定格荷重[N]、P：動等価荷重[N]
m：玉軸受は3、ころ軸受は10/3の値

また、軸受回転数が一定値n[min^{-1}]のとき、定格寿命は単位を時間[h]とすれば、次式のようになります。

$$L_h = \frac{L}{60n} \quad [\mathrm{h}] \qquad (4\text{-}8)$$

式(4-7)の中の基本動定格荷重Cと動等価荷重Pは、JIS B 1518に計算方法が定められています。一般的には、基本動定格荷重はメーカーのカタログの値を参照します。

動等価荷重を求める

動等価荷重は、以下のように求められます。

●ラジアル軸受

方向と大きさが変動しないラジアル荷重（軸線の垂直方向に作用する荷重）とスラスト荷重（軸方向に作用する荷重）を同時に受ける場合の動等価荷重P_rは、

$$P_r = XF_r + YF_a \tag{4-9}$$

F_r：ラジアル荷重[N]、F_a：スラスト荷重[N]
X：ラジアル係数、Y：スラスト係数
（X、YはJIS B 1518に定められている）

●スラスト軸受

方向と大きさが変動しないラジアル荷重とスラスト荷重を同時に受ける場合の動等価荷重P_aは、

$$P_a = XF_r + YF_a \tag{4-10}$$

F_r：ラジアル荷重[N]、F_a：スラスト荷重[N]
X：ラジアル係数、Y：スラスト係数
（X、YはJIS B 1518に定められている）

基本静定格荷重は、転がり軸受が静止時に荷重を受けるとき、最大応力を受ける接触部の転動体と軌道輪の永久変形の和が、転動体直径の0.0001倍になるような荷重C_0[N]です。静定格荷重の計算は、JIS B 1519により定められます。

4-8 歯車

歯車は、回転体の外周表面に等間隔の歯を設け、歯のかみ合いによって、動力を効率よく直接伝動することができる機械要素です。

歯車の概要

駆動側と従動側の速度比（速度伝達比）を変えたり、軸方向を変えたりすることができます。歯車の主な種類を**図4-8-2**に示します。

標準平歯車を例として、各部の名称を**図4-8-1**に示します。歯の輪郭曲線を**歯形**といいます。歯車は、互いにかみ合って回転しながら動力を伝達するもので、歯の形状は、連続的に滑らかに回転運動を実現する形状が求められます。

標準平歯車の各部の名称（図4-8-1）

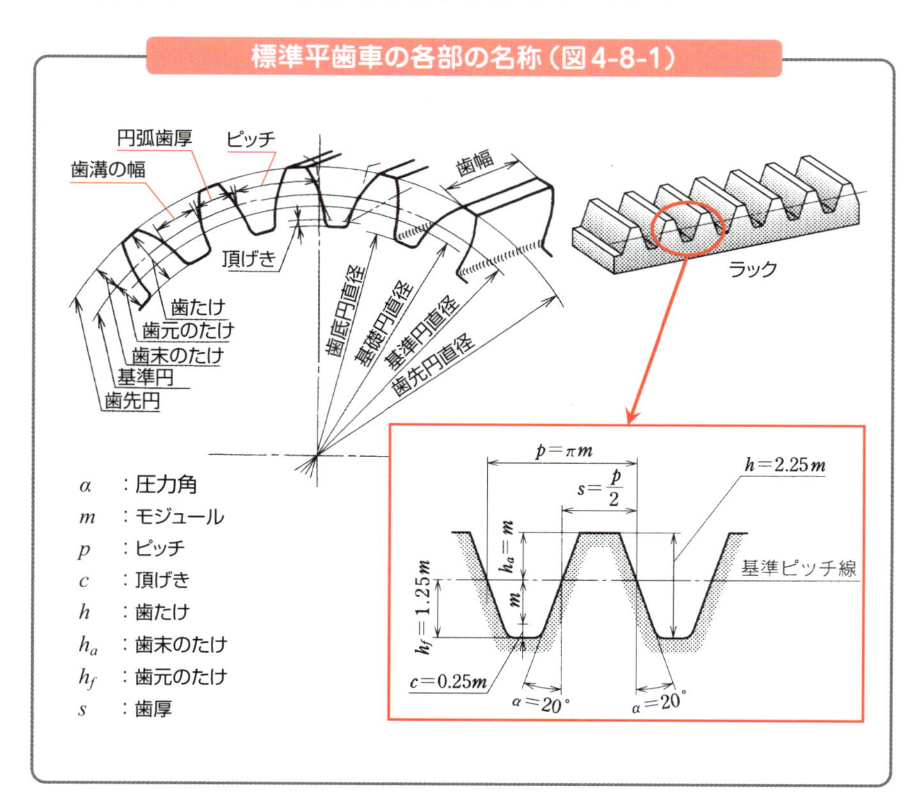

歯車の分類（JIS B 0102）（図4-8-2）

2軸の相対位置	歯車の種類	歯すじ、形状の特徴
平行	平歯車	歯すじが軸に平行な円筒歯車。
	はすば歯車	歯すじがつるまき線状にねじれた円筒歯車。
	やまば歯車	左右両ねじれのはすば歯車。
	内歯車	歯が円筒の内側にある歯車。
	ラック（すぐばラック　はすばラック）	円筒歯車の基準ピッチ円筒の半径が無限大になった直線状の歯付き棒。
交差	すぐばかさ歯車	歯すじがピッチ円すい母線と一致するかさ状の歯車。
	まがりばかさ歯車	歯すじがつるまき線以外の曲線状になっているかさ状の歯車。
	はすばかさ歯車	歯すじがつるまき線状になっているかさ状の歯車。
くいちがい	ウォームギヤ（円筒ウォーム　円筒ウォームホイール）	ウォームとウォームホイールからなる歯車対の総称。ウォームはねじ状の山を持った円筒形歯車。ウォームホイールはくいちがい軸でウォームとかみ合う歯面を持つ歯車。
	ハイポイドギヤ	くいちがい軸で円すい、または円すいに近い形状を持つ歯車または歯車対。

また、強度も良好で加工も容易である必要があります。このような観点から、歯形曲線には、インボリュート曲線とサイクロイド曲線が多く用いられています。動力伝達用歯車にはインボリュート曲線が一般に用いられています。

ラックは、歯車のピッチ円を直線として、歯車の歯を直線に並べたものです。往復運動と回転運動の変換に活用したり、**ラック工具**といって、歯車の歯形を加工する切れ刃として活用したりします。

ラック工具のピッチ、歯たけ、歯厚、圧力角*を規定したものを**基準ラック**といいます。この基準ラックに基づいたラック工具で、基準ラックの基準ピッチ線と歯車の基準ピッチ円が接するように歯切りした歯車を、**標準平歯車**といいます。

COLUMN インボリュート曲線とはどんな曲線か

図に示すように、円筒に巻き付けた糸をゆるまないように引っ張りながらほどいていくとき、その糸の先端が描く軌跡のことを**インボリュート曲線**といいます。

また、インボリュート曲線になっている歯形を**インボリュート歯形**といいます。

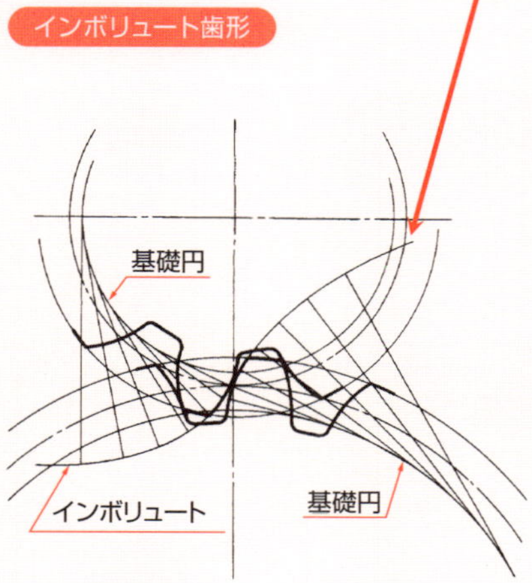

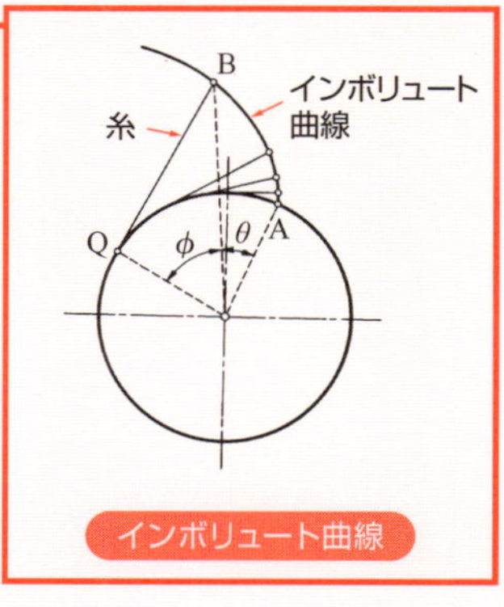

---

* **圧力角**　歯車がかみ合うときの、ピッチ円の共通接線と作用線とのなす角度をいう。JISでは基準圧力角を20°と定めている。

標準平歯車

歯車の歯は、基準円に等間隔で創成されています。その円周に沿った間隔を**円ピッチ**あるいは**ピッチ**といいます。基準円直径dを歯数Zで割った値を**モジュール**（m）といい、次のように表されます。

$$m = \frac{d}{Z} \tag{4-11}$$

m：モジュール[mm]、 d：基準円直径[mm]、 Z：歯数

歯車は、同じ円ピッチのものでなければ互いにかみ合うことができません。したがって、互いにかみ合う歯車は、モジュールが必ず同じ値となります。これは、歯の大きさが同じであることを意味しています。歯の大きさを表すのにモジュールを用います。歯たけ、頂げき（**図4-8-1**参照）などは、モジュールを基準にしてその何倍というように決められています。モジュールの標準値は、**図4-8-4**の表に示すように、JISで規定されています。

モジュールの標準値（JIS B 1701）（図4-8-4）

第Ⅰ系列	第Ⅱ系列	第Ⅰ系列	第Ⅱ系列
0.1			3.5
	0.15		
0.2		4	
	0.25		4.5
0.3		5	
	0.35		5.5
0.4		6	
	0.45		6.5*
0.5			7
	0.55	8	
0.6			9
	0.65	10	
	0.7		11
	0.75	12	
0.8			14
	0.9	16	
1			18
	1.125		
1.25		20	
	1.375		
1.5			22
	1.75	25	
2			28
	2.25	32	
2.5			36
	2.75	40	
3			45
		50	

＊できるだけ避けるのがよい。

円ピッチは次のように示されます。

$$[円ピッチ] = \frac{[基準円周]}{[歯数]}$$

式(4-11)から、円ピッチPとモジュールmの関係は次のようになります。

$$P = \frac{\pi d}{Z}$$

$$= \pi m \quad [\mathrm{mm}] \qquad (4\text{-}12)$$

P:円ピッチ[mm]

標準平歯車は、モジュールによってそのほとんどの寸法を決めることができます。**図4-8-5**に標準平歯車の寸法を示します。

標準平歯車の寸法(図4-8-5)

基準圧力角	$\alpha = 20°$	円弧歯厚	$s = \frac{\pi m}{2}$
基準円直径	$d = Zm$	頂げき	$c \geqq 0.25m$
歯先円直径	$d_a = (Z+2)m$	歯末たけ	$h_a = m$
基礎円直径	$d_b = Zm\cos\alpha$	歯元たけ	$h_f \geqq 1.25m$
円ピッチ	$P = \pi m$	全歯たけ	$h \geqq 2.25m$
法線ピッチ	$P_b = \pi m\cos\alpha$		$h = h_a + h_f$ $h_f = h_a + c$

●標準平歯車の速度伝達比

標準平歯車の速度伝達比iは、次のように求められます。

$$i = \frac{\omega_1}{\omega_2} = \frac{n_1}{n_2} = \frac{d_2}{d_1} = \frac{Z_2}{Z_1} \tag{4-13}$$

ω：回転角速度　[rad/s]

n：回転速度　[min^{-1}]または[Hz]

d：基準円直径　[mm]

Z：歯数

添え字：1：駆動側歯車、2：従動側歯車

歯車間の中心距離aは、標準平歯車が外接してかみ合っている場合、次のように求めることができます。

a＝[駆動歯車の基準円半径]＋[従動歯車の基準円半径]

$$= \frac{d_1 + d_2}{2} = \frac{m(Z_1 + Z_2)}{2} \tag{4-14}$$

d_1：駆動側歯車の基準円直径

d_2：従動側歯車の基準円直径

Z_1：駆動歯車の歯数

Z_2：従動歯車の歯数

中心距離とモジュールが決まれば、歯数の和が求められ、さらに速度比が与えられれば、それぞれの歯数を決定することができます。

歯車は、かみ合っている歯の数が多くなれば、それだけ歯の加重負担が少なくなり、滑らかな伝導が可能となります。歯のかみ合っている対の数の平均値をかみ合い率といい、通常は1.4～1.9程度とします。

$$[\text{かみ合い率}] = \frac{[\text{かみ合い長さ}]}{[\text{法線ピッチ}^{*}]}$$

かみ合い長さは、図に示すように、従動歯車の歯先円と作用線の交点aから駆動歯車の歯先円と作用線*の交点fまでのafの長さをいいます。インボリュート平歯車のかみ合い率εは、次式のようになります。

$$\varepsilon=\frac{\sqrt{{d_{a1}}^2-{d_{b1}}^2}+\sqrt{{d_{a2}}^2-{d_{b2}}^2}-2a\sin\alpha_b}{2P_b} \tag{4-15}$$

d_{a1}、d_{b1}：駆動歯車の歯先円直径、基礎円直径

d_{a2}、d_{b2}：従動歯車の歯先円直径、基礎円直径

a：歯車の中心距離

α_b：かみ合い圧力角（$\alpha_b=\alpha=20°$）

P_b：法線ピッチ

かみ合い率（図4-8-6）

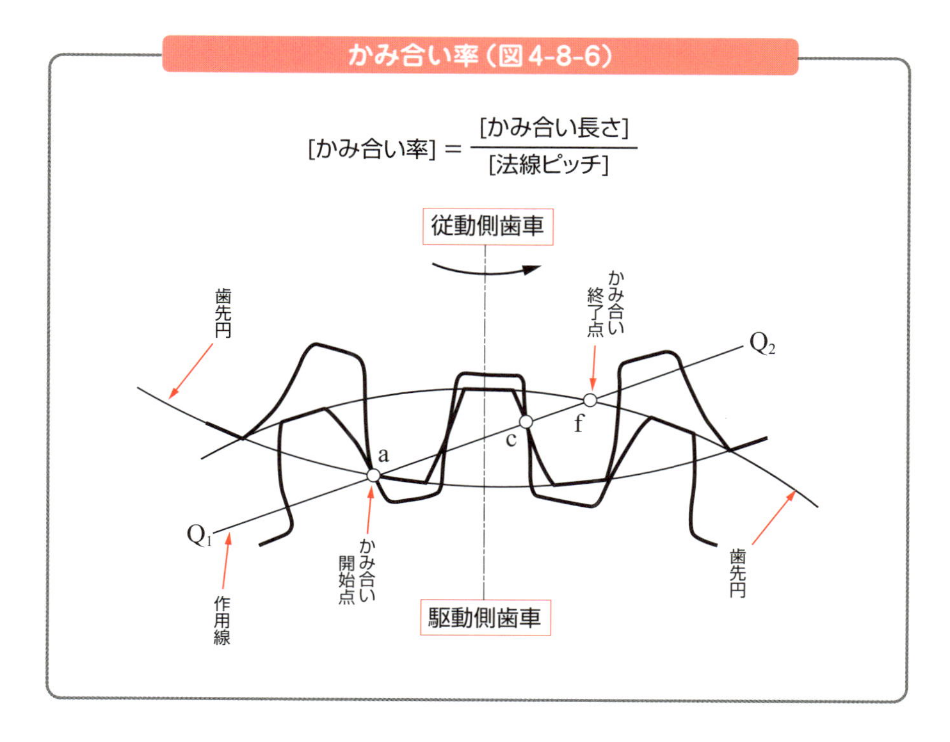

*法線ピッチ　作用線上のピッチ、または基礎円上のピッチのこと。
*作用線　2つの歯車の接点を通り、それぞれの基礎円に接する直線のこと。

転位平歯車

一対の歯車において、小歯車の歯数がある値より小さくなると、大歯車の歯先と小歯車の歯底が干渉して回転できなくなります。これを**歯先干渉**といいます。

同様に、大歯車を基準ラックと見なしたラック工具において、小歯車の歯形創成で歯数がある値よりも小さい場合、小歯車の歯元が図のように削り取られてしまいます。この現象を**切下げ**といいます。切下げが起こると歯が弱くなり、さらにかみ合い率も低くなってしまいます。

これを防ぐために、ラック工具の基準ピッチ線を歯車の基準円から外側にずらして歯切りを行うようにします。このずらし量を**転位**といい、こうして製作された歯車を**転位歯車**といいます。

転位平歯車（図4-8-7）

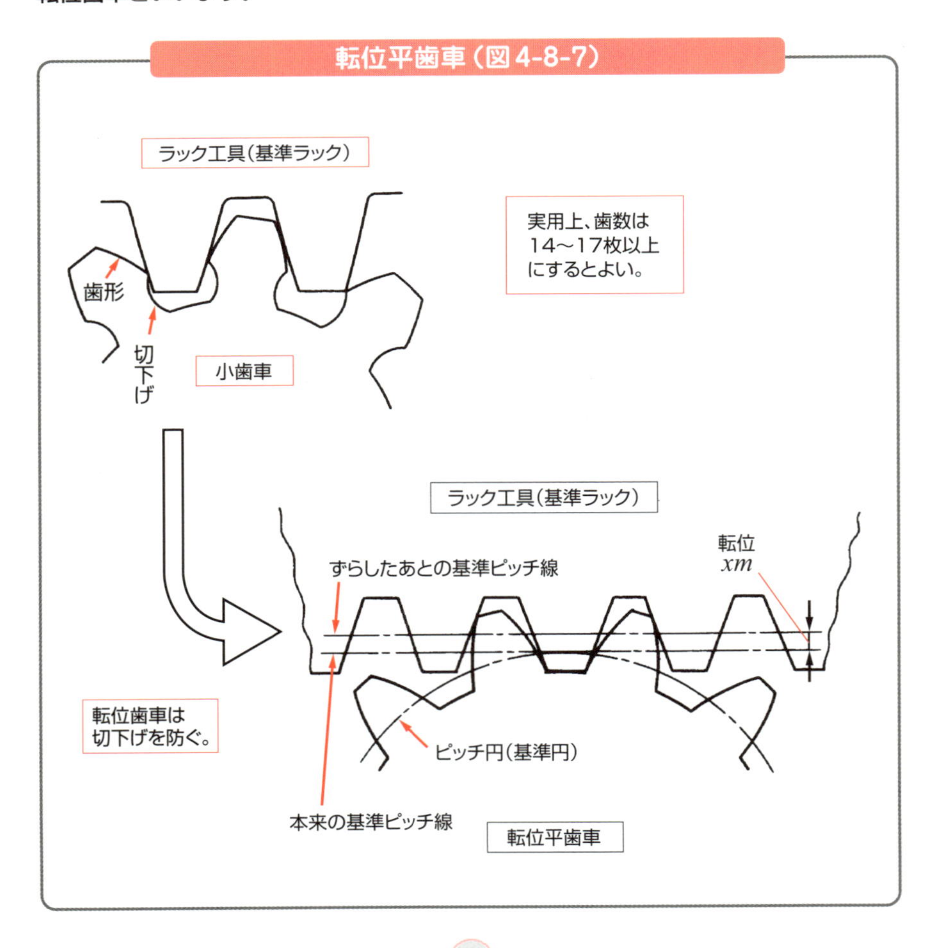

4-9 チェーン、ベルト

巻掛け伝動装置は、モータなどの動力を伝達する重要な機械要素の１つです。チェーンやベルトなども、回転運動の伝達に用いられる巻掛け伝動装置の１つです。

巻掛け伝動装置

自転車をこぐと、ペダル（駆動側）に加えられた力がチェーンを介して車輪（従動側）に伝えられ、前進することができます。また、チェーンがかみ合うスプロケットの大きさを変えることで、駆動側と従動側の速度比を変えることができます。

自転車のチェーンと工作機のベルト（図4-9-1）

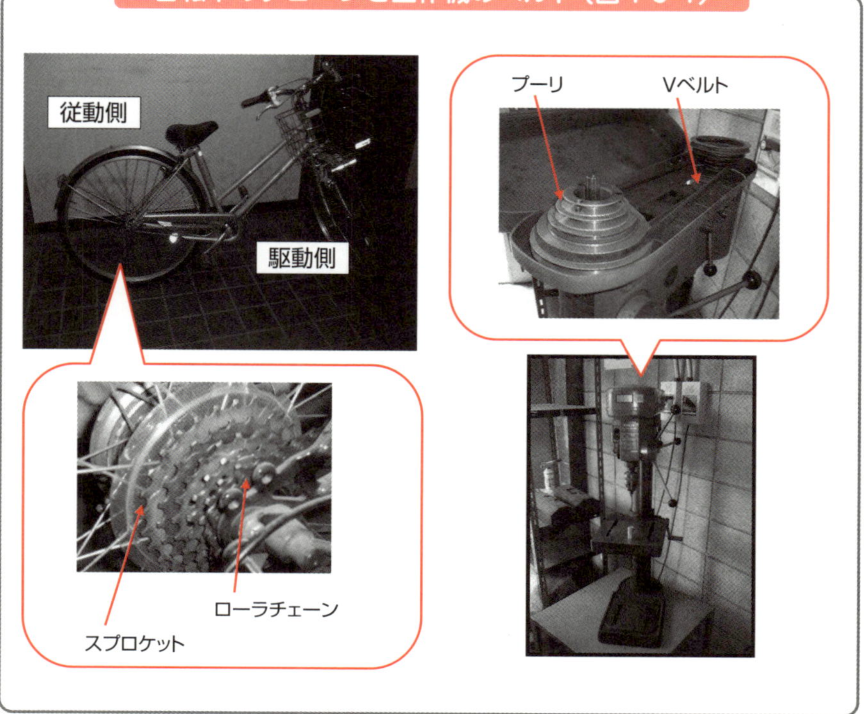

巻掛け伝動装置は、自転車のような身近な機械だけでなく、工作機械や自動車その他で広く利用されています。

一般に巻掛け伝動装置は、摩擦車(まさつぐるま)や歯車装置による直接の伝動ができないような、駆動軸と従動軸が離れている場合に有効です。巻掛け伝動装置には、ベルトやロープなどと車（プーリ）との摩擦力を利用した**摩擦伝動**のほか、自転車のように伝動鎖（チェーン）と鎖歯車の歯との接触力を利用した**確実伝動**があります（図参照）。

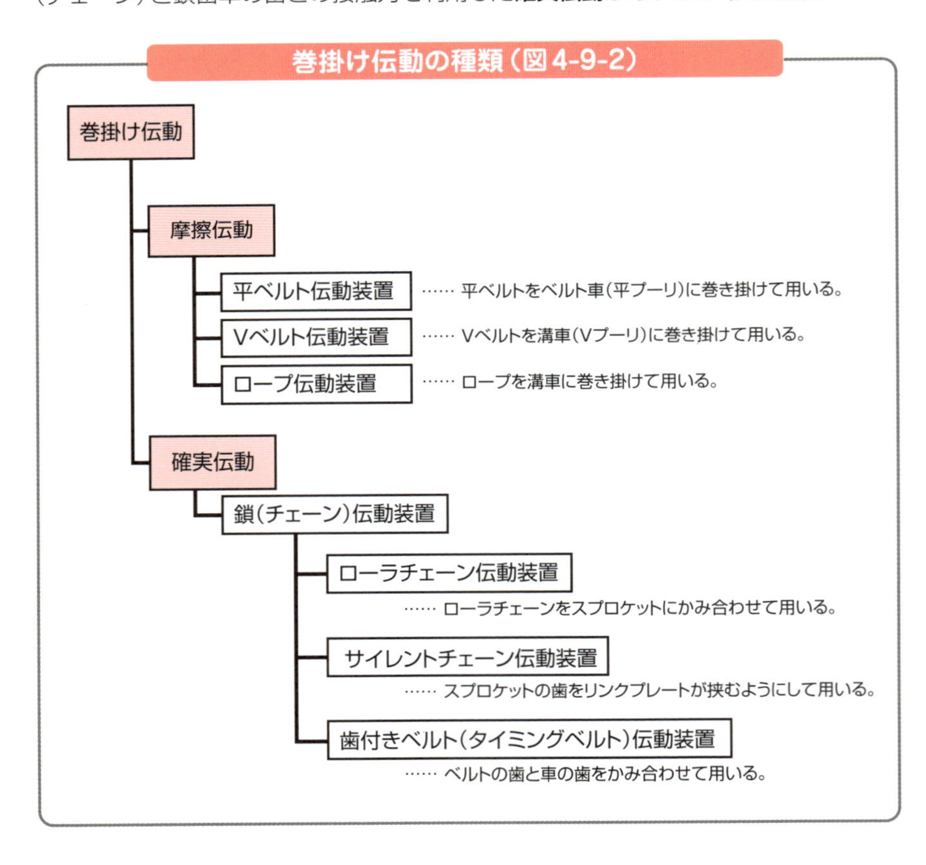

●摩擦伝動

摩擦伝動には、平ベルト伝動装置、Vベルト伝動装置、ロープ伝動装置などがあります。摩擦伝動は、ベルトなどの連接体とプーリなどの巻掛け車の間で、摩擦によって動力を伝導します。通常運転でも両者の間に多少の滑りが発生することから、確実な一定速度比を実現することは困難です。

しかし、何らかのトラブルで異常な大荷重を伝えることになった場合でも、ベルトとプーリ、あるいはロープとプーリとの接触部分において滑り（スリップ）が起こるため、装置の破壊を防ぐことができます。したがって、工作機械などに広く使われており、過負荷が発生しても回転がロックしないようにしています。

●確実伝動

確動伝動には、鎖伝動装置があり、鎖の種類によりローラチェーン伝動装置、サイレントチェーン伝動装置、歯付きベルト伝動装置などがあります。

確実伝動では滑りが発生しないことから、速度比が一定になるという長所があります。しかし、異常な大荷重がかかったときに装置を壊してしまう可能性があります。これを防止するために、通常は安全装置が取り付けられています。また、摩擦伝動に比べて騒音が発生しやすいです。

巻掛け伝動装置の駆動軸と従動軸の軸間距離や速度比は、おおむね次表に示す適用範囲に収めるようにします。

巻掛け伝動装置の適用範囲（図4-9-3）

リンクの種類	軸間距離[m]	速度比	リンクの速度[m/s]
平ベルト	10以下	1：1～6（15以下）	10～30（50以下）
Vベルト	5以下	1：1～7（10以下）	10～15（25以下）
ローラチェーン	4以下	1：1～5（8以下）	～7（7以下）
サイレントチェーン	4以下	1：1～6（8以下）	3～10（10以下）

●ベルトの掛け方

駆動側と従動側の間にベルトを掛ける方法としては、両者の位置関係や回転方向などにより、**オープンベルト**(open belting：**平行掛け**)と**クロスベルト**(cross belting：**十字掛け**)があります(下図の左部)。原動側と従動側の軸が平行の場合、両者を同一方向に回転させるときはオープンベルトを用い、逆方向に回転させるときはクロスベルトを用います。

また、駆動側の軸と従動側の軸が平行でない場合は、下図の右部に示すようにベルトを掛けます。この場合、ベルトがベルト車から外れることを防止するため、ベルトの進入側がベルトの中心面上にあるように回転させる必要があります。

ベルトの掛け方(図4-9-4)

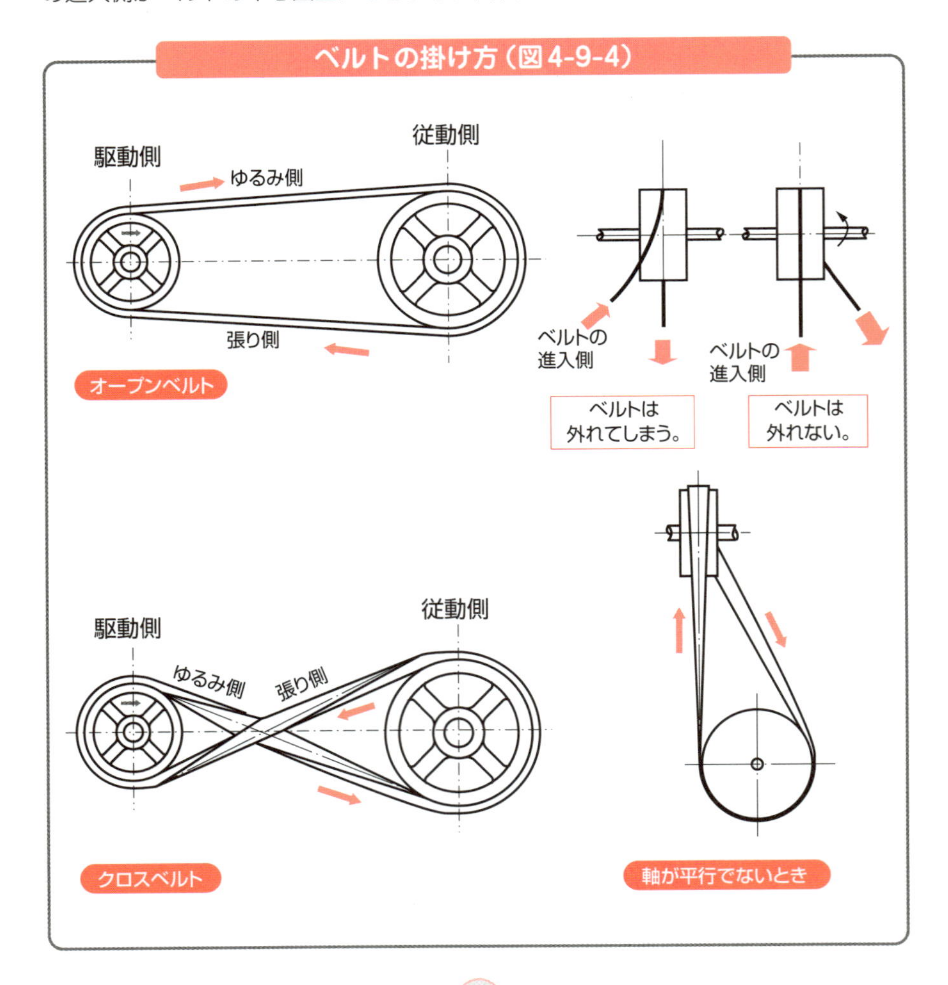

平ベルト伝動装置

●接触角

平ベルト伝動装置は、原動軸と従動軸に取り付けた平プーリに平ベルトを掛け渡して、プーリとベルトの間の摩擦力によって動力を伝達します。ベルトは、駆動側のプーリに引き込まれるベルトが下側になるようにして、ベルトとプーリの接触角（巻掛け角）が大きくなるようにして用います。**接触角**（巻掛け角）とは、図に示すように、ベルトがベルト車に接触している範囲の角度をいいます。

接触角（図 4-9-5）

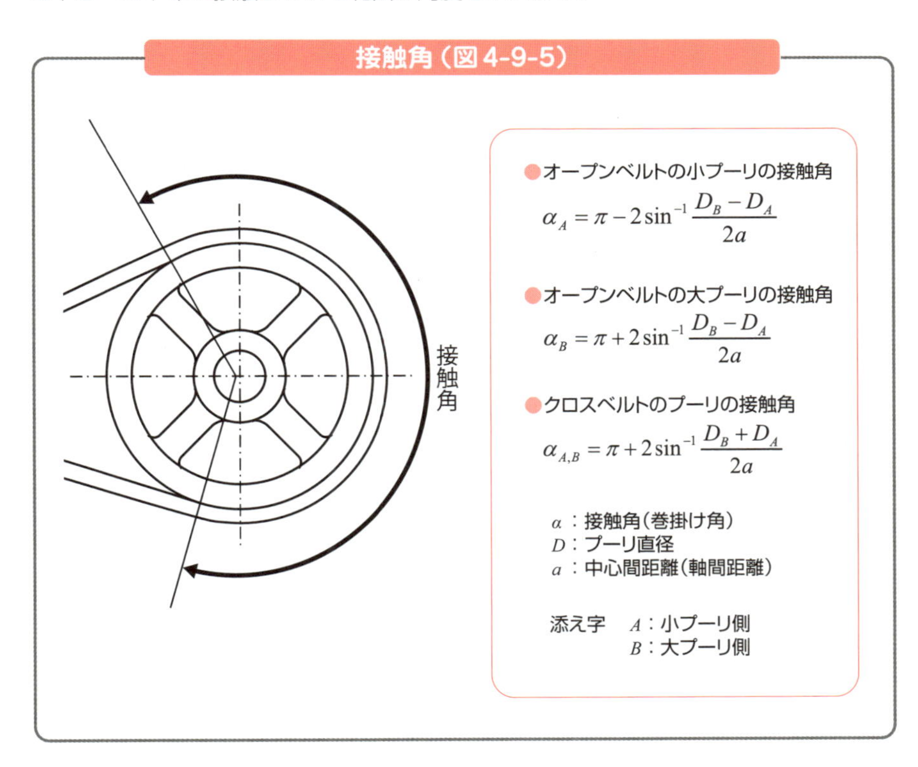

●ベルトの種類

ベルトの材質には、平皮ベルト、ゴムベルト、布ベルト、鋼ベルトなどがあります。

平皮ベルトには、弾力性に優れ、かつ摩擦係数が大きく、放熱性も良好といった特長があります。しかし、温度や湿度により伸縮するという短所もあります。

ゴムベルトは、綿布をゴムで固めたもので、引張強さが大きく、湿度に強い特長があります。しかし、熱や油には弱いです。

布ベルトは、綿糸、毛、絹、麻などで織ったもので、ゴムベルトと同様に引張強さが大きいです。しかし、縁（ふち）がほつれやすいといった欠点があります。ゴムベルトや布ベルトは長いものがつくりやすいため、駆動側と従動側が離れているときに利用しやすいです。

鋼ベルトは、圧延した薄鋼板を用いたベルトで、強度が大きく、伸びも少ないといった長所があります。しかし、急に切断されるという危険性があります。

●プーリの構造

平プーリ（**平ベルト車**）はJIS B 1852に規格化されています。通常は、鋳鉄や鋳鋼を用いて製作されますが、高速回転用には軽合金製を用います。図に示すように、一体型および比較的大きい割り型の構造があります。

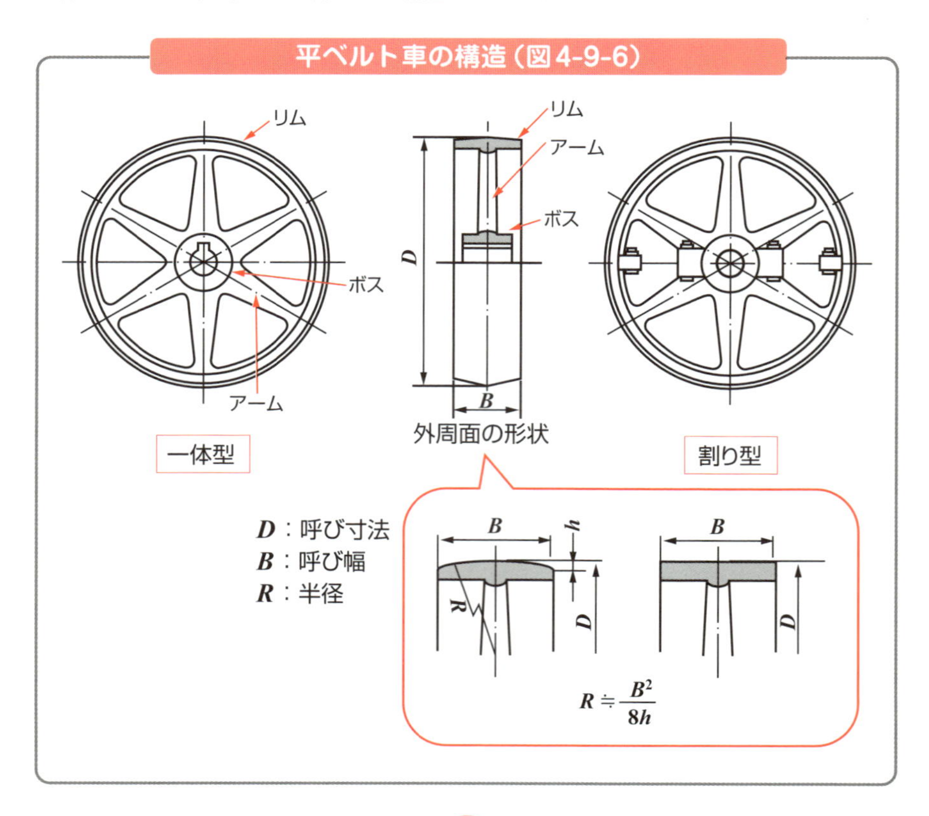

また外表面は、フラットなF形と、中央を高くしてクラウンを付けたC形があります。中央を高くしてあれば、矩形(くけい)断面の腰の強いベルトを用いている場合、ベルトがプーリから外れそうになったとき、正常な位置に戻るように作用します。

ただし、ベルトの張力があまりにも小さい場合やベルトの腰が弱い場合には、このような正常化の動きは生じにくいため、ベルトの張力には注意が必要です。

●速度比

平ベルト伝動装置の速度比は、歯車と同様に考えることができます。駆動側プーリと従動側プーリの直径をD_1、D_2、回転数をn_1、n_2とし、ベルトの厚さがプーリに対して十分小さいとすれば、速度比iは次のように表すことができます。

$$i = \frac{n_1}{n_2} \fallingdotseq \frac{D_2}{D_1} \qquad (4\text{-}16)$$

実際には、ベルトとプーリの間に滑りが生じるため、従動側プーリの回転数は1～2%程度小さくなります。また、通常は速度比の値を6以内にします。

●ベルトの長さ

平行掛けのベルトの長さは、次のようになります。

$$l = \frac{\pi}{2}\left(D_B + D_A\right) + \phi\left(D_B - D_A\right) + 2a\cos\phi \qquad (4\text{-}17)$$

l：ベルトの長さ　　D_A, A_B：小プーリと大プーリの直径
ϕ：中心線とベルトの傾斜角（$\phi = \left(\alpha_B - \pi\right)/2$）
a：中心間距離（軸間距離）

式(4-17)は、ϕが十分に小さければ次のようになります。

$$l = 2a + \frac{\pi}{2}\left(D_B + D_A\right) + \frac{\left(D_B - D_A\right)^2}{4a} \qquad (4\text{-}18)$$

また、十字掛けのベルトの長さは、次のようになります。

$$l=\frac{\pi}{2}(D_B+D_A)+\phi(D_B+D_A)+2a\cos\phi \tag{4-19}$$

同様にϕが十分に小さければ、式(4-19)は次のようになります。

$$l=2a+\frac{\pi}{2}(D_B+D_A)+\frac{(D_B+D_A)^2}{4a} \tag{4-20}$$

●ベルトの張力

プーリへの力の伝動は、ベルトの張り側とゆるみ側の張力の差によって行われます。平プーリによって伝動される動力は、張り側の張力からゆるみ側の張力を差し引いたものにベルトの移動速度を掛けて得られます。

しかし、実際には、ベルトとプーリとの間の滑りによる摩擦損失があります。ここでは図に示すようなプーリを考えます。プーリの半径をrとして、ベルトの移動速度をvとします。ベルトの単位長さ当たりの質量をρとします。また、このプーリが反時計方向に回転させられているものとすれば、T_1が張り側の張力、T_2がゆるみ側の張力になります。

ベルトにかかる力（図4-9-7）

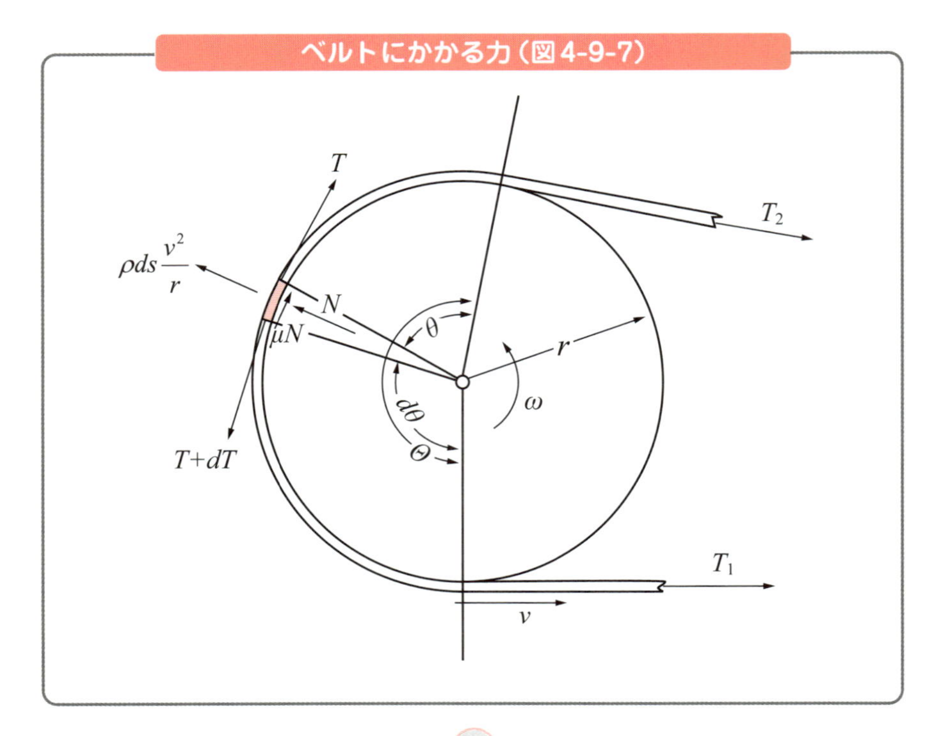

ベルトの中の微小長さ$ds=rd\theta$を考えます。この部分に働く力は、プーリの表面に垂直な方向の力のつり合いから、

$$N+\rho rd\theta\frac{v^2}{r}=T\sin\left(\frac{d\theta}{2}\right)+\left(T+dT\right)\sin\left(\frac{d\theta}{2}\right) \tag{4-21}$$

また、ベルト車の表面に接する方向の力のつり合いから、

$$T\cos\left(\frac{d\theta}{2}\right)+\mu N=\left(T+dT\right)\cos\left(\frac{d\theta}{2}\right) \tag{4-22}$$

となります。ただし、

T、$T+dT$：ベルトの内部応力としての張力
$\rho dsv^2/r$：ベルトの耐力としての遠心力
N：ベルト車表面に垂直な外力
μN：ベルト車表面に平行な外力（μ：摩擦係数）

式(4-21)と式(4-22)よりNを消去すると、

$$dT=\mu\left(T-\rho v^2\right)d\theta \tag{4-23}$$

積分して、

$$\ln\left(T-\rho v^2\right)=\mu\theta+C \tag{4-24}$$

$\theta=0$において$T=T_2$、$\theta=\Theta$において$T=T_1$として、Cを消去します。

$$\ln\frac{T_1-\rho v^2}{T_2-\rho v^2}=\mu\Theta$$

$\therefore$

$$\frac{T_1-\rho v^2}{T_2-\rho v^2}=e^{\mu\Theta}$$

$T_1-T_2=P$とおくと、

$$T_1 = \frac{Pe^{\mu\Theta}}{e^{\mu\Theta} - 1} + \rho v^2 \tag{4-25}$$

$$T_2 = \frac{P}{e^{\mu\Theta} - 1} + \rho v^2 \tag{4-26}$$

同じ回転力Pに対して、ベルトの張力を減らすためには、$\mu\Theta$をなるべく大きくし、vをなるべく小さくすればよいことがわかります。ベルトの張力が算出されたのち、ベルトの許容引張応力を検討し、ベルトの必要本数を決定します。

●ベルトの滑り

原動側では、ベルトは張り側が伸びた状態で巻き込まれ、ゆるみ側が縮んだ状態となって送り出されることから、ベルト速度は、プーリの円周速度よりも小さくなります。同様に考えれば、従動側では、反対にベルトの速度はプーリの円周速度よりも大きくなります。これは、弾性による滑りが生じるためであり、**ベルトのクリープ現象**といいます。

張り側の伸びをδ_1、ゆるみ側の伸びをδ_2とすると、それぞれ式(4-27)と式(4-28)のように表すことができます。

$$\delta_1 = \frac{T_1 L}{btE} \tag{4-27}$$

$$\delta_2 = \frac{T_2 L}{btE} \tag{4-28}$$

L：ベルトの初期長さ、b：ベルト幅
t：ベルトの厚さ、E：ベルトの弾性係数

したがって、滑り量λと滑り率γは、次のように表されます。

$$\lambda = \delta_1 - \delta_2 = \frac{L}{btE}(T_1 - T_2) \tag{4-29}$$

$$\gamma = \frac{\lambda}{L} = \frac{(T_1 - T_2)}{btE} \times 100 \quad [\%] \tag{4-30}$$

ローラチェーン伝動の特徴

チェーン伝動装置は、図に示すようにチェーンをスプロケットに巻き掛けて回転動力を伝達する伝動装置をいいます。チェーンは、摩擦伝動装置と比べて滑りがないので、確実な速度比で大きな動力を伝達することが可能です。

ローラチェーン伝動の長所は次ページの表に示すとおりです。また、重量が大きいことから、高速運転時に振動が発生しやすいという短所があります。なお、チェーンはベルトと異なり、上側が張り側、下側がゆるみ側となるようにします。

ローラチェーン伝動（図4-9-9）

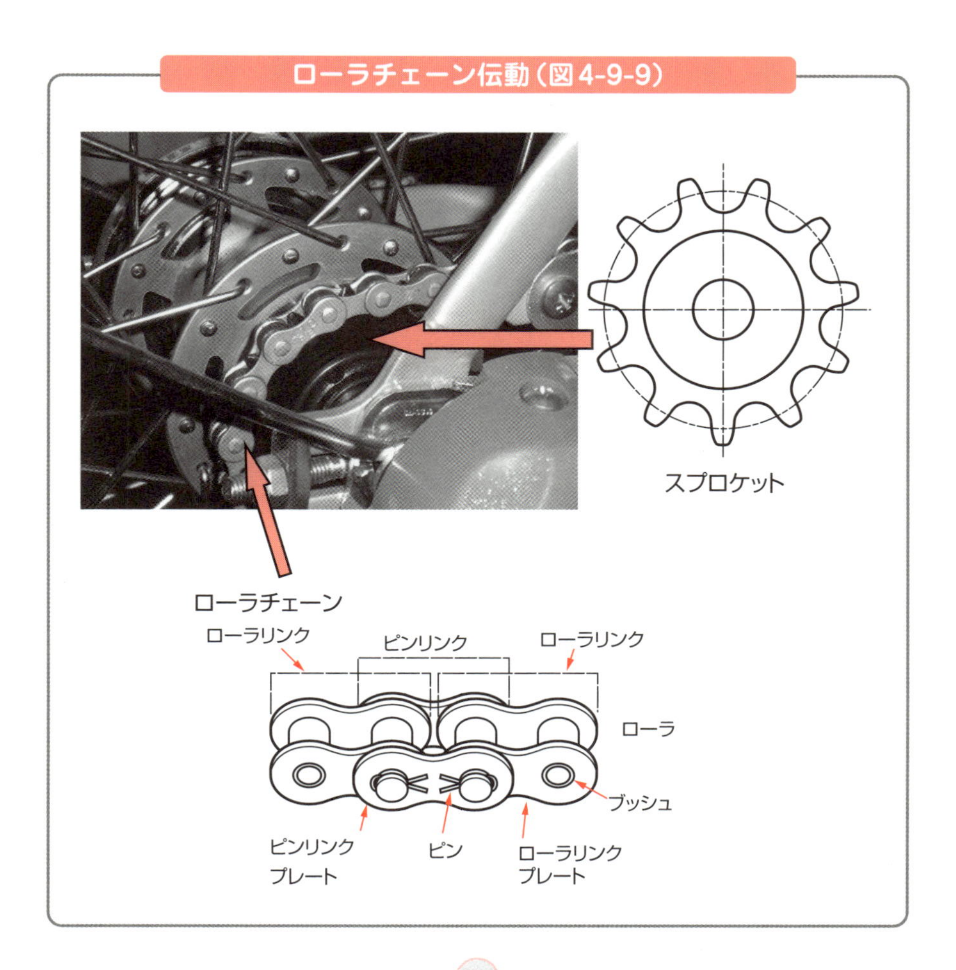

▼ローラチェーン伝動の長所

①滑りがなく確実な速度比で大きな動力伝達が可能。
②初張力が必要ないため軸受に余計な負荷がかからない。
③軸間距離を大きくとれ、多軸同時駆動が可能。
④保守が容易絵で耐久性が高い。

COLUMN プーリの大小の差が大きいときのベルトのかけ方

図に示すように、プーリの大小の差が大きく、さらに軸間距離が短いときは、接触角が小さくなるためベルトの滑りが生じやすくなります。

この場合、遊び車を配置して接触角を増加させるようにします。ただし、ベルトが両側へ交互に曲げられることになるので、ベルトが劣化しやすくなります。

プーリの大小の差が大きいとき

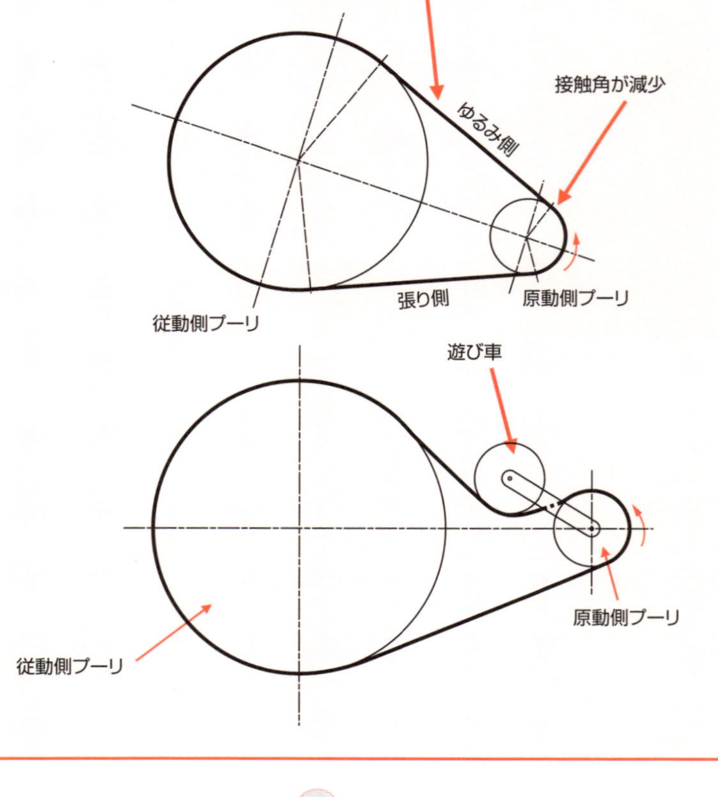

4-10 センサ

多くの機械では、動作に関する多くの情報をセンサによって検知して、アクチュエータを駆動するなどの制御が行われます。センサやアクチュエータは、メカトロニクス設計では必要不可欠なものです。

アナログ値をデジタル値に変換

センサやアクチュエータの動作は、アナログ値で行われるものが多いです。一方、制御を実行するコンピュータは、デジタル値（2進数）を取り扱います。したがって、これらの間で信号を変換するA/D変換、D/A変換が必要となります。

センサからの信号は、微弱な電圧変化であることが多く、A/Dコンバータの最大入力電圧のレベルに増幅する必要があります。この電圧増幅に用いる**演算増幅器**という素子も必要となります。

A/D変換は、アナログ値をデジタル値に変換します。コンピュータが、温度、圧力、寸法、力、色などを検知するためにはセンサが必要ですが、センサから送信される電気信号の多くはアナログ出力です。したがって、コンピュータに読み取らせるために**A/Dコンバータ**と呼ばれる装置でA/D変換する必要があるのです。

デジタル値をアナログ値に変換

A/D変換によって、コンピュータはセンサからの出力信号を取り込み、処理することが可能となります。

コンピュータは、センサから受け取ったデータをもとにモータなどのアクチュエータに指令を出します。このとき、コンピュータからの出力信号はデジタル値として出力されます。しかし、このままではアクチュエータを制御することはできません。そこで必要になるのが、デジタル値をアナログ値に変換する**D/Aコンバータ**です。この変換をD/A変換といいます。

例えば、DCモータの回転数を変える場合、コンピュータから8ビット出力で256段階の出力信号を出すことができますが、そのままではDCモータの回転数を自由に変えることができません。そこで、D/Aコンバータを用いて、デジタル値に対応した出力電圧を出力し、アクチュエータを制御するのです。

変位センサと圧力センサ

物体の移動や位置の検出をするセンサが**変位センサ**です。変位センサには、大きく分けて**直線変位センサ**と**回転角センサ**があります。

●作動変圧器

作動変圧器は、インダクタンスの変化を利用したセンサの１つで、鉄芯の中央部に一次コイルを配置し、鉄芯の両端側に極性を逆にした二次コイルを配置した構造になっています（**図4-10-1**）。

鉄芯が軸方向に移動すると、一次コイルと二次コイルに電圧変動が起き、この電位差が出力電圧となり、直線変位を知ることができます。

作動変圧器の構造（図4-10-1）

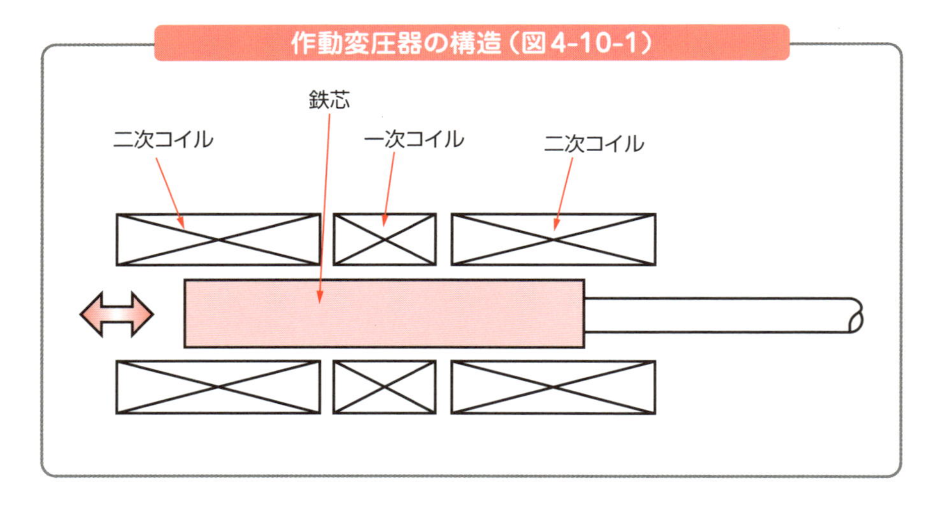

●ポテンショメータ

ポテンショメータの原理図を**図4-10-2**に示します。抵抗線の一端からブラシが抵抗線上を移動すると、電気抵抗が変化するため出力電圧が変化し、この電圧の変化によって変位を検出するセンサです。抵抗線を円上に配置すれば、回転角度を検出することが可能です。また、磁気抵抗素子を用いた非接触式のポテンショメータもあります。

ポテンショメータの原理図(図4-10-2)

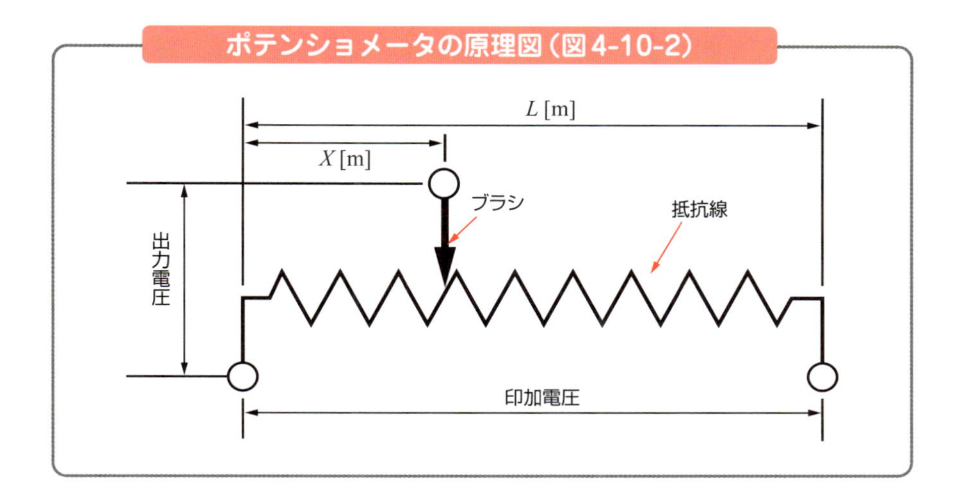

●ロータリエンコーダ

エンコーダは、変位に比例して一定振幅のパルス信号を発生するセンサです。**ロータリエンコーダ**は、回転軸の回転角度を検出します。出力方式によって、「回転円板のある状態を原点として回転角を検出」する**アブソリュートエンコーダ**と、「回転円板のある状態からほかの状態へ回転したときの回転角を検出」する**インクリメンタルエンコーダ**があります。また、パルス発生の原理から光学式、磁気式、電磁式に分けられます。

●ひずみゲージ

ひずみゲージは、主として引張、圧縮、曲げ、ねじりなどの応力測定や加速度、力の検出に用いられます。ひずみゲージは、「金属線に力を加えて引っ張ったとき、金属線のひずみ量に応じて抵抗値が変化する」ことを利用しています。

長さl[m]の金属線に力が加わって引っ張られたとき、長さがΔl[m]だけ増加したとします。このときのひずみεは式(4-31)のようになります。

$$\varepsilon = \frac{\Delta l}{l} \tag{4-31}$$

$$R = \rho \frac{l}{A} \tag{4-32}$$

$$\frac{\Delta R}{R} = K\varepsilon \tag{4-33}$$

また、金属線の抵抗$R[\Omega]$は、式(4-32)のように、抵抗率$\rho[\Omega\cdot m]$、長さ$l[m]$、金属線の断面積$A[m^2]$によって決定されます。したがって、抵抗の増加量ΔRによってひずみの量を検知することが可能となります(式(4-33))。Kは**ゲージ率**と呼ばれており、金属線の材料による定数です。

金属線を紙やプラスティックフィルムなどの絶縁物に貼り付けた**抵抗線ひずみゲージ**と、線の代わりに薄い板状の金属を貼り付けた**箔ひずみゲージ**があります。また、金属線の代わりに半導体を用いた**半導体ひずみゲージ**もあります。

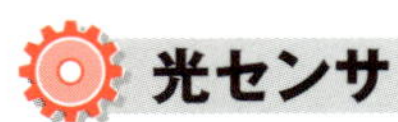

光センサ

光を検出して電気信号に変換するセンサを**光センサ**といい、図に示すような種類があります。**光起電力型光センサ**は、「p型とn型の半導体の接合面に光を当てると、起電力が発生する」現象(**光起電力効果**といいます)を利用したセンサです。

光導電型光センサは、半導体の示す「光を受けると電気抵抗が減少し、導電性がよくなる」現象(**光導電効果**といいます)を利用したセンサです。**光電子放出型光センサ**は、「物質の表面に光を当てると、光の強度や波長に応じて電子が放出される」現象を用いたセンサです。

光センサの種類(図4-10-3)

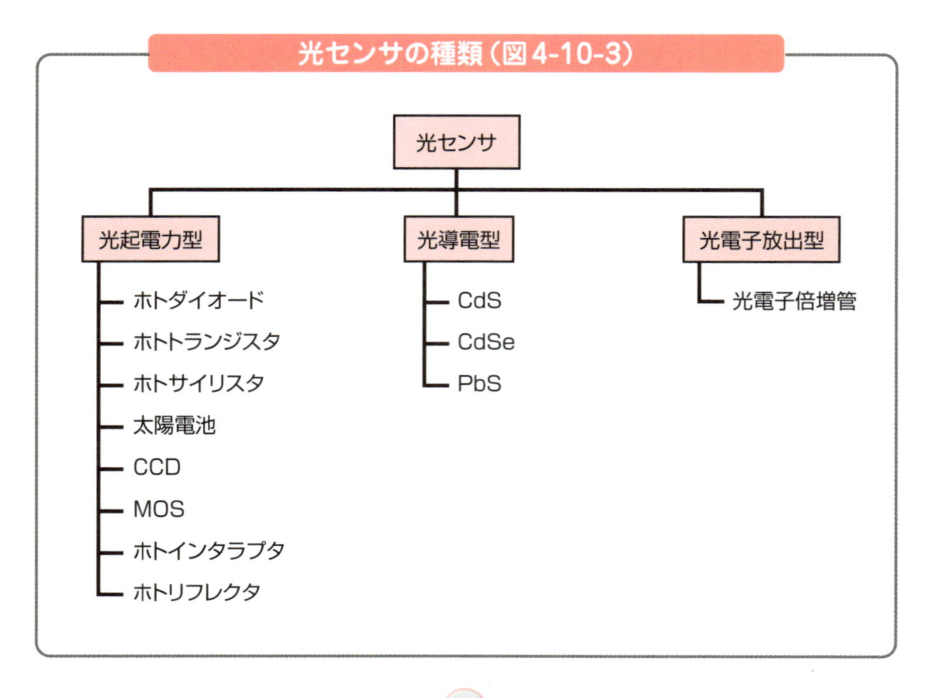

温度センサ

温度センサには、測定対象物に接触させて測定する接触型と、測定対象物から放射される赤外線を測定する非接触型があります（図参照）。

温度センサの種類（図4-10-4）

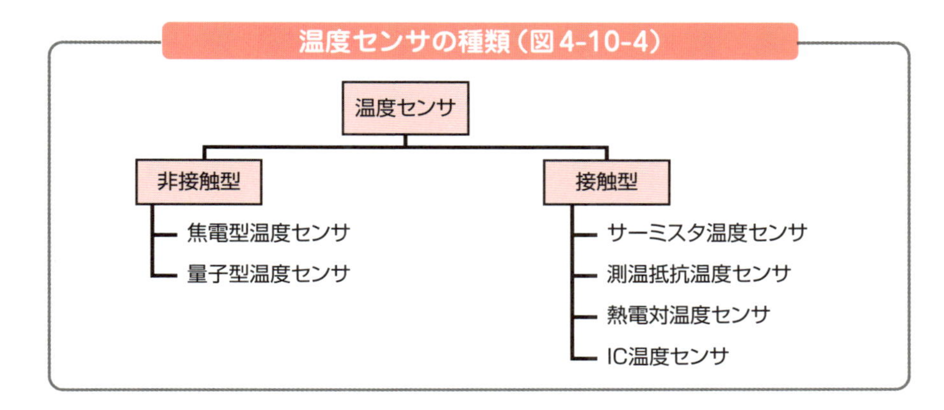

焦電型温度センサは、測定対象物が放射する赤外線を検出して、温度を測定するものです。自然界にあるすべての物体は、温度に対応した波長の赤外線を放射しています。これは、温度が高くなると波長が短くなる性質があります。焦電型温度センサは、この赤外線を強誘導体セラミックスの焦電効果を利用して測定します。赤外線を測定するので、光センサとは違って光源は必要ありません。暗い中で人体の検出ができるため、防犯装置や（自動点灯の）照明装置に用いることができます。また、自動ドアや調理機器などにも応用されています。

サーミスタは、温度変化に対して電気抵抗が変化する感温半導体によって構成されています。マンガン、ニッケル、コバルトなどの金属酸化物を主成分とする半導体を高温で焼結した**セラミックサーミスタ**がよく用いられています。

測温抵抗温度センサは、一般に金属の電気抵抗が温度によって変化することを利用して温度を測定するセンサです。測温抵抗体の材料としては、白金が広く使われており、ほかにニッケルや銅なども用いられます。

熱電対温度センサは、「2つの異なる金属AとBが接しているとき、金属間に起電力が発生する現象」（ゼーベック効果）を利用して温度を測定するセンサです。この起電力は温度によって変化するため、電圧を測定することで温度の測定ができます。

4-11 モータ

制御装置から指令を受けて機械的な仕事を行う機械を**アクチュエータ**といいます。空気圧や油圧で動作するものもありますが、ここではアクチュエータの代表格として、電気エネルギーを回転動力に変換する**モータ（電動機）**を取り上げます。

交流（AC）モータ

交流（AC）モータには、工作機械などに広く用いられている三相誘導電動機や、扇風機などに用いられている**単相誘導電動機**などがあります。ここでは、単相誘導電動機の中で最もよく用いられる**コンデンサモータ**について説明します。

主コイルと、コンデンサを接続した始動コイルとを設け、単相交流を加えます（図参照）。始動コイルに流れる電流は、コンデンサの働きで主コイルに流れる電流よりも位相が90度進むことから、電流の変化に対応して磁束も変化します。したがって、回転する方向に磁界が生じ、コイルの中に円筒状の導体を置けば回転を始めます。

交流モータの動作原理（図4-11-1）

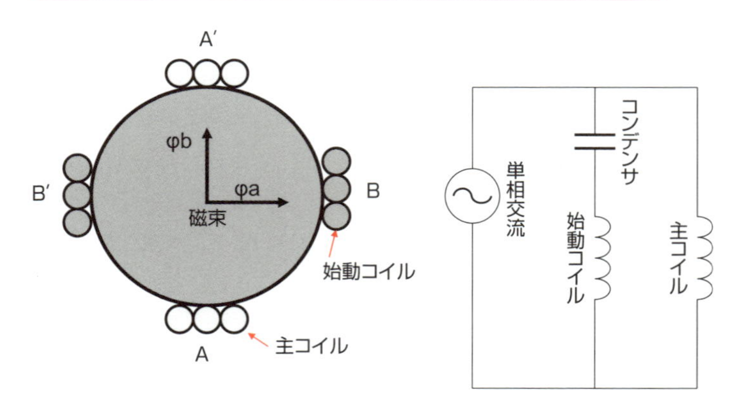

主コイルと、コンデンサを接続した始動コイルとを設け、単相交流を加える。始動コイルに流れる電流は、コンデンサの働きで主コイルに流れる電流よりも位相が90度進むため、電流の変化に対応して磁束も変化する。よって、回転する方向に磁界が生じるので、コイルの中に円筒状の導体を置けば回転する。

直流（DC）モータ

直流（DC）モータは、磁石の中に長方形のループ状の導線（図中のabcd）を配置します。導線に電流を流すと、フレミングの左手の法則に従い、ab部とcd部に互いに逆向きになる電磁力を受け、これにより回転力が発生します。

直流モータの動作原理（図4-11-2）

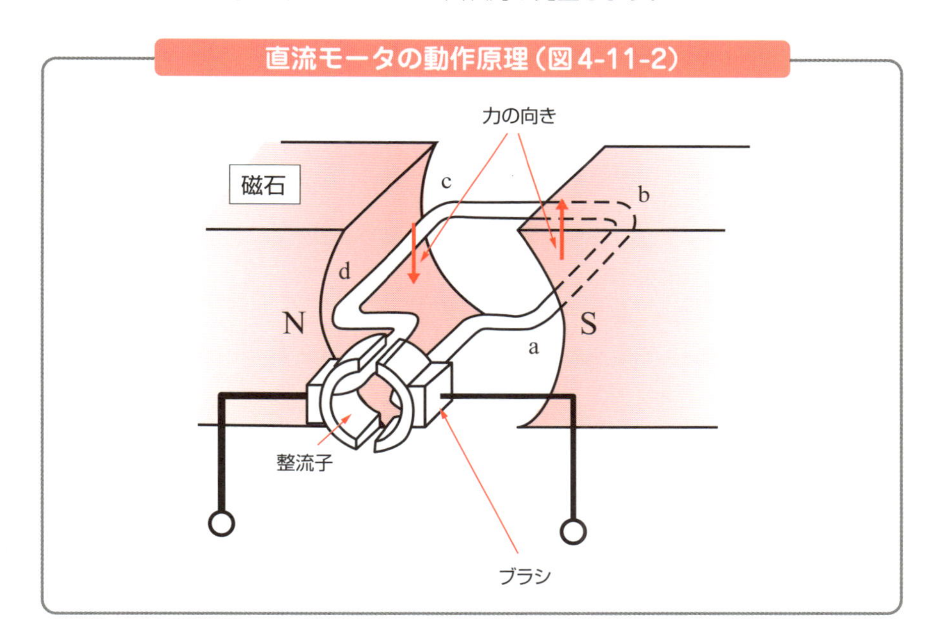

しかし、90度以上回転するとab部とcd部の受ける力の向きが逆になってしまうことから、連続して回転させるためには、半回転ごとに電流の流れる向きを切り替える必要があります。

そのため、導線側に半円筒状の金属片でできている整流子を取り付け、この整流子に接触するようにブラシを設置します。ブラシを通じて直流電流を、半回転ごとに向きを切り替えながら供給しています。

ブラシは、耐熱性と耐摩耗性に優れている黒鉛や貴金属でつくられることが多いです。また、ホール素子などを利用して電流の流れる方向を切り替えるブラシレスDCモータもあります。

サーボモータ

物体の位置・姿勢・速度・加速度などを制御して、目標値の変化に追従させる機構を**サーボ機構**といい、その駆動部用モータを**サーボモータ**といいます。したがって、サーボモータは、始動・停止が頻繁に繰り返されるために、回転子の直径を小さくすることで、慣性を小さくした構造になっています。

また、定トルク運転や定速度運転、逆転運転が容易に行えます。電流が直流か交流かによって、直流サーボモータと交流サーボモータがあります。それぞれの特徴は次のとおりです。

- **直流サーボモータ**……プリンタやスキャナ等の位置決めなどに利用される。
- ・制御装置が比較的簡単である。
- ・可逆運転・速度制御が簡単である。
- **交流サーボモータ**……産業用ロボットや工作機械に利用される。
- ・電源が容易に得られる。
- ・過負荷に強く故障が少ない。

ステッピングモータ

ステッピングモータは、パルス信号を加えると一定の角度だけ回転し、加えるパルス周波数を変えると回転速度が変わるモータです。ステッピングモータは、多相のコイルを巻いた固定子磁極と回転子から構成されています（**図4-11-4**）。

スイッチを切り替えて、固定子にA→B→Cの順に電流を流せば、回転子が一定角度ずつ固定子磁極に引かれて回転します。スイッチの切り替えの代わりにパルス電流をコイルに順に流せば、パルスの数のぶんだけ回転します。

また、パルスを加える順番をC→B→Aとすれば、回転子は逆方向へ回るようになります。ステッピングモータは、その動作原理と構成から、VR型（可変リアクタンス型）、PM型（永久磁石型）、HB型（ハイブリッド型）の3種類に分けることができます。

ステッピングモータ（図4-11-3）

ステッピングモータの原理（図4-11-4）

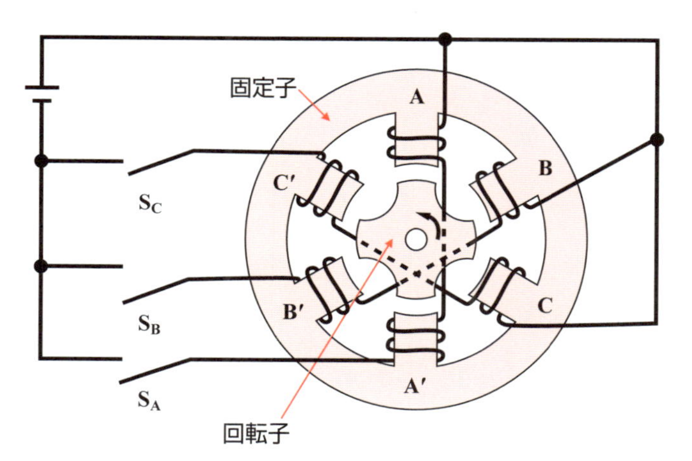

ステッピングモータは、パルス信号を加えると一定の角度だけ回転し、加えるパルス周波数を変えると回転速度が変わる。

4-12 圧縮機（機械要素の応用事例）

圧縮機は、低圧のガスを機械の内部に取り込み、高圧に圧縮して吐出する機械です。圧縮機の設計では、機構設計の要素のほか、熱設計や流体設計の要素を含む総合的な設計が必要です。ここでは、機械設計の応用事例として圧縮機を取り上げます。

圧縮機の概要

圧縮機の設計における主な設計要素は次のとおりです。

●機構設計の要素

ガスを圧縮する目的で熱力学的な仕事をするための機構および構造の設計です。

●熱設計の要素

「機構部を駆動する動力の放熱」ならびに「圧縮に伴う内部のガスの温度上昇」の影響を考慮して進められる機構および構造の設計です。

●流体設計の要素

ガスが機械に吸気されて圧縮され、吐出されるまでの流体の流れを考慮した機構および構造の設計です。

これらの設計要素はそれぞれ独立しているわけではなく、互いに影響を与え合う関係にあります。設計を進める際には、各設計要素の影響について十分な注意と検討が必要です。採用する機械要素の選定にあたっても、各設計要素から出てくる条件をすべて満たす必要があり、機械要素への要求事項は厳しいものになります。

圧縮機の種類と特徴

圧縮機は、その圧縮方式から容積式圧縮機、ターボ圧縮機（遠心圧縮機）、軸流圧縮機に大別されます。ここではそのうちの**容積式圧縮機**を取り上げます。容積式圧縮機は、外観構造から分類すると表のようになります。

容積式圧縮機の種類（図4-12-1）

開放型	圧縮機と駆動用の電動機が別々に構成され電動機の動力はベルトやカップリングにより圧縮機に伝達される。
半密閉型	ボルト締めの蓋で密閉したケースに圧縮機と電動機を組み込んで構成される。
密閉型	電動機と圧縮機を直結して一体化したものを、深絞りした鋼板製容器の中に収納し、接続部を溶接して密閉したもの。

●開放型容積式圧縮機

圧縮機の分解が容易であるためメンテナンス性が高いです。また、電動機やエンジンを圧縮機ケース外に置き、ベルト伝動装置やカップリング（回転軸同士をつなぐ装置）で動力伝達をするので、必要に応じて現場で容易に出力の違う電動機に交換することが可能で、ベルトの速度比の選択も自由です。

電動機と圧縮機が別体なので冷却性もよく、電動機が使えない場所では、エンジンを接続して使用することも可能です。ただし、圧縮空間のシール（密封）をピストンリングや各種軸封装置、パッキンなどで行うため、作動ガスが漏れやすいという弱点があります。産業機械や屋外で使用される圧縮機には開放型が多く用いられます。

●半密閉型容積式圧縮機

修理やメンテナンスの際には、ボルトを外して蓋を開ければ電動機や圧縮機の部品交換が可能です。しかし、蓋部分のパッキンの劣化などにより、作動ガスの漏れが発生する可能性があり、機密性では密閉型に劣ります。

●密閉型容積式圧縮機

ケースが溶接によって完全に密封されているため、大気とは分離され、作動ガスの漏れはありません。また、逆に大気や水分の圧縮機内部への侵入も起こりにくいです。しかし、故障時の部品交換やメンテナンスは困難となります。家庭用冷凍・空調機器のような、メンテナンスフリーで15年程度の製品保証が必要な機器に採用されます。

圧縮機構の分類

冷凍機や空調機で用いられる圧縮機は、圧縮機構の観点から次表のように分類できます。

圧縮機構の分類（図4-12-2）

<table>
<tr><th colspan="3">冷凍機／ヒートポンプの種類</th><th>圧縮方式</th><th>主な用途</th></tr>
<tr><td rowspan="6">蒸気圧縮式</td><td rowspan="5">容積式圧縮機</td><td rowspan="2">往復式</td><td>ピストン・クランク（レシプロ）方式</td><td>冷凍、ルームエアコン、ヒートポンプ</td></tr>
<tr><td>ピストン斜板方式</td><td>カーエアコン</td></tr>
<tr><td rowspan="3">回転式</td><td>ローリングピストン（ロータリ）方式</td><td>電気冷蔵庫、カーエアコン、ルームエアコン</td></tr>
<tr><td>スクロール方式</td><td>冷凍、カーエアコン、ルームエアコン</td></tr>
<tr><td>スクリュー方式</td><td>空調、冷凍、ヒートポンプ</td></tr>
<tr><td colspan="3">遠心圧縮機（ターボ圧縮機）</td><td>空調、冷凍、ヒートポンプ</td></tr>
<tr><td>熱駆動式</td><td colspan="3">吸収冷凍機、吸着冷凍機</td><td>空調、冷凍</td></tr>
<tr><td>熱電式</td><td colspan="3">ペルチェ式</td><td>小型冷蔵庫、CPU冷却</td></tr>
<tr><td colspan="3">蒸気噴射式</td><td>エゼクタ式</td><td>空調</td></tr>
</table>

圧縮機の原理と構造

圧縮機の機構にはいろいろな種類があります。代表的な機構として、ピストン・クランク機構を用いたV型レシプロ圧縮機（**図4-12-3**）、およびローリングピストンを用いた密閉型ロータリ圧縮機（**図4-12-4**）があります。

V型レシプロ圧縮機は、開放型圧縮機の一種で、圧縮機を駆動する動力機器との接続のため、ケースの外にVベルト伝動装置のプーリが取り付けられています。

密閉型ロータリ圧縮機は、ケース内部にモータを搭載し、溶接により完全に密閉されています。圧縮機内部の構造は異なりますが、構成する機械要素はほぼ同じになります。

V型レシプロ圧縮機（図4-12-3）

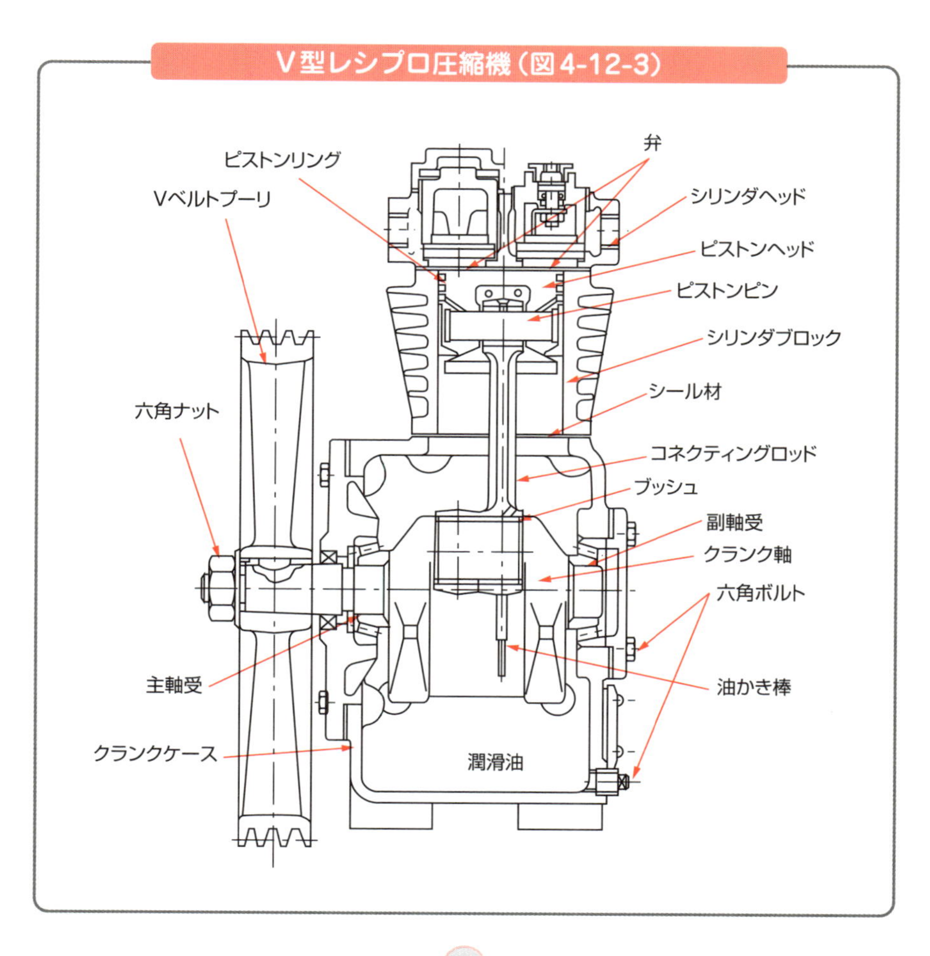

密閉型ロータリ圧縮機（図4-12-4）

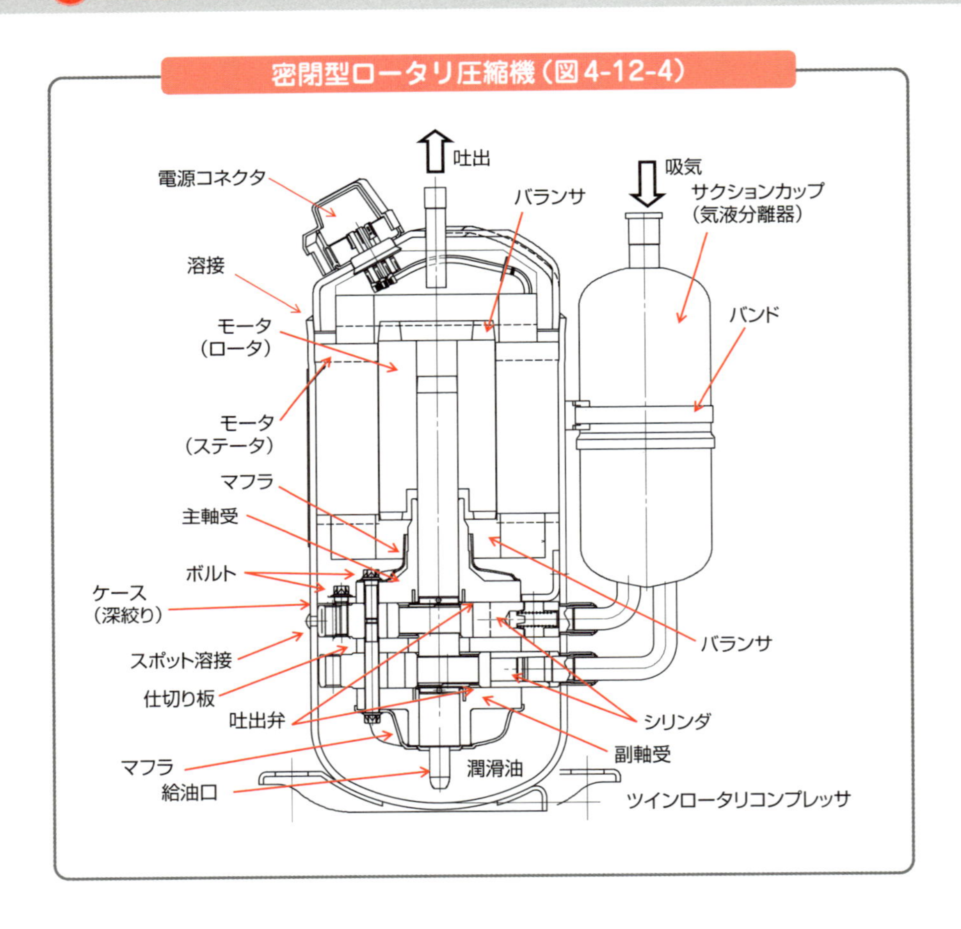

レシプロ圧縮機とロータリ圧縮機の圧縮機構の基本原理を、**図4-12-5**に示します。レシプロ圧縮機では、クランク軸が１回転すると圧縮行程も吸気から排気までの圧縮行程を終えます。これに対してロータリ圧縮機では、クランク軸が２回転する間に１行程の圧縮を終えます。

したがって、ロータリ圧縮機の方がレシプロ圧縮機よりもトルク変動がゆるやかになり、振動が小さくなります。また、ロータリ圧縮機は吸込み弁が不要で、静音性でも有利です。

ロータリ圧縮機には、「モータの回転動力を往復動に変換することなくそのまま利用できる」という長所があります。また、圧縮機全般にいえることですが特に密閉型ロータリ圧縮機は、可動部の密閉性を保つための潤滑油によるシールがポイントであり、高度な精密加工が必要となります。

圧縮機構の基本原理（図4-12-5）

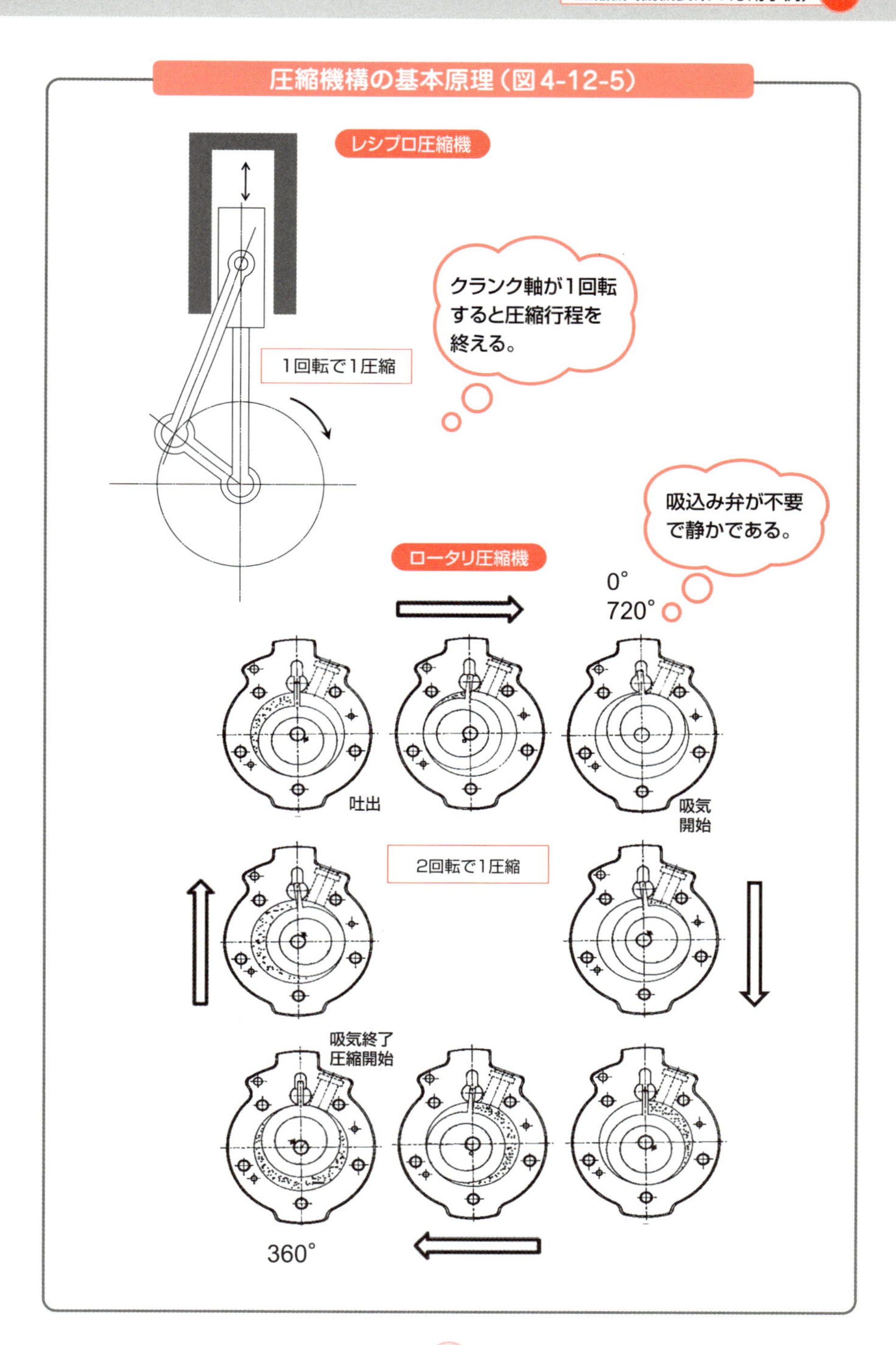

圧縮機に用いられる機械要素

圧縮機は、「低圧のガスを吸気するポートもしくは弁」および「圧縮後の高圧ガスと吐出するポートもしくは弁」を有しています。また、吸気側にはゴミなどがシリンダ内に入らないようにストレーナ（濾し器）を設けています。

特に空調機や冷凍機に用いられる蒸気圧縮式密閉型圧縮機では、液圧縮とならないよう、ストレーナの機能に加えて気液分離器を設けています。

吐出側には、騒音低減のために消音器（マフラ）を設置することが多いです。そのほかにも、潤滑油の給油装置や電装品などにより構成されます。

弁は、一般的に板バネを用いたフラッパ弁とすることが多いです。レシプロ圧縮機の弁の例を**図4-12-6**に示します。また、ロータリ圧縮機の吐出弁の取り付け箇所を**図4-12-7**に示します。

弁は、吐出ガスの高温にさらされ、かつ繰り返し曲げ荷重がかかることから、材料や板の厚さなどを十分に吟味して設計する必要があります。弁の取り付け場所は、**図4-12-7**ではシリンダとなっていますが、軸受に配置する設計事例もあります。

圧縮機の機械要素は、圧縮ガスの荷重や慣性力、圧縮ガスの高温と吸込みガスの低温にさらされることから、寸法やクリアランス（確保すべき隙間）、材料、表面処理など、多くの項目で検討を要します。

レシプロ圧縮機の吸込み弁（図4-12-6）

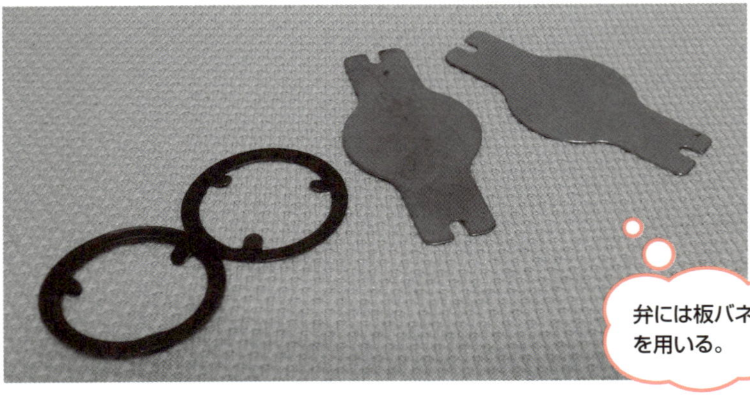

弁には板バネを用いる。

ロータリ圧縮機の吐出弁（図4-12-7）

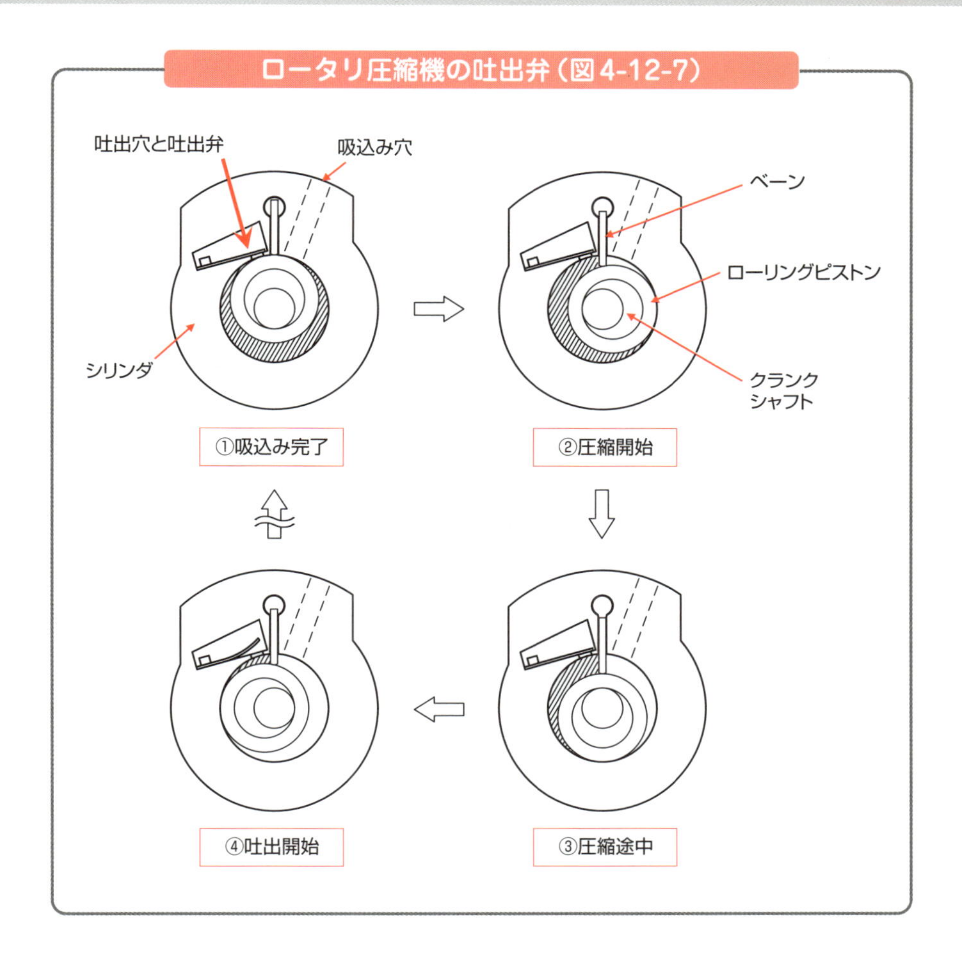

圧縮機や熱機関の設計

機構や構造の検討、熱力学や伝熱に関する検討、流体の流れに伴う検討が必要。これらは互いに密接な関係がある。

圧縮機の設計

●設計の手順

圧縮機の設計は、おおむね図に示す手順で進めます。その際に、以下で述べる因子に注意し、各機械要素を検討します。

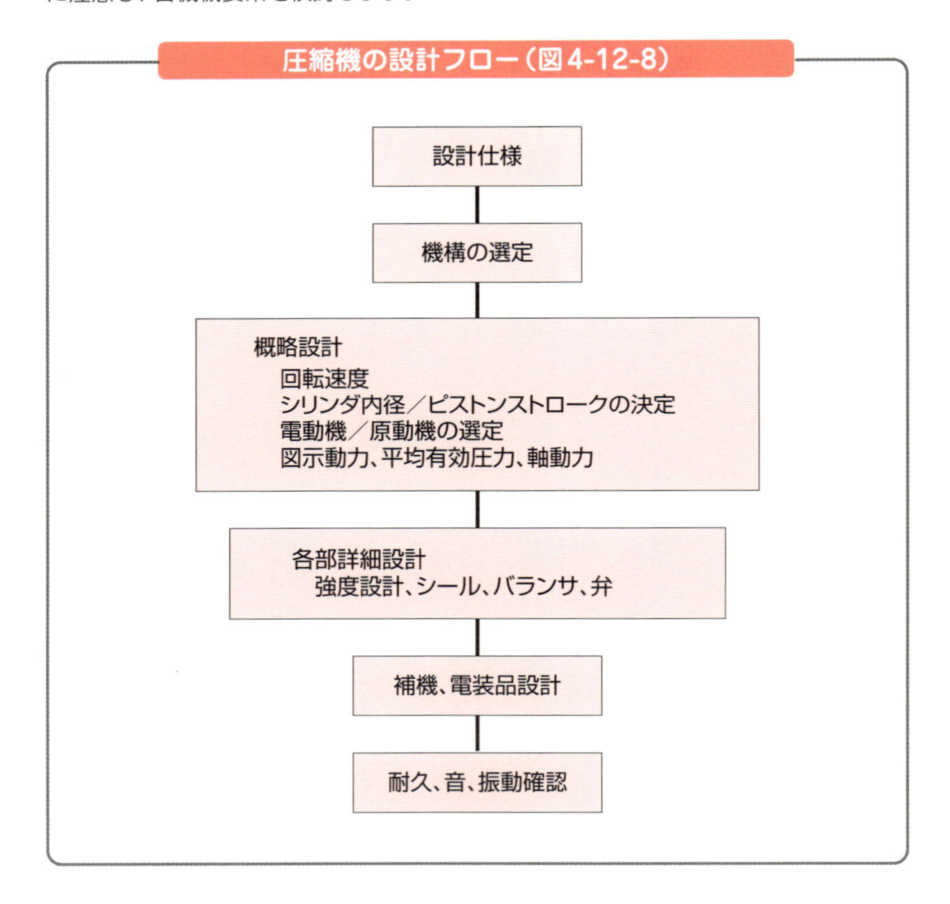

●性能設計に関する因子

性能設計に関しては、次の因子があります。

- 所定吸込量の確保……流路断面積や周期的な圧力脈動により影響を受ける。
- 死容積の低減……シリンダ、蓋、ピストン、コンロッドなどの熱膨張対策や弁の取付しろによって増減する。

・弁の荷重……圧力比に影響を与える。
・ガスと弁通路の間の摩擦……圧力損失を低く抑える。
・冷却の状態
・潤滑油の溶け込み
・摺動部（軸と軸受）の潤滑状態
・シール部のクリアランス　など

●強度設計に関する因子

強度設計に関しては、次の因子があります。

・圧力容器（ケース）の材料と製作方法
・ガスケット、パッキン……使用目的によっては使用不可の場合がある。耐食性、耐摩耗性、耐熱性なども考える必要がある。
・軸と軸受

●構造設計に関する因子

構造設計に関しては、次の因子があります。

・軸受間距離……軸のたわみを小さくする。
・締結箇所とその方法……ボルトなどの最適選定。
・応力集中箇所の緩和……Rを付けたり面取りをする。
・吸込み／吐出管の接続
・液圧縮防止
・給油方法と経路

●制御系に関する因子

制御系に関しては、次の因子があります。

・回転数制御
・放熱
・給油量

圧縮機の設計の実際

実際の設計では、以下のような事項にも注意が必要です。

●ピストン

一般的にピストンには、次のような事項が求められます。

①軽量である。
②熱伝導率が良好。
③強度が大きい。
④熱膨張が少なく、鋳造性・加工性に優れている。
⑤コストが安い。

●ピストンピン

ピストンピンは、面当たりの軸受荷重が大きく、かつ、周速度が低いことから、ピストンピンの摺動面に油膜が形成されにくくなります。したがって、ピストンピンは精細な仕上げ面が要求され、かつ、耐荷重に優れた材料を用いる必要があります。例えば、クロムモリブデン肌焼鋼や焼入炭素鋼を用いたりします。また、一般に円筒材を用います。

●コネクティングロッド

大きな慣性力とガス荷重を受け、圧縮にも引張にも耐え得る材質でなくてはなりません。このような観点から、軽金属のダイカスト、鋳鉄などが用いられます。

●シリンダ

摺動部があるので、耐摩耗性が良好な材料を用いるのがよいでしょう。場合によっては、フレームと一体構造で、緻密な鋳鉄で製作されることもあります。この場合、フレームが軽合金で製作されるときは、鋳鉄製のライナーを設置します。一般的には、シリンダにはFC250、ミーハナイト鋳鉄を用います。

●クランク軸

ねじりと曲げ応力を受けるので、機械的な強度が必要です。さらに耐摩耗性が要求されます。一般的には、鍛造材（高炭素鋼、肌焼鋼、クロムモリブデン鋼）、鋳造材（ミーハナイト鋳鉄、パーライト可鍛鋳鉄、ダクタイル鋳鉄）などが用いられます。

形式は、圧縮機の大きさや負荷の大きさにより、いくつか種類があります。ねじり・曲げに対して許容応力内で設計します。耐摩耗性を向上させるために、窒化処理や二硫化モリブデン処理といった表面処理を施す場合もあります。コストアップにつながることから、よく検討する必要があるでしょう。

●軸受

両端で支持する場合と1カ所で支持する場合があります。軸がほとんどたわまない場合は1カ所で支持します。両端で支持する場合、一般的にモータ側を**主軸受**、反対側を**副軸受**といいます。

主軸受の方が、負荷荷重は大きくなります。主軸受は、フレームと一体に製作される場合もあります。いずれにしても良好な摺動性能を有して耐摩耗性があることが要求されます。

場合によっては、ブッシュを摺動部に用いることがあります。ブッシュの材料としては、ホワイトメタル、りん青銅、鉛青銅や、ほかにもフッ素樹脂を表面に施したものなどがあります。ブッシュを用いれば、主軸受やフレームの材料の選択幅が広がりますが、コストアップにつながることから、よく検討する必要があるでしょう。

●弁機構

弁機構は、圧縮機の吐出圧力を決定する重要な要素部品です。熱処理したスウェーデン製のフラッパバルブスチール（弁板用帯鋼）を用いることが多いです。曲げ荷重が繰り返しかかるので、疲れ強さを十分に備えた材料を選ぶようにします。

●給油機構

給油機構は、小型の圧縮機では遠心ポンプが多く用いられます。大型ではロータリベーンポンプやトロコイドポンプなどが多く用いられます。

ここでは圧縮機を題材にして、用いられている機械要素の一部を機能と共に紹介しました。機械を構成する機械要素の一つひとつが、それぞれの機能を十分に発揮しなければ、機械全体の性能・品質が低下してしまいます。したがって設計者は、機械要素について十分な知識を持ち、適材適所で選定・活用できなければなりません。また、機械要素の破損は大きな事故につながることから、個々の機械要素自体の評価を正しく行う必要があります。

COLUMN ピストンピンの設計例

レシプロ空気圧縮機の**ピストンピン**の設計例を示します。

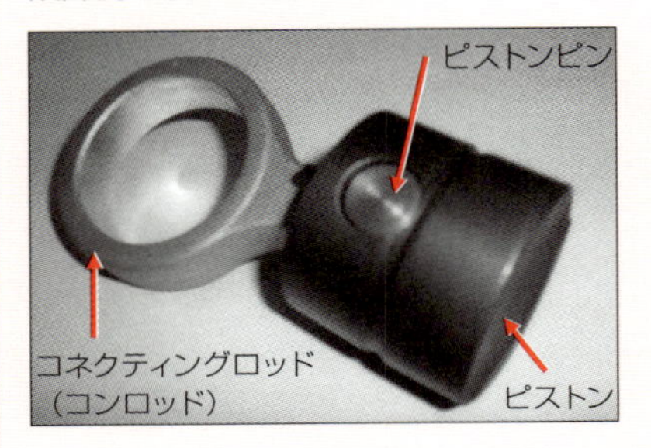

ピストンピンは、面当たりの軸受荷重が大きく、かつ周速度が低い部品です。したがって、ピストンピンの摺動面に油膜が形成されにくくなるので、ピストンピンには精細な仕上げ面が要求され、かつ耐荷重に優れた材料を用いる必要があります。クロムモリブデン肌焼鋼や焼入炭素鋼を用います。また、一般に円筒材を用います。円筒の内径を*dpp*、外径を*d*とすれば、

$$dpp/d = 0.3 \sim 0.7$$

程度を基準にするとよいでしょう。

ピストンピン穴部負荷面積は、

［ピストンのピン穴部負荷面積：*a*］／［シリンダ面積：*A*］

$$\frac{a}{A} = \frac{2dl_1}{\pi D^2/4} \leqq 0.15$$

D：ピストン直径

とされています。

この値が小さいほど、ピン穴部の面圧が大きくなります。

ピンの径は、図に示すようにピン嵌合（かんごう）部の中央を支持し、中央部に等分布荷重がかかる円筒のはりと仮定します。

曲げ応力は、次のようになります。

$$\sigma b = \frac{M}{Z} = \frac{1}{4Z}\left(l - \frac{b}{2}\right)$$

σ_b：曲げ応力［MPa］

Z：断面係数　$\frac{\pi}{32} \cdot \frac{d^4 - dpp^4}{d}$

許容曲げ応力は、クロムモリブデン鋼で120MPa、焼入炭素鋼で80MPa以下とします。

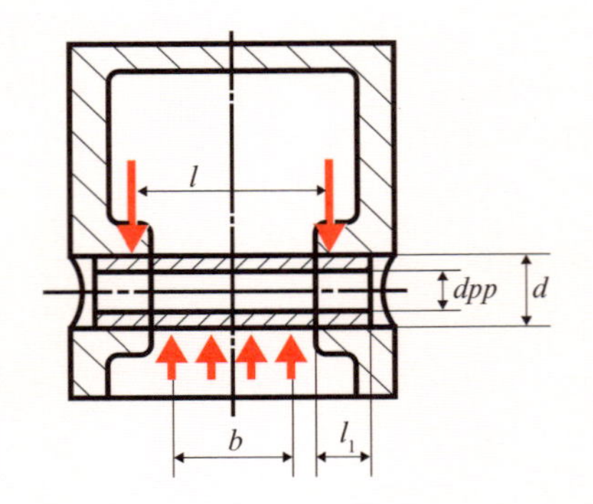

Chapter 5

機械設計と熱設計、流体設計

機械は、何らかのエネルギーを得て仕事をします。エネルギー源は、液体であったり気体であったり、場合によっては固体ということもあります。一般には、流体が多く用いられています。また、機械が仕事を行うと必ず排熱が出ます。したがって、機械設計においては、熱や流体を取り扱うことが避けられません。ここでは、熱や流体を扱う設計について解説します。

5-1 熱移動とは

熱移動の様式を微視的視点で分類すると、熱エネルギーの拡散である「熱伝導」および電磁波による熱エネルギーの移動現象である「熱放射」の２つに分類することができます。

工業分野においては巨視的・現象論的な視点によって分類されることが多く、「熱伝導」「熱伝達」「相変化を伴った熱移動」（以上３つが広い意味の熱伝導）および「熱放射」の４つに分けて考えます。

熱伝導（Heat conduction）

金属棒の一端を手で持ち、反対側を火であぶると、手で持っている方も次第に熱くなります。このような、熱が金属棒を伝わって移動する現象を**熱伝導**といいます。これは、静止媒体中で温度が均一化する方向に熱移動しているのですが、微視的には、分子運動の激しい方から少ない方へと分子運動のエネルギーが拡散しているのです。

熱伝達（Heat transfer by convection）

固体壁と流体との間の熱移動を**熱伝達**または**対流熱伝達**といいます。温度の高い固体の壁と温度の低い流体が接している場合を考えてみます。両者の接触面のごく近傍の薄い層では、熱は熱伝導によって流体に伝わります。しかし、温度の上昇した流体が接触面から少し離れると、流体の対流（convection）によって持ち去られてしまいます。

したがって熱伝達は、流体の熱伝導、流速、流動の様子（壁面形状など）によって複雑に影響を受けるものです。また、自然対流か強制対流かによっても違ってきます。

自然対流は「温度差による浮力の働きで生じる流動」、**強制対流**は「温度差の存在する場にポンプや送風機などで強制的に生じさせる流動」です。それぞれについて熱伝達がある場合、**自然対流熱伝達**あるいは**強制対流熱伝達**といいます。

相変化を伴った熱移動 (Heat transfer with phase change)

液体の自由表面からのみ蒸気が発生する**蒸発** (Evaporation)、液体内部からも蒸気泡が発生する**沸騰** (Boiling) は、液体が蒸気に変わる熱移動です。

物質の相変化 (Phase change) を伴った熱移動は、潜熱 (Latent heat) の放出および吸収が伴っています。蒸発や沸騰の逆の凝縮 (Condensation)、さらに融解 (Melting) や凝固 (Solidification) なども同様で、いずれも工業において広く応用されています。

家庭用ルームエアコンや冷蔵庫に用いられている蒸気圧縮式冷凍サイクルでは、冷媒の蒸発と凝縮を利用して吸熱・放熱を行っています。

熱放射 (Thermal radiation)

物体からは、その温度に応じて電磁波 (光もその仲間です) が放射されています。その放射されるエネルギーは絶対温度の４乗に比例しています。つまり、高温物体から低温物体へと、電磁波による熱移動が行われているのです。

これを**放射**または**ふく射**といいます。この場合の熱移動の速さは、光の速度と同じです。放射は、熱伝導や熱伝達の場合にも共存していますが、温度差が小さい場合は一般に無視できます。

放射熱流束qは次の式で求められます。

$$q = \varepsilon \sigma v^4 \qquad (5\text{-}1)$$

ε：物体の放射率 (Emissivity)、v [K]：物体の絶対温度、
$\sigma = 5.67 \times 10^{-8}$[W/m^{2}K^4]：ステファン・ボルツマン定数 (黒体放射係数)

εは物体の材質と表面の粗さ、汚れ、酸化等の状態により影響を受け、異なる値となります。**図5-1-1** に放射率εの例を示します。

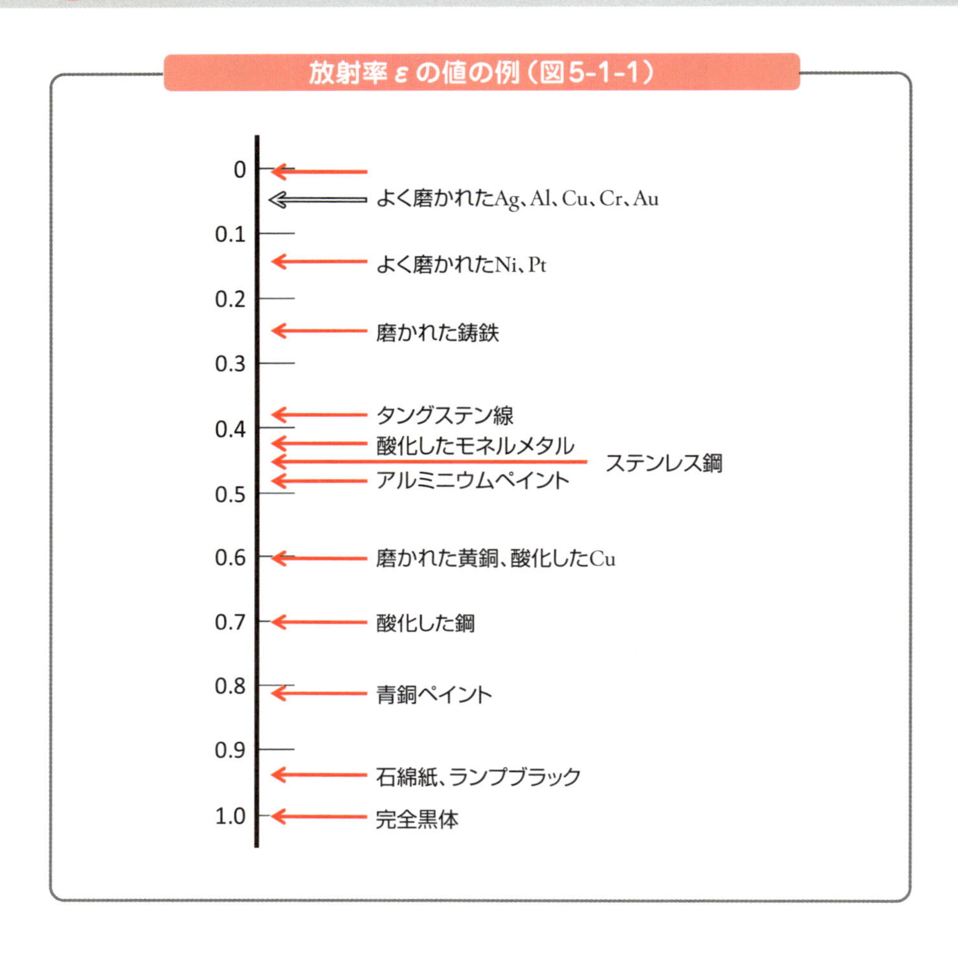

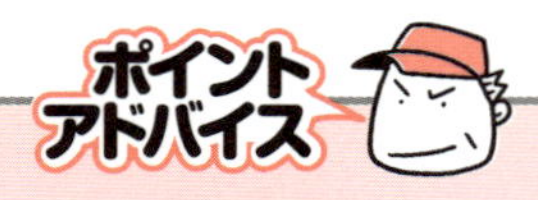

熱の移動現象

熱移動を大別すると「熱伝導」と「熱放射」に分けられる。
「熱伝導」は「熱伝動」「熱伝達」「相変化を伴う熱移動」の３つに分けられる。

5-2 熱伝導率

固体内で熱が、熱伝導によって移動する場合の基本的な法則について、考えてみましょう。

固体内の熱伝導

1つの固体内において、微小面積dAでΔxだけ離れている平行な2つの等温面*を考え、その温度をそれぞれv_1、v_2とします（図参照）。熱流は、これらの等温面に直角の方向に流れます。

固体内の熱伝導（図5-2-1）

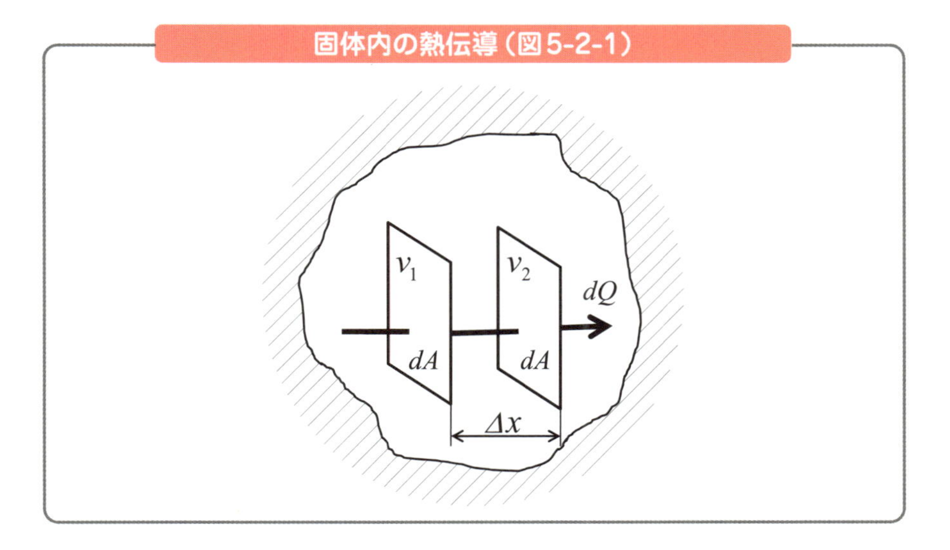

dt時間に流れる熱量をdQとすると、dQは一般に温度差、面積および時間に比例し、距離に反比例することが知られています。これを式に表すと、次のようになります。

$$dQ \propto \frac{(v_1 - v_2)}{\Delta x} dA\,dt \qquad (5\text{-}2)$$

＊**等温面**　温度にばらつきがなく均一な面のこと。

比例定数をλとして、距離Δxを無限に小さくとると、温度差も無限に小さくなることから、式(5-2)は次のようになります。ここで、高温源から低温源へ熱が流れる方向をxの正にとります。

$$dQ = -\lambda \frac{\partial v}{\partial x} dA dt \tag{5-3}$$

熱伝導率は熱量の移動

熱流束*で書き直せば、次のようになります。

$$q = -\lambda \frac{\partial v}{\partial x} \tag{5-4}$$

このλ[W/mK]を**熱伝導率**といいます。熱伝導率は、1つの物質において温度が一定であれば定まった値となる、物性値の1つです。また、熱伝導率λを比熱C_p、比重量γで割ったものをκとおき、

$$\kappa = \frac{\lambda}{C_p \gamma} = \frac{\lambda}{C'_p \rho} \tag{5-5}$$

C'_p：単位質量当たりの比熱
ρ：密度

で示されるκ[m^2/s]を**熱拡散率**（Thermal diffusivity）または**温度伝導率**といいます。熱伝導率が「熱量の移動の大小」を示す物性値であるのに対し、熱拡散率は「温度の伝わり方の大小」を示す値です。熱設計を行う際には、両者とも重要な指標となります。

*** 熱流束**　単位時間・単位面積当たりに流れる熱量のこと。

5-3 熱伝達率

固体と流体が接している場合の熱移動を考えてみます。

固体表面と流体の間の熱移動

固体の表面温度v_s、流体の温度v_fとすると、固体の表面積Aを通してt時間に流れる熱量Qは、両者の温度差、面積および時間に比例すると考えられます。

固体表面と流体の間の熱移動（図5-3-1）

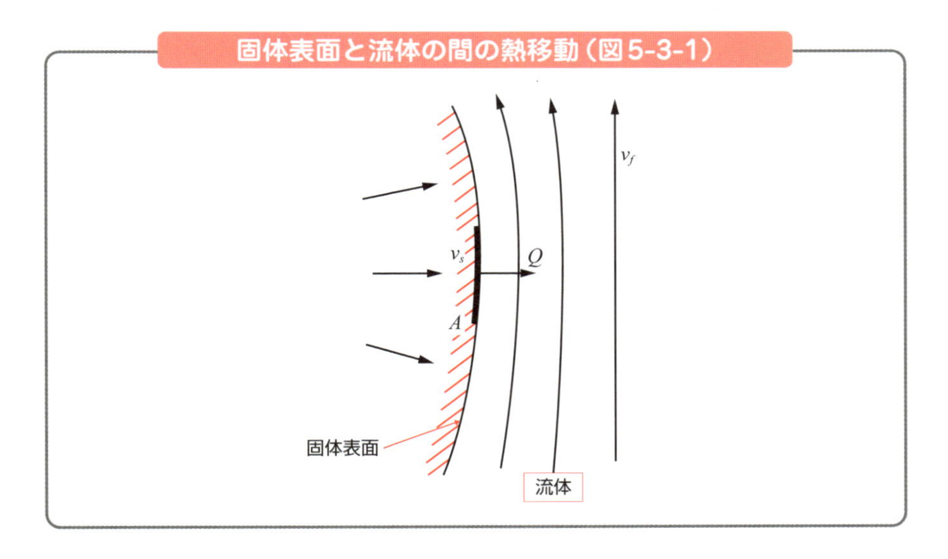

このときの比例定数をαとして、次のように表すことができます。

$$Q = \alpha\left(v_s - v_f\right)At \quad [\mathrm{J}] \tag{5-6}$$

また、qを熱流束とすれば次のようになります。

$$q = \alpha\left(v_s - v_f\right) \quad [\mathrm{W/m^2}] \tag{5-7}$$

ここで、比例定数αを**熱伝達率**[W/m²K]あるいは**平均熱伝達率**といいます。

熱伝達による移動熱量は、温度差や面積、時間のほかに、流体の種類や流速、流れの状態（層流か乱流か）、固体の表面形状からも影響を受けます。熱伝達率 α は、これらを含んだ係数として示されるもので、一般に理論的に算出されるか、実験的に求められます。さらに、固体表面と流体の間の熱移動に関しては、次に示す無次元数のヌセルト数 Nu が、熱設計を行う上でよく用いられます。

$$Nu = \frac{\alpha L}{\lambda_s} \tag{5-8}$$

L[m]：伝熱を考える上での代表寸法、λ_s：固体の熱伝導率

式(5-8)は、伝熱を考える上で、熱伝達率を知る重要な相関式です。「対流熱伝達による伝熱」と「熱伝導による伝熱」を比較する意味を持っています。

COLUMN 沸騰と凝縮で熱を移送するヒートパイプ

密閉された管の内壁に、**ウィック**（wick）と呼ばれる微小空間を設け、管内に適量の液体を封入します。微小空間は、繊維状の物質や多孔質物質を詰めたり、微細な突起を施したりして構成されます。管の一方を高温に、他方を低温にさらすと、高温部内の液体は沸騰し、発生した蒸気は管内空洞を通って蒸気圧の低い低温側へと移動します。蒸気は低温側で熱を奪われ凝縮します。凝縮した液体は、ウィックの間を毛管現象によって高温側へと移動します。これを繰り返すことで、熱を移送することができます。このような管を**ヒートパイプ**（heat pipe）といいます。静音で耐久性がよく、また潜熱を利用できるので熱移送に有利です。コンピュータの冷却やクーラーボックスなど広く利用されています。

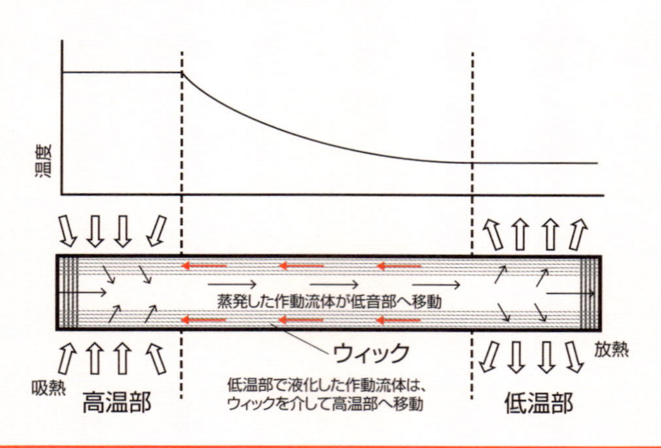

5-4 温度境界層

固体表面とそれに接している流体との間に温度差があり、熱の移動がある場合、速度境界層と同じように、表面近傍に「温度勾配が急な薄い流体の層」が存在します。

伝熱の検討に重要な無次元数

この層を**温度境界層**（Thermal boundary layer）といいます。温度境界層も速度境界層と同じように、流れに沿って発達して厚くなっていきます。速度境界層は、運動量の拡散に関係することから、その流体の動粘性係数νに支配されます。これに対して、温度境界層は熱の拡散に関するので、熱拡散率κに支配されます。

したがって、温度境界層の厚さは、速度境界層と同じとは限りません。νとκは同じ単位を持っており、この両者の比で表される無次元数Prを**プラントル数**（Prandtl number）といいます。これは流体の種類によって定まる定数で、伝熱問題の検討に重要な無次元数です。

$$Pr = \frac{\nu}{\kappa} \tag{5-9}$$

参考として、代表的なプラントル数を**図5-4-1**に示します。

プラントル数

プラントル数は、熱拡散と運動量の拡散を比較する意味を持ち、流体の種類によって定まる定数。

代表的なプラントル数の値（図5-4-1）

流体の種類	温度（℃）	プラントル数 Pr
水	20	7.11
	60	3.02
	100	1.76
アンモニア（NH_3）	−30	2.15
	0	2.05
スピンドル油	20	168
	60	59.4
液体ナトリウム	300	0.006
空気	0	0.72
	100	0.70
飽和水蒸気	100	1.09
炭酸ガス	0	0.78

温度境界層と速度境界層の関係

液体ナトリウムのような液体金属は$Pr \ll 1$であり、**図5-4-2**に示すように、速度境界層に比べて温度境界層が厚くなっています。したがって、この場合の熱伝達には、速度境界層の外側の一般流領域が大きく影響を及ぼすことになります。

これに対して、スピンドル油のような$Pr \gg 1$の流体では、温度境界層は速度境界層に比べて薄くなり、この場合の熱伝達は、壁面に極めて近い部分の流れの状態に大きく影響を受けることになります。

温度境界層と速度境界層の関係（図5-4-2）

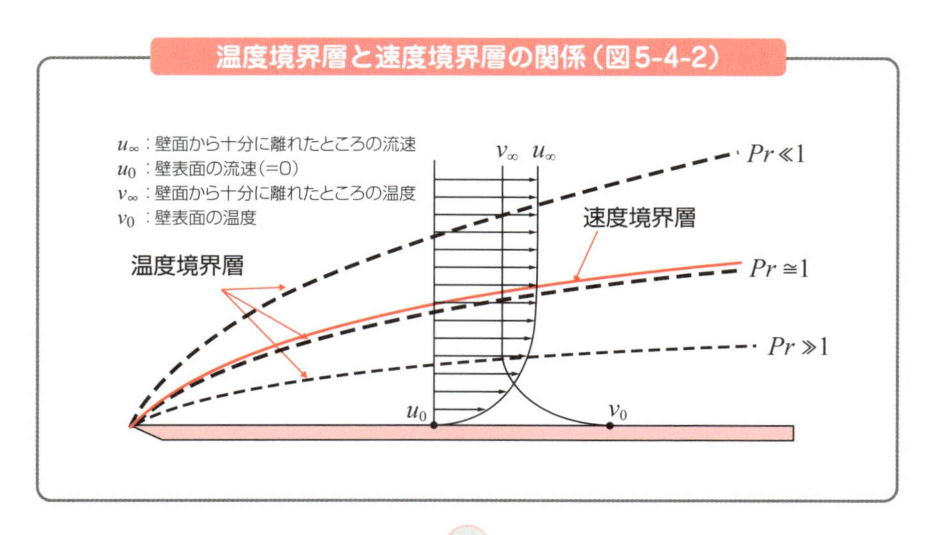

5-5 流体の種類

気体や水、油などの普通の液体は、ニュートンの粘性の式に従うニュートン流体と見なすことができます。

非ニュートン流体

ニュートンの粘性の式に従わない流体は、**非ニュートン流体**といいます。非ニュートン流体には、例えば、固液二相流やプラスティック、アスファルトなどの流れがあります。工業上は、ニュートン流体も非ニュートン流体もよく利用されます。

非ニュートン流体の粘性係数は、温度や圧力が一定であっても一定ではなく、速度勾配やせん断応力によって変わり、流体の性質も異なります。通常は大きく3種類に分けることができます（下図参照）。

流体の分類（図5-5-1）

・**ニュートン流体**：ニュートンの粘性の式に従う流体（気体や水、油などの液体）

・**非ニュートン流体**：ニュートン流体以外の流体（固液二相流、プラスティック、アスファルトなど）

（大きく3つに分類される）

1. 純粘性流体：速度勾配がせん断応力のみの関数
　①ビンガム流体…………スラリー、ペースト状のもの
　②擬塑性流体……………ゴム、のりなどの高分子溶液、マヨネーズ、紙パルプと水の混合液
　③ダイラタント流体………固体含有量の多い塗料、印刷インク、湿った砂、色素と溶剤の懸濁液、アラビアゴム水溶液

2. 時間依存性流体：速度勾配がせん断応力とせん断応力作用時間に依存
　①チクソトロピック流体…塗料、ケチャップ、蜂蜜、ゼラチン溶液
　②レオペクチック流体……ベントナイトの懸濁液、石こうの懸濁液
　…..

3. 粘弾性流体：粘性のほかに弾性も持っている
　生ゴム、ナイロン、ゼリー、小麦粉を練った生パン

5-6 フィンの設計

固体と流体間、特に固体と気体の間の熱伝達率は一般に小さいため、この間で熱の授受を行う場合は、伝熱面積を大きくする必要があります。

面積が大きければ多くの熱移動が可能

冷蔵庫の機構に含まれる熱交換器のフィンを図に示します。放熱や吸熱など、熱の移動にはしかるべき面積が必要です。そして、この面積が大きければ大きいほど、多くの熱移動が可能となります。

しかしながら実際には、装置や機器の大きさに制約されて、必要な伝熱面積を確保できないこともあります。そういった場合に取り付けられるのが、一般に**フィン**(Fin)といわれる**拡大伝熱面**(Extended surface)です。

フィンの例（図5-6-1）

薄い等厚長方形フィンの放熱量を求める

厚さ2[mm]、幅100[mm]、長さ60[mm]のアルミニウム長方形フィンについて考えてみましょう（図参照）。フィンの根元は温度300[°C]の壁に取り付けられていて、周辺の空気の温度は20[°C]とし、自然対流で放熱するものとします。

このときのアルミニウムの熱伝達率116[W/m^{2}K]、熱伝導率203[W/mK]とし、フィン同士の干渉はないものとして、以下、このフィンの放熱量を求めていきます。

薄い等厚長方形フィン（図5-6-2）

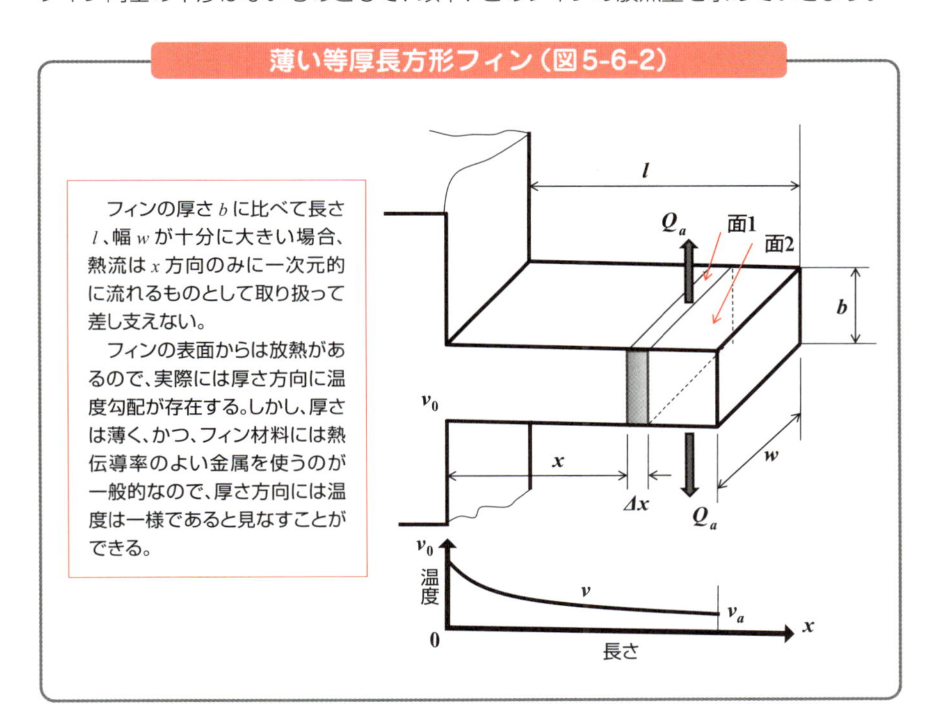

フィンの厚さbに比べて、長さl、幅wが十分に大きい場合、熱流は図中のx方向のみに一次元的に流れると考えることができます。

また、厚さが薄いフィンの場合、厚さ方向の温度は、一様であると見なすことができます。その理由ですが、フィンの表面からは放熱があるので、実際にはフィンの厚さ方向に温度勾配が存在します。しかしながら、厚さは薄く、かつ、フィン材料には熱伝導率のよい金属を使うのがふつうですので、温度勾配もごくわずかとなるからです。

ここで、Δxの微小長さの熱のつり合いを考えます。図の面1から入る熱量Q_1は、式(5-3)から次のようになります。

$$Q_1 = -\lambda \frac{dv}{dx} bw \tag{5-10}$$

面2の温度は、面1よりもΔx離れた位置での温度になるので、面2から出る熱量Q_2は、ΔQの熱量だけ変わります。よって、次のようになります。

$$Q_2 = Q_1 + \Delta Q$$

$$= -\lambda \frac{dv}{dx} bw - \frac{d}{dx}\left(\lambda \frac{dv}{dx} bw\right)\Delta x \tag{5-11}$$

また、面1と面2の間の周囲面から外部に放出される熱量Q_aは、次のようになります。

$$Q_a = 2\alpha(v - v_a)(w + b)\Delta x \tag{5-12}$$

v_a[K]：外部気体の温度
λ[W/mK]：フィン材料の熱伝導率
α[W/m^{2}K]：表面の熱伝達率

$$Q_2 = Q_1 + Q_a$$

であるので、式(5-11)から次のようになります。

$$\frac{d}{dx}\left(\lambda \frac{dv}{dx} bw\right)\Delta x - 2\alpha(w + b)(v - v_a)\Delta x = 0 \tag{5-13}$$

式(5-13)は、フィン断面積bwがxに沿って変化する場合にも、適用することができます。ここで、$v - v_a = V$とおくと、式(5-13)は、次のようになります。

$$\frac{d^2V}{dx^2} - \frac{2\alpha(w + b)}{\lambda bw} V = 0 \tag{5-14}$$

境界条件：

$x = 0$のとき、$V = v_0 - v_a$

$x = l$のとき、$\dfrac{dV}{dx} = 0$（フィンの先端から放熱がない）

以上より、式(5-14)を解くと、解は次のようになります。

$$\frac{v - v_a}{v_0 - v_a} = \frac{e^{n(l-x)} + e^{-n(l-x)}}{e^{nl} + e^{-nl}} = \frac{\cosh n(l-x)}{\cosh nl} \tag{5-15}$$

ただし、

$$n = \sqrt{\frac{2\alpha(w+b)}{\lambda bw}}$$

よって、このフィンからの放熱量Q[W]は、次のようになります。

$$Q = -\lambda\left(\frac{dv}{dx}\right)_{x=0} bw = \int_0^l 2\alpha(v - v_a)(w+b)dx$$

$$= (v_0 - v_a)\sqrt{2\alpha\lambda bw(b+w)} \cdot \tanh nl \tag{5-16}$$

式(5-16)に諸値を入れれば、放熱量$Q = 245.7$[W]を算出することができます。

フィンの役割

熱移動を大きくするためには、伝熱面積を大きくする必要がある。**フィン**は、そのために取り付けられる拡大伝熱面である。

放熱の効果

このフィンを付けることで、付けなかったときに比べて放熱の効果がどれくらい上がったのでしょうか。その検討に用いる指標にフィン有効係数やフィン効率があります。

フィンを付けない場合の放熱量Q_0と、付けた場合の放熱量Qとの比をεとすると、εは次のように表されます。

$$\varepsilon = \frac{Q}{Q_0} = \frac{\lambda}{\alpha} n \tanh nl \tag{5-17}$$

このようなεを**フィン有効係数**といい、フィンを付けたことにより移動熱量がε倍に増加したことを示します。また、**フィン効率**ηは次のように定義されます。

$$\eta = \frac{[\text{フィンの放熱量}]}{[\text{フィン全体が根元の温度になった場合の放熱量}]}$$

$$= \frac{\int \alpha v dA}{\alpha v_0 A_f} = \frac{\int v dA}{v_0 A_f} \tag{5-18}$$

A：面積、A_f：フィン全面積

図5-6-2のような長方形フィンの場合は、次のようになります。

$$\eta = \frac{Q}{2\alpha(v_0 - v_a)(w+b)l} = \frac{\tanh nl}{nl} \tag{5-19}$$

よって、式(5-17)と式(5-19)を用いた計算の結果、フィン有効係数$\varepsilon = 37.8$、フィン効率$\eta = 0.62$を算出することができます。

5-7 熱交換器の種類

熱交換器は、機械の保護のための冷却用途のほか、温熱・冷熱の利用、冷暖房、冷凍、加熱などの目的で用いられます。

隔壁式熱交換器の分類

熱交換器は、流体と流体の間に固体の壁がある**隔壁式熱交換器**ならびに固体壁のない**直接接触熱交換器**に大別されます。**図5-7-2**に隔壁式熱交換器の分類表を示します。熱交換器は、用途や機能、取り扱う流体などにより、空気熱交換器、蒸発器、凝縮器、再生器など、いろいろな呼び方があります。

直接接触熱交換器は、水滴もしくは水膜と空気を接触させて水を冷却させる冷却塔（クーリングタワー）、水蒸気中に冷水を注入して蒸気を凝縮させる**バロメトリックコンデンサ**などが、工業的に実用化されています。

化学プラントの熱交換器（図5-7-1）

隔壁式熱交換器の分類（図5-7-2）

流体Aの流路	流体Bの流路		形式／用途	構成／用途
円管	円管		２重管熱交換器 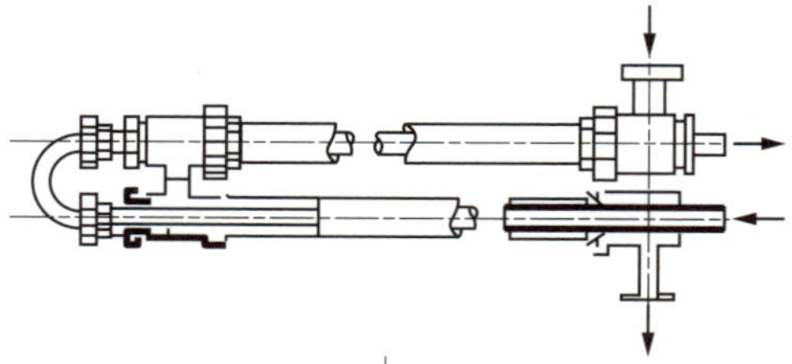	排熱回収ほか
	シェル		シェルアンドチューブ熱交換器 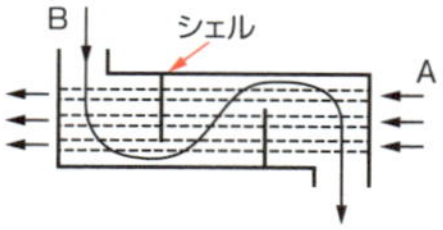	再生器、排熱回収、冷凍機、化学プラント、LNG気化器、高温ガス炉蒸気発生器ほか 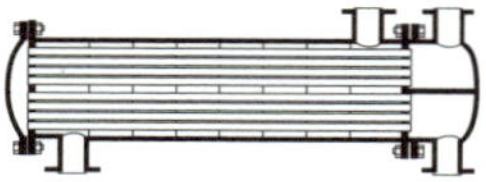
	管列の間	裸管	管熱交換器	オイルヒータほか
		円周フィン付管	フィン付管熱交換器 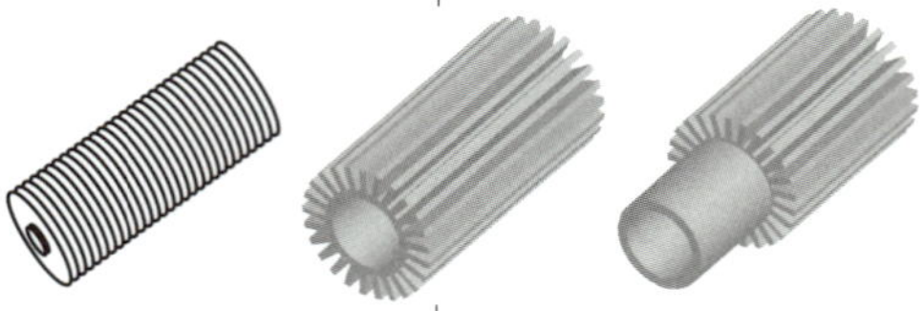	化学プラントクーラ
		プレートフィン＋管	フィン・アンド・チューブ熱交換器 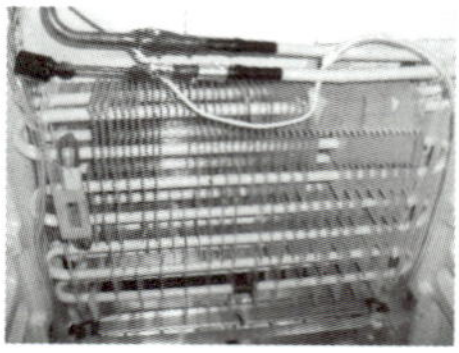	冷凍機、空調機ほか 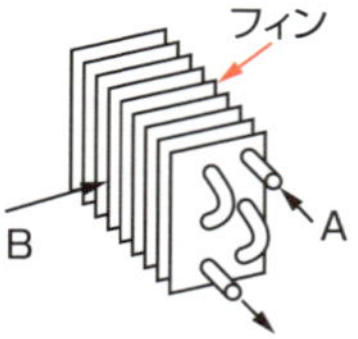

流体Aの流路	流体Bの流路	形式／用途	構成／用途
扁平矩形管	フィン列	コルゲートフィン熱交換器	自動車用ラジエタ、空調機ほか 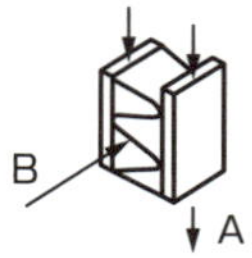 B A
平行平板	平行平板	プレート式熱交換器 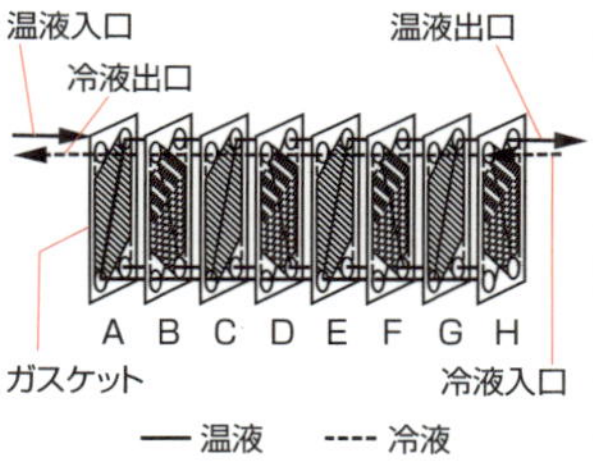 温液入口 冷液出口 温液出口 A B C D E F G H ガスケット 冷液入口 ― 温液 ---- 冷液	オイルクーラ、水クーラ、排熱回収ほか 
平板＋フィン列	平板＋フィン列	コンパクト熱交換器	エアクーラほか 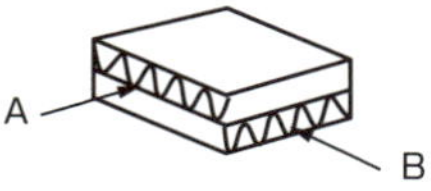 A B
マトリックス	マトリックス	蓄熱式熱交換器	再生器ほか 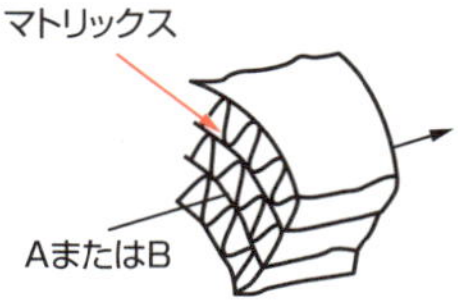 マトリックス AまたはB
		全熱交換器	

並流と向流

2つの流体間で熱交換を行う場合、高温流体と低温流体の流れの方向により並流型と向流型の熱交換器を考えることができます。**図5-7-3**に示した2重管熱交換器の例のように、2つの流体の流れの方向が同じである熱交換器を**並流型熱交換器**、流れの方向が逆向きの熱交換器を**向流型熱交換器**といいます。

一般的に、向流型の方が熱交換器内の流体間の平均温度差を大きくとることが可能で、有利になります。しかし、流体の種類やその特性、熱交換器の設置条件などにより、実際には向流型と並流型を使い分けるようにしています。

並流と向流(図5-7-3)

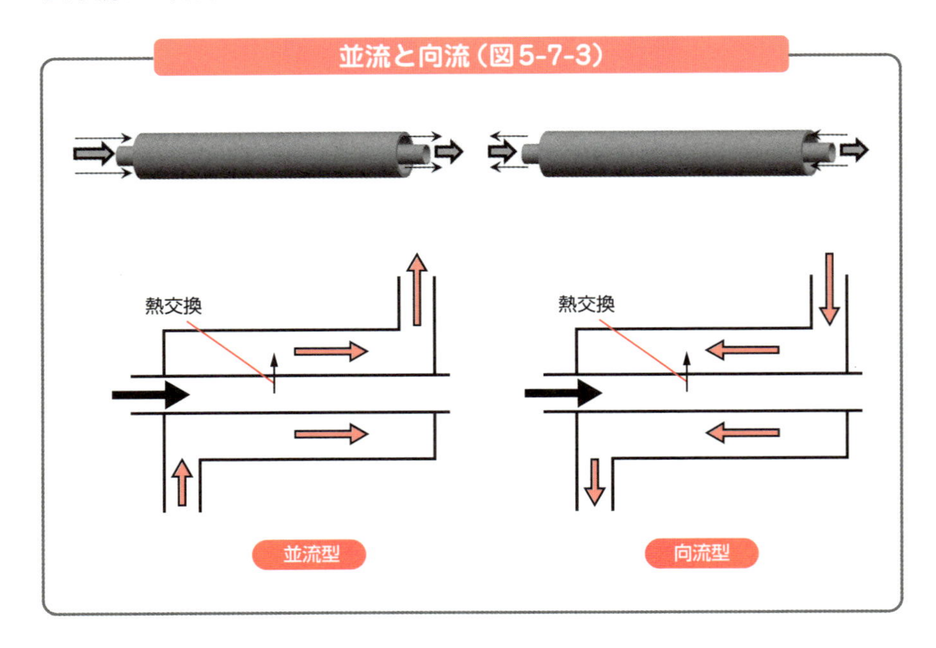

対数平均温度差

熱交換器内部において、2つの流体間の温度差は、通常は熱交換器の高温端と低温端とで異なっています。そして、流れの方向に沿って、位置ごとに異なっています。

したがって、交換熱量の計算に際しては、流体間温度差をどのようにとるかが問題となります。**図5-7-4**に示すように、温液・冷液ともに熱交換器内部では、温度変化が一定のペースで進むとは限らないのです。

そこで、流体間の温度差としては、一般に次に示す**対数平均温度差**ΔT_{lm}(LMTD：Logarithmic Mean Temperature Difference)を用います。

$$[\Delta T_{lm}] = \frac{\Delta V_2 - \Delta V_1}{\ln \dfrac{\Delta V_2}{\Delta V_1}} \qquad (5\text{-}20)$$

ΔV_1：熱交換器の高温端での流体間温度差、

ΔV_2：熱交換器の低温端での流体間温度差

熱交換器内部の温度差(図5-7-4)

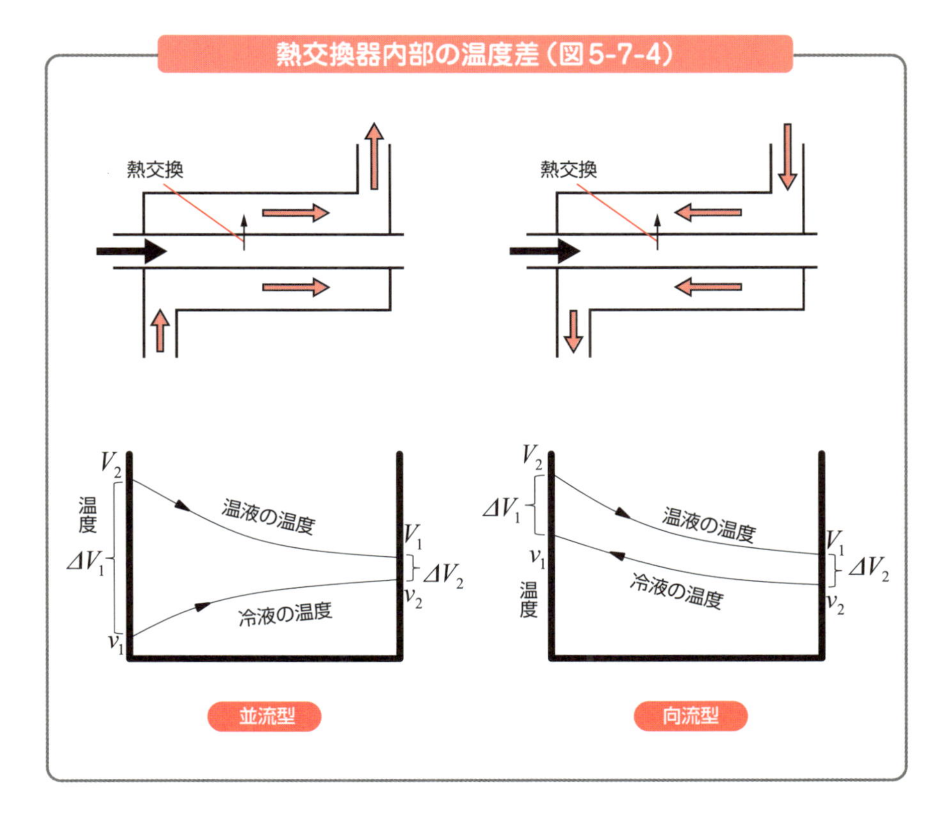

汚れ係数

熱交換器は、ある一定期間連続使用すると、泥分やスケール（水垢（みずあか）の一種）が管の内面に付着し、所望の性能が得られなくなってしまいます。設計では、この汚れについて考慮しておく必要があるでしょう。

汚れよる影響は、汚れがないときの総括熱抵抗である熱通過率Kについて、さらに2つの抵抗を付け加えることにより考慮します。通常は、設計に際して、泥分やスケールの付着を予測して、**汚れ係数**（Fouling Factor または Resistance）を付加します。

図に、2重管熱交換器の断面を示します。2つの抵抗は、内管液の内管壁における汚れ係数と円環液の内管外壁における汚れ係数です。

汚れ係数（図5-7-5）

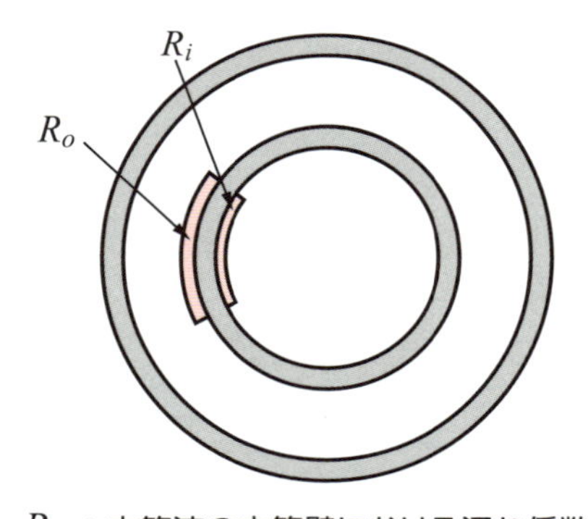

R_i ：内管液の内管壁における汚れ係数

R_o ：円環液の内管外壁における汚れ係数

熱交換器の交換熱量を求める

熱交換器の交換熱量Qは、次式によって求めることができます。

$$Q = KA[\varDelta T_{lm}] \qquad \varDelta T_{lm}：\text{LMTD} \quad (5\text{-}21)$$

K：熱通過率［W/m^{2}K］、A：伝熱面積［m^2］

ここで、汚れ係数を考慮した管の熱通過率K（外表面基準）は、次のようになります。

$$K = \frac{1}{\dfrac{1}{\alpha_o} + R_o + \dfrac{d}{\lambda} + R_i\left(\dfrac{F_o}{F_i}\right) + \dfrac{1}{\alpha_i}\left(\dfrac{F_o}{F_i}\right)} \quad [\mathrm{W/m^2K}] \qquad (5\text{-}22)$$

$\alpha_i,\ \alpha_o$：内外熱伝達率 [W/m²K]

R_i, R_o：内外汚れ係数 [m²K/W]

$\dfrac{F_o}{F_i}$：内外表面積比

なお、管の肉厚が小さいときは、式(5-22)の中のd/λは無視することができます。また、$F_o/F_i=1$と見なすことができます。

管内の汚れは、流体の性質、温度や流速、熱交換器の材質や表面の性状などにより大きく変化します。したがって、熱交換器の設計に際しては、経験的な汚れ状況把握と清掃の周期を勘案する必要があります。設計に際しては、**図5-7-6～7**のような資料を参考にするとよいでしょう。

各種流体の汚れ係数（図5-7-6）

流体名	汚れ係数	流体名	汚れ係数
ガスおよび蒸気		油	
機関排気	0.0018	燃料油	0.0009
蒸気（油を含まず）	0.00009	変圧器油	0.00018
廃蒸気（油を含む）	0.00018	機関潤滑油	0.00018
冷媒蒸気（油を含む）	0.00035	焼入油	0.0007
圧縮空気	0.00035	油圧用圧力油	0.00018
工業用有機熱媒体	0.00018	ガソリン	0.00018
液体		石油	0.00018
液冷媒	0.00018	植物油	0.00053
工業用有機熱媒体	0.00018	ガス	
伝熱用溶融塩	0.00009	天然ガス	0.00018

水の汚れ係数（図5-7-7）

加熱流体温度	115℃以下		115～205℃	
水の温度	50℃以下		50℃以上	
水速	0.9m/s以下	0.9m/s以上	0.9m/s以下	0.9m/s以上
蒸留水	0.00009	0.00009	0.00009	0.00009
(半)塩水	0.00035	0.00018	0.00053	0.00035
海水	0.00009	0.00009	0.00018	0.00018
冷却塔または噴霧池水				
処理水	0.00018	0.00018	0.00035	0.00035
不処理水	0.00053	0.00053	0.0009	0.0007
水道水、井水、大きな湖水	0.00018	0.00018	0.00035	0.00035
河水				
最小値	0.00035	0.00018	0.00053	0.00035
平均値	0.00053	0.00035	0.0007	0.00053
泥を含んだ水	0.00053	0.00035	0.0007	0.00053
硬水（250ppm以上）	0.00053	0.00053	0.0009	0.0009
エンジンジャケット	0.00018	0.00018	0.00018	0.00018
軟化ボイラ給水	0.00018	0.00009	0.00018	0.00018
ボイラブローダウン水	0.00035	0.00035	0.00035	0.00035

5-8 2重管熱交換器の設計

2重管熱交換器を例にとり、熱交換器の設計について整理してみましょう。

2重管熱交換器の設計手順

熱交換器を設計する際に設計条件として与えられるものは、「交換熱量」「熱媒体である流体の種類」「高温側流体の入口温度と出口温度」「低温側流体の入口温度と出口温度」です。これらすべて、あるいはいくつかが、設計条件として要求されます。

また、各流体の両方あるいは一方において、熱交換器中における許容圧力損失の上限値が与えられることが一般的です。さらに、汚れ係数や伝熱固体壁の材質、メンテナンスの頻度、許容される生産コストなどが指示されることもあります。2重管熱交換器のおおよその設計手順を**図5-8-1**に示しました。

まず、2つの流体のどちらを円環中に流通させ、どちらを円管に流通させるかを決めます。これは、流路断面積の大小などにより定めていきます。また、高温側流体と低温側流体について、両者の圧力損失の許容値を等しくするためには、質量流量をできる限り等しくし、両流体の圧力損失がほぼ等しくなるようにします。

手順1 熱平衡を検討する。

高温側流体の温度V_1、V_2および低温側流体v_1、v_2の温度を用いて、熱平衡Qを検討します。

$$Q = \dot{M}\,C\left(V_1 - V_2\right) = \dot{m}\,c\left(v_2 - v_1\right) \tag{5-23}$$

$\dot{M}$：高温側流体の質量流量[kg/s]、C：高温側流体の比熱[J/(kg·s)]
$\dot{m}$：低温側流体の質量流量[kg/s]、c：低温側流体の比熱[J/(kg·s)]

ここで比熱は、次式のとおり、熱的温度による比熱を用います。

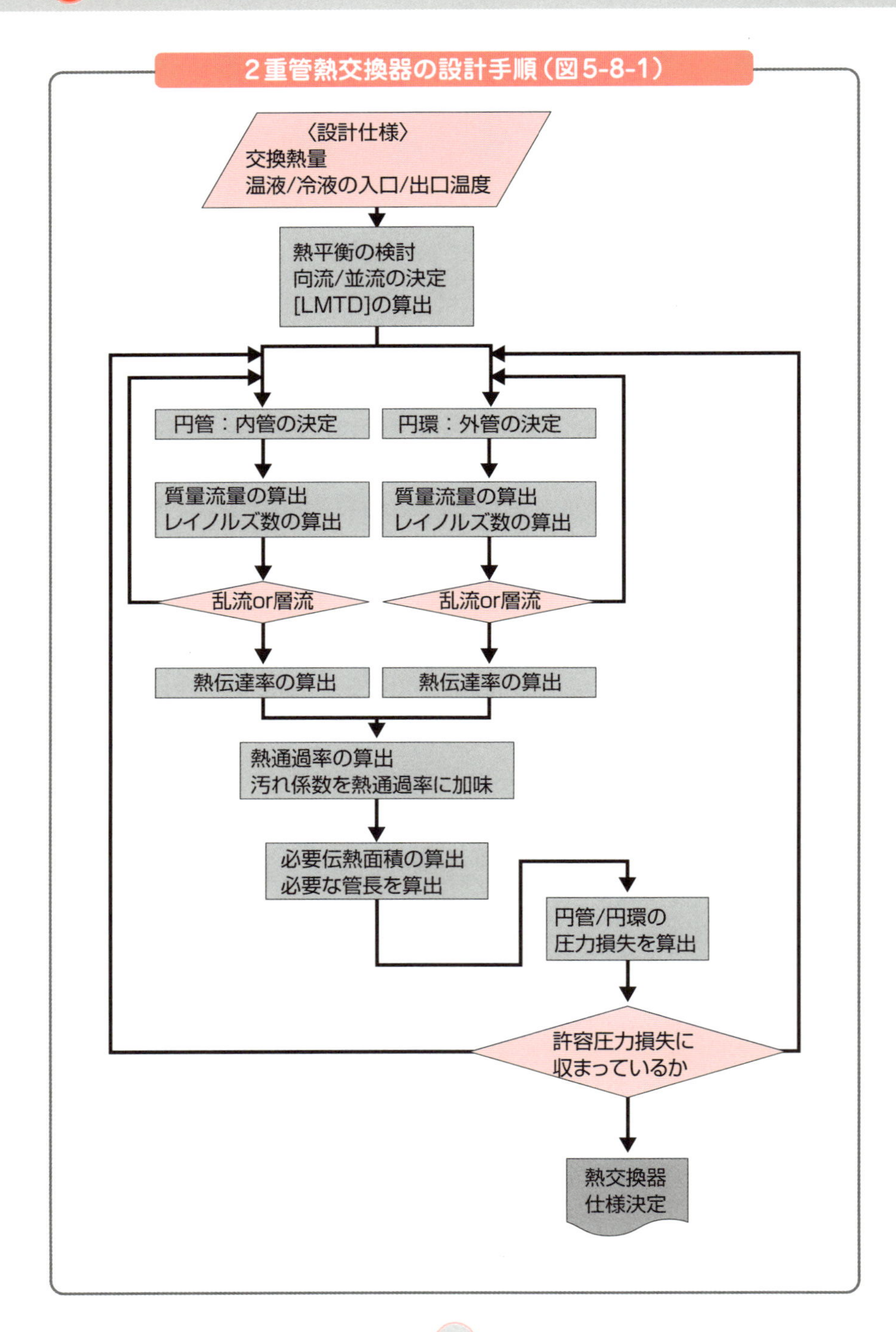
2重管熱交換器の設計手順（図5-8-1）
〈設計仕様〉
交換熱量
温液/冷液の入口/出口温度
熱平衡の検討
向流/並流の決定
[LMTD]の算出
円管：内管の決定
円環：外管の決定
質量流量の算出
レイノルズ数の算出
質量流量の算出
レイノルズ数の算出
乱流or層流
乱流or層流
熱伝達率の算出
熱伝達率の算出
熱通過率の算出
汚れ係数を熱通過率に加味
必要伝熱面積の算出
必要な管長を算出
円管/円環の
圧力損失を算出
許容圧力損失に
収まっているか
熱交換器
仕様決定

$$V_{mean} = \frac{V_1 + V_2}{2}, \quad v_{mean} = \frac{v_1 + v_2}{2}$$

各種物性値を引用する際に用いる熱的温度について、以下の場合には上記平均値を用いてもよいでしょう。

①低温端の粘性が小さいとき
②温度範囲が小さいとき
③高温端・低温端の温度差が小さいとき
④管内が層流であるとき

手順2 向流か並流かを定め、[LMTD]を算出する。

手順3 内管(円管)に用いる管を仮に選定し、そこから流路断面積を求める。

管はJIS規格により、用途に応じた材質の管を選定するようにします。鋼管の寸法の一覧(JIS G 3452より)を**図5-8-2**に示しました。このような規格品の中から選定すれば、材料調達がスムーズにできるでしょう。

手順4 管内流体の質量流量を求める。

手順5 レイノルズ数を求める。このとき、管内流れが層流か乱流かを確認し、必要に応じて手順3に戻り、管の選定をやり直す。

手順6 熱伝達率を求める。乱流あるいは層流の実験式などから算出する。

手順7 外管に用いる管を仮に選定し、そこから流路断面積を求める。

このとき、熱の授受に対する相当直径(Equivalent Diameter)を算出します。

相当直径とは、流体が「円環(Annulus)のような断面が円形ではない流路」を流れるときに、「熱授受係数や摩擦係数を円管の場合と同様に表す」目的で想定する円管の直径のことです。次のように算出されます。

$$[\text{相当直径}] = 4 \times \frac{[\text{流路断面積}]}{[\text{湿り周辺の長さ}]} \qquad (5\text{-}24)$$

鋼管の代表的な寸法（図5-8-2）

呼び径		外径 mm	厚さ mm
A	B		
6	1/8	10.5	2.0
8	1/4	13.8	2.3
10	3/8	17.3	2.3
15	1/2	21.7	2.8
20	3/4	27.2	2.8
25	1	34.0	3.2
32	1 ¼	42.7	3.5
40	1 ½	48.6	3.5
50	2	60.5	3.8
65	2 ½	76.3	4.2
80	3	89.1	4.2
90	3 ½	101.6	4.2
100	4	114.3	4.5
125	5	139.8	4.5
150	6	165.2	5.0
175	7	190.7	5.3
200	8	216.3	5.8
225	9	241.8	6.2
250	10	267.4	6.6
300	12	318.5	6.9
350	14	355.6	7.9
400	16	406.4	7.9
450	18	457.2	7.9
500	20	508.0	7.9

ここで湿り周辺長さ（Wetted Perimeter）は、「熱の授受に関する長さ」と「圧力損失を計算するときの長さ」では異なります。これは、圧力損失を計算する際には、外管内面の抵抗のみではなく、内管外面の影響も受けるためです。よって、相当直径は次のようになります。

●熱の授受に関する相当直径

熱の授受に関する相当直径は、次の式から求めます。

$$D_e = 4 \times \frac{\frac{\pi}{4}\left(D_2{}^2 - D_1{}^2\right)}{\pi D_1}$$

$$\therefore \quad D_e = \frac{D_2{}^2 - D_1{}^2}{D_1} \qquad (5\text{-}25)$$

D_e：相当直径

D_1：内管の外径

D_2：外管の内径

●圧力損失に関する相当直径

圧力損失に関する相当直径は、次の式から求めます。

$$D_e = 4 \times \frac{\frac{\pi}{4}\left(D_2{}^2 - D_1{}^2\right)}{\pi\left(D_2 + D_1\right)}$$

$$\therefore \quad D_e = D_2 - D_1 \qquad (5\text{-}26)$$

手順8　円環内の流体の質量流量を求める。

手順9　レイノルズ数を求める。このとき、円環内流れが層流か乱流かを確認し、必要に応じて手順７に戻り、管の選定をやり直す。

手順10　熱伝達率を求める。乱流あるいは層流の実験式などから算出する。

手順11　熱通過率を求め、汚れ係数を加味する。

手順12　伝熱面積を求め、これより必要な管長を算出する。

手順13　円管・円環の双方の圧力損失を算出する。

円環に用いる相当直径は「圧力損失に関する相当直径」とします。圧力損失は、ベンドやバルブなど、管継手の影響もできる限り含めるようにします。算出された圧力損失が所望の許容値を超えている場合は、手順3に戻り、内管の選定から再検討します。

直径dの水平円管において、管軸方向に速度方向が変わらない十分発達した定常流を考えます。このときの管の長さlにおける摩擦による圧力損失p_{loss}は、ダルシーワイスバッハの式より次のように表されます。

$$p_{loss} = \mu \frac{l}{d} \frac{\rho u^2}{2} \tag{5-27}$$

μ：管摩擦係数、l：管の長さ[m]、d：管の内径[m]、
ρ：流体の密度[kg/m^3]、u：流体の平均速度[m/s]

管摩擦係数μは、一般にレイノルズ数と管壁の粗さの関数で、次のように表されます。

$$\mu = f\left(Re, \frac{\varepsilon}{d} \right) \tag{5-28}$$

ε[m]：管壁における不規則突起の平均高さ
ε/d：相対粗さ

管摩擦係数に与えるレイノルズ数と相対粗さの影響は、流れ場や管壁の状態により変わり、一般に次に示す範囲で実験式により求めることができます。**図5-8-3**に示すようになります。

●層流の管摩擦係数

管摩擦係数μは、ε/dにほとんど関係なく、次のようになります。

$$\mu = \frac{64}{Re} \tag{5-29}$$

管壁の粗さ（図5-8-3）

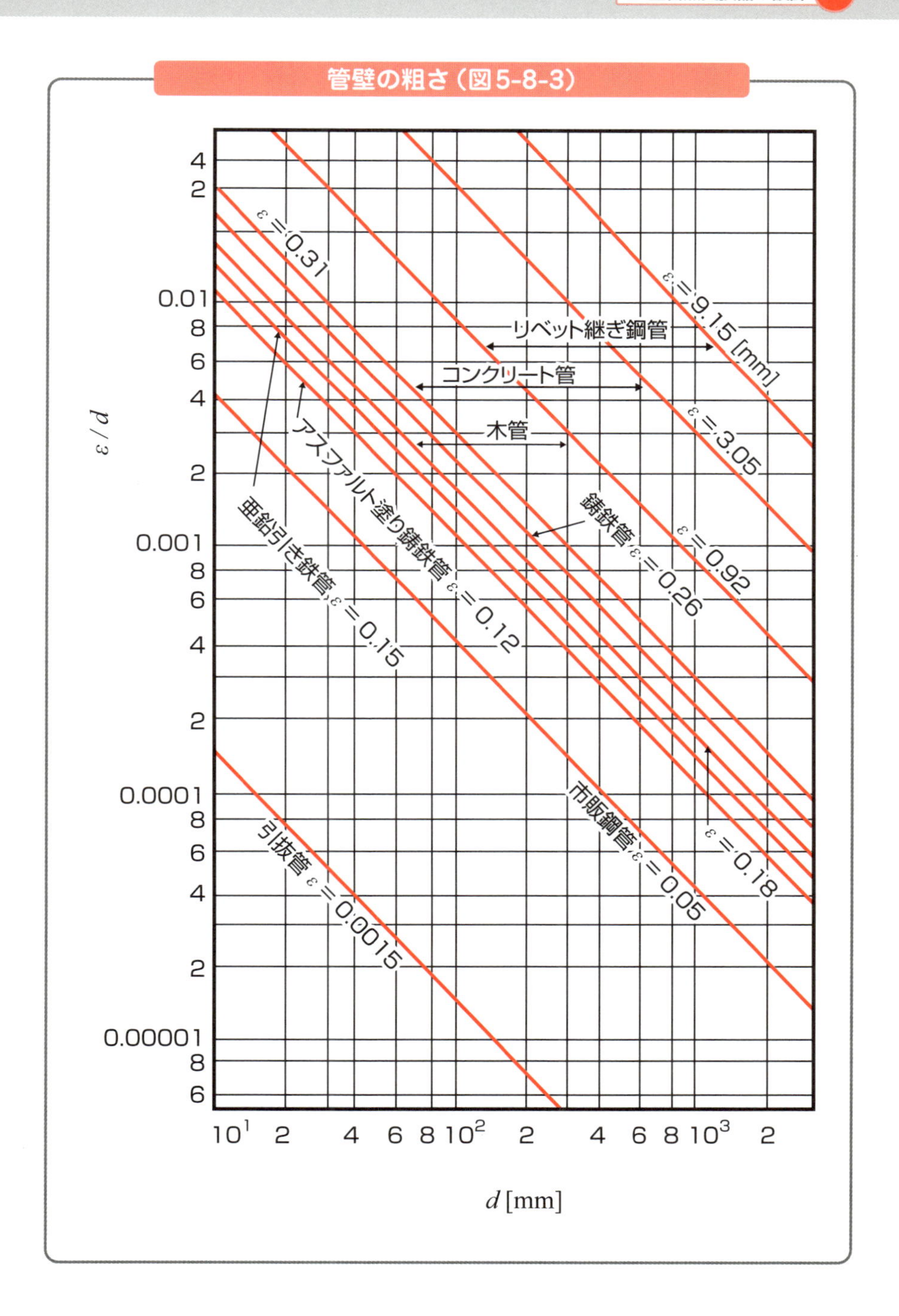
ε = 0.31
ε = 9.15 [mm]
リベット継ぎ鋼管
コンクリート管
木管
ε = 3.05
アスファルト塗り鋳鉄管 ε = 0.12
亜鉛引き鉄管 ε = 0.15
鋳鉄管 ε = 0.26
ε = 0.92
市販鋼管 ε = 0.05
ε = 0.18
引抜管 ε = 0.0015
ε / d
d [mm]
0.01
0.001
0.0001
0.00001

●乱流の管摩擦係数

・粘性底層*の厚さ $\delta' > 1.7\varepsilon$ の場合

管壁の突起は、この層内に完全に覆われて流体力学的には滑らかです。この領域では、管摩擦係数μは、Reには影響されますが、ε/d には無関係となります。以下にいくつかの実験式を示します。

ブラジウスの式

$$\mu = \frac{0.3164}{Re^{1/4}} \quad (Reの値が3\times10^3\sim10^5のとき) \tag{5-30}$$

ニクラウゼの式

$$\mu = 0.0032 + \frac{0.221}{Re^{0.237}} \quad (Reの値が10^5\sim3\times10^6のとき) \tag{5-31}$$

カルマン-ニクラウゼの式

$$\mu = \frac{1}{\left\{2\ln\left(Re\sqrt{\mu}\right) - 0.8\right\}^2} \quad (Reの値が3\times10^3\sim3\times10^6のとき) \tag{5-32}$$

・粘性底層の厚さ $\delta' < 0.08\varepsilon$ の場合

この領域では粗いと見なすことができ、管摩擦係数μは ε/d には影響されます。しかし、Reには無関係となります。

カルマンの式

$$\mu = \frac{1}{\left\{1.14 - 2\ln\left(\varepsilon/d\right)\right\}^2} \tag{5-33}$$

* **粘性底層**　乱流の壁面ごく近傍の薄層で、粘性のみに影響される領域のこと。

• **粘性底層の厚さ $0.08\varepsilon < \delta' < 1.7\varepsilon$ の場合**

この領域は、滑らかでも粗くもない遷移領域です。次の実験式が知られています。

コールブルークの式

$$\frac{1}{\sqrt{\mu}} = -2\ln\left(\frac{\varepsilon/d}{3.71} + \frac{2.51}{Re\sqrt{\mu}}\right) \tag{5-34}$$

手順14 管の全長は、しかるべき長さの管とその本数に整理し、必要な管継手などをとりまとめる。

COLUMN ポンプと圧縮機（流動損失を補う機械）

流体とそれを流す管の間は摩擦が生じます。管路が長くなったり、管壁が粗かったり、ヘアピン（U字形の管継手）があると、損失エネルギーが大きくなり、ついには流れなくなってしまいます。

そこで、流動損失を補い流体を昇圧させるのが、ポンプや圧縮機です。**ポンプ**や**圧縮機**は、大きく分けると**容積式**と**遠心式**があります。

方式		ポンプ	圧縮機
容積式	往復式	プランジャポンプ	レシプロ圧縮機
	回転式	ギアポンプ	ロータリ（ローリングピストン） スクロール ヘリカルブレード スクリュー ベーン
遠心式		渦巻きポンプ	ターボ圧縮機 軸流圧縮機

5-9 2重管熱交換器の設計計算

温液にトルエンを用いて、冷液のベンゼンを25[℃]から50[℃]に加熱する2重管熱交換器を設計します。

設計計算の手順

トルエンは、70[°C]から38[°C]程度に冷却されるものとします。ベンゼンの質量流量は1.2[kg/s]とします。また、各液に対して汚れ係数は0.001とし、各液の圧力損失の許容値は共に0.1[MPa]以下とします。

手順1 熱平衡を検討する。

ベンゼンの温度範囲は50−25=25[K]と小さいので、熱的温度v_{mean}は次のように単純平均で求めます。

$$v_{mean} = \frac{25+50}{2} = 37.5[°C]$$

これより、ベンゼンの比熱cを調べると、

$$c = 1.757\times10^{3}[J/(kg\cdot K)]$$

となります。ベンゼンの受熱量Qは、熱損失がないものとすると、次のようになります。

$$Q = 1.2\times1.757\times10^{3}\times(50-25) = 52.7\times10^{3}[W]$$

トルエンの温度範囲は70−38=32[K]と同じく小さいので、同様に熱的温度V_{mean}は次のように求められます。

$$V_{mean} = \frac{70+38}{2} = 54.0[°C]$$

これより、比熱を調べると次のようになります。

$$c = 1.815 \times 10^3 [J/(kg \cdot K)]$$

常圧下のトルエンとベンゼンの物性値（図5-9-1）

	温度	密度	定圧比熱	粘性係数	動粘度	熱伝導率	プラントル数
	K	kg/m³	kJ/(kg·K)	μPa·s	mm²/s	mW/(m·K)	—
トルエン $C_6H_5 \cdot CH_3$	260	897.5	1.602	948.7	1.057	141.6	10.73
	280	883.8	1.661	698.3	0.790	135.7	8.55
	300	860.4	1.724	539.5	0.627	129.9	7.16
	320	841.7	1.791	431.9	0.513	124.1	6.23
	340	822.6	1.859	355.2	0.432	118.3	5.58
	360	803.0	1.928	298.0	0.371	112.4	5.11
ベンゼン C_6H_6	300	859.8	1.730	588.0	0.667	144.0	7.06
	320	837.5	1.780	452.0	0.526	139.0	5.79
	340	815.0	1.840	365.0	0.436	134.0	5.01
	360	791.8	1.910	300.0	0.369	129.0	4.45

手順2 向流として対数平均温度差[LMTD]を求める。

温液の温度		冷液の温度	温度差
$V_1 = 70$ [°C]	高温側	$v_2 = 50$ [°C]	$\Delta V_2 = V_1 - v_2 = 20$ [K]
$V_2 = 38$ [°C]	低温側	$v_1 = 25$ [°C]	$\Delta V_1 = V_2 - v_1 = 13$ [K]

ここで、対数平均温度差を算出します。

$$[\mathrm{LMTD}] = \frac{\Delta V_2 - \Delta V_1}{\ln \frac{\Delta V_2}{\Delta V_1}}$$

$$= 16.25 \ [K]$$

手順3 内管（円管）に用いる管を仮に選定し、流路断面積を求める。

内管には冷液であるベンゼンを流通させると仮定し、以下を進めていきます。管は代表的な鋼管の寸法（**図5-8-2**）より、A40（外径48.6、厚さ3.5）として仮選定します。

手順4 管内流体の質量流量を求める。

ベンゼンの質量流量$\dot{m}$は、設計要求から、

$$\dot{m} = 1.2[\mathrm{kg/s}]$$

です。

手順5 レイノルズ数Re_pを求める。

流路断面積a_pは次のとおり。

$$a_p = \frac{\pi(48.6 - 2 \times 3.5)^2}{4} \times 10^{-6}$$

$$= 1.36 \times 10^{-3}[\mathrm{m^2}]$$

レイノルズ数は式(2-17)より、

$$Re_p = \frac{ud\rho}{\mu} = \frac{ud}{\nu}$$

となります。ここで、

$$u = \frac{\dot{m}}{\rho a_p} = \frac{1.2}{847.9 \times 1.36 \times 10^{-3}}$$

$$=1.04[\mathrm{m/s}]$$

したがって、

$$Re_p = \frac{1.04 \times (48.6 - 2 \times 3.5) \times 10^{-3}}{0.592 \times 10^{-6}}$$

$$=7.308 \times 10^4$$

よって、これは乱流となります。乱流の熱伝達率は層流よりも大きくなるので、管の選定はこれでよいものとします。

手順6 熱伝達率を求める。

熱伝達率の算出にあたり、ヌセルト数を求める実験式が提案されています。ここでは、管内乱流熱伝達においてヌセルト数Nuを求める実験式として、以下に示すディッタス・ベルター(Dittus-Boelter)の式を用いることにします。

$$Nu = 0.023\, Re^{0.8} Pr^{n}$$

$n = 0.4$ 加熱のとき
$n = 0.3$ 冷却のとき

$$= 0.023 \times (7.308 \times 10^4)^{0.8} \times 6.38^{0.4}$$

$$=375.6$$

$Nu = d\dfrac{\alpha}{\lambda_f}$ であるので、

$$\alpha = Nu\frac{\lambda_f}{d} = 375.6\frac{0.141}{(48.5 - 2 \times 3.5) \times 10^{-3}} = 1.28 \times 10^3 [\mathrm{W/m^2K}]$$

α:熱伝達率、d:代表寸法(この場合は管直径)、λ_f:流体の熱伝導率

手順7 外管に用いる円環となる管を仮に選定し、そこから流路断面積を求める。

用いる管は、代表的な鋼管の寸法(**図5-8-2**)よりA65(外径76.3、厚さ4.2)と仮決定して進めます。熱の授受に関する相当直径は、次のようになります。

$$D_e = \frac{{D_2}^2 - {D_1}^2}{D_1}$$

$$= \frac{(76.3 - 2 \times 4.2)^2 - 48.5^2}{48.5} \times 10^{-3} = 46.6 \times 10^{-3} [\mathrm{m}]$$

D_e：相当直径

D_1：内管の外径

D_2：外管の内径

流路断面積a_cは、

$$a_c = \frac{\pi\left(46.6\times10^{-3}\right)^2}{4} = 1.70\times10^{-3}[\mathrm{m}^2]$$

手順8 円環内の流体の質量流量を求める。

トルエンの質量流量$\dot{M}$は、

$$\dot{M} = \frac{52.7\times10^3}{1.815\times10^3\times(70-38)} = 0.9[\mathrm{kg/s}]$$

となります。

手順9 トルエンのレイノルズ数Re_cを求める。

$$Re_c = \frac{ud\rho}{\mu} = \frac{ud}{\nu}$$

$$u = \frac{\dot{M}}{\rho a_c} = \frac{0.9}{834.9\times1.70\times10^{-3}}$$

$$= 0.63\ [\mathrm{m/s}]$$

したがって、

$$Re_c = \frac{0.63\times46.6\times10^{-3}}{0.484\times10^{-6}}$$

$$= 6.066\times10^4$$

よって、乱流となるので、管の選定はこれでよいものとします。

手順10 熱伝達率を求める。内管と同様に進める。

$$Nu = 0.023\,Re^{0.8}Pr^{0.3}$$

$$= 0.023 \times \left(6.066 \times 10^4\right)^{0.8} \times 6.00^{0.3}$$

$$=263.9$$

$$\alpha = Nu\frac{\lambda_f}{d} = 263.9\frac{0.122}{46.6 \times 10^{-3}} = 0.69 \times 10^3[\mathrm{W/m^2K}]$$

手順11 熱通過率Kを求め、汚れ係数を加味する。

各液に対して汚れ係数は0.001であるので、式(5-22)より次のようになります。

$$K = \frac{1}{\dfrac{1}{0.69 \times 10^3} + 0.001 + 0.001 + \dfrac{1}{1.28 \times 10^3}}$$

$$=236.4[\mathrm{W/m^2K}]$$

手順12 伝熱面積を求め、これより必要な管長を算出する。

必要な伝熱面積Aは、

$$Q = K \times A \times [\mathrm{LMTD}]$$

より、

$$A = \frac{52.7 \times 10^3}{236.4 \times 16.25} = 13.7[\mathrm{m^2}]$$

内管はA40(外径48.6、厚さ3.5)であるので、必要な管の長さは、

$$L = \frac{13.7}{(48.6 - 2 \times 3.5) \times 10^{-3} \times \pi} = 104.8[\mathrm{m}]$$

よって、5mの管が21本必要となります。

手順13 円管･円環の双方の圧力損失を算出し、規定範囲内であることを確認する。

●円管の圧力損失

管が滑らかであるとすると、式(5-30)より管摩擦係数μは次のようになります。

$$\mu = \frac{0.3164}{Re^{1/4}} = \frac{0.3164}{\left(7.308 \times 10^4\right)^{1/4}} = 0.019$$

よって、式(5-27)より、圧力損失は、

$$p_{loss} = 0.019 \frac{105}{(48.6 - 2 \times 3.5) \times 10^{-3}} \frac{847.9 \times 1.04^2}{2} = 0.022 \times 10^6 [\mathrm{MPa}]$$

●円環の圧力損失

管が滑らかであるとすると、式(5-30)より管摩擦係数μは次のようになります。

$$\mu = \frac{0.3164}{Re^{1/4}} = \frac{0.3164}{\left(6.066 \times 10^4\right)^{1/4}} = 0.020$$

圧力損失に関する相当直径は次のようになります。

$$D_e = \{(76.3 - 2 \times 4.2) - 48.6\} \times 10^{-3} = 19.3 \times 10^{-3} [\mathrm{m}]$$

よって、同様に圧力損失を求めると、

$$p_{loss} = 0.020 \frac{105}{19.3 \times 10^{-3}} \frac{834.9 \times 0.63^2}{2} = 0.018 \times 10^6 [\mathrm{MPa}]$$

となります。圧力損失は円管･円環ともに所望の範囲以内ですので、これでよいとします。

なお、実際の熱交換器の設計においては、定期的な清掃などのメンテナンスを考慮に入れ、さらに管接合部やエルボ（L字形）、ヘアピン（U字形）などの管継手による圧力損失を考慮する必要があります。

Chapter 6

機械設計と材料加工

　機械設計を進める上で、加工に関する基礎知識は必要不可欠です。新しい機械をつくろうとするとき、アイディアを絵にするだけでは、イラストレータあるいはいわゆるアートの世界のデザイナーの仕事になるでしょう。
　実際にものをつくり、アイディアを具現化するときには、「どのように加工するか」を考えておく必要があります。これを行うのがエンジニアであり、エンジニアリングデザインなのです。本章では、機械設計に必要な機械加工の基礎について解説します。

6-1 機械加工の種類と加工様式

機械工学の分野では、「切削、研削、せん断、鍛造、圧延などにより、金属や木材などの材料を有用な形にする機械」を**工作機械**と呼びます。また、このような工作機械を用いて加工することを**機械加工**といいます。

加工の種類と代表的な加工様式

機械加工には**図6-1-1**のような種類があります。その中で、主に旋盤など「回転する機械」を用いた代表的な加工様式を**図6-1-2**に示します。

機械加工の種類（図6-1-1）

加工の種類	概要と工作機械
切削	バイト、フライス、ドリルなどにより、切りくずを出しながら所要の形に削り上げる加工方法。
	旋盤、フライス盤、ボール盤、中ぐり盤、平削り盤、立削り盤、歯切り盤、のこ盤、ブローチ盤、木工機械など。
研削	砥石（といし）、砥粒（とりゅう）によって研削する加工方法。
	研削盤、ラップ盤、ホーニング盤、超仕上げ盤、つや出し盤など。
せん断	せん断によって材料を切断する加工方法。
	せん断機、打ち抜き機など。
塑性加工（鍛造、圧延など）	常温または高温において、材料に圧縮力あるいは引張力を加え、板・棒・線・管その他、所要の形状にする加工方法。
	ハンマ、プレス、圧延機、伸線機、押出し機、びょう締機など。

加工様式（図6-1-2）

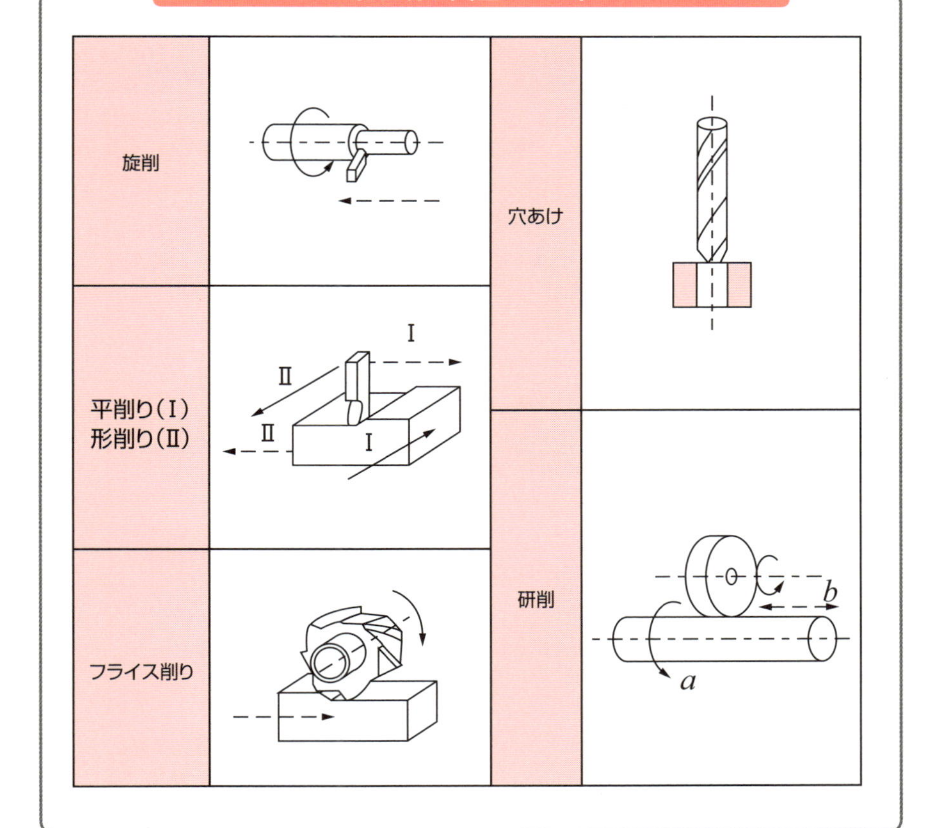

切削加工

切削を行う工作機械の中で、「加工対象物を回転させ、バイトと呼ばれる工具を押し当てて金属を削り取る」加工に用いられる工作機械を**旋盤**といいます。汎用旋盤の例を**図6-1-3**に示しました。

切削を行う工作機械には、ほかにもフライス盤（**図6-1-4**）、ボール盤（**図6-1-5**）などがあります。フライス盤は、工具の回転角度により、縦フライス盤と横フライス盤があります。ボール盤は穴加工を行いますが、工具によりいろいろな種類の加工ができます。

旋盤の例（図6-1-3）

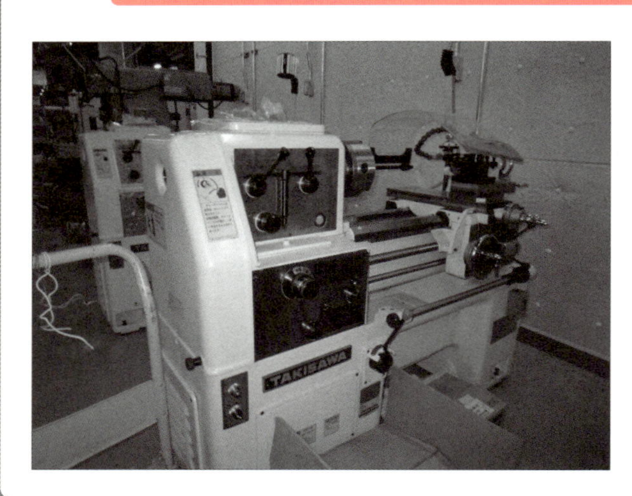

金属を削り取る工作機械。

フライス盤の例（図6-1-4）

工具の回転角度により、縦と横のフライス盤がある。

ボール盤の例と主な加工内容（図6-1-5）

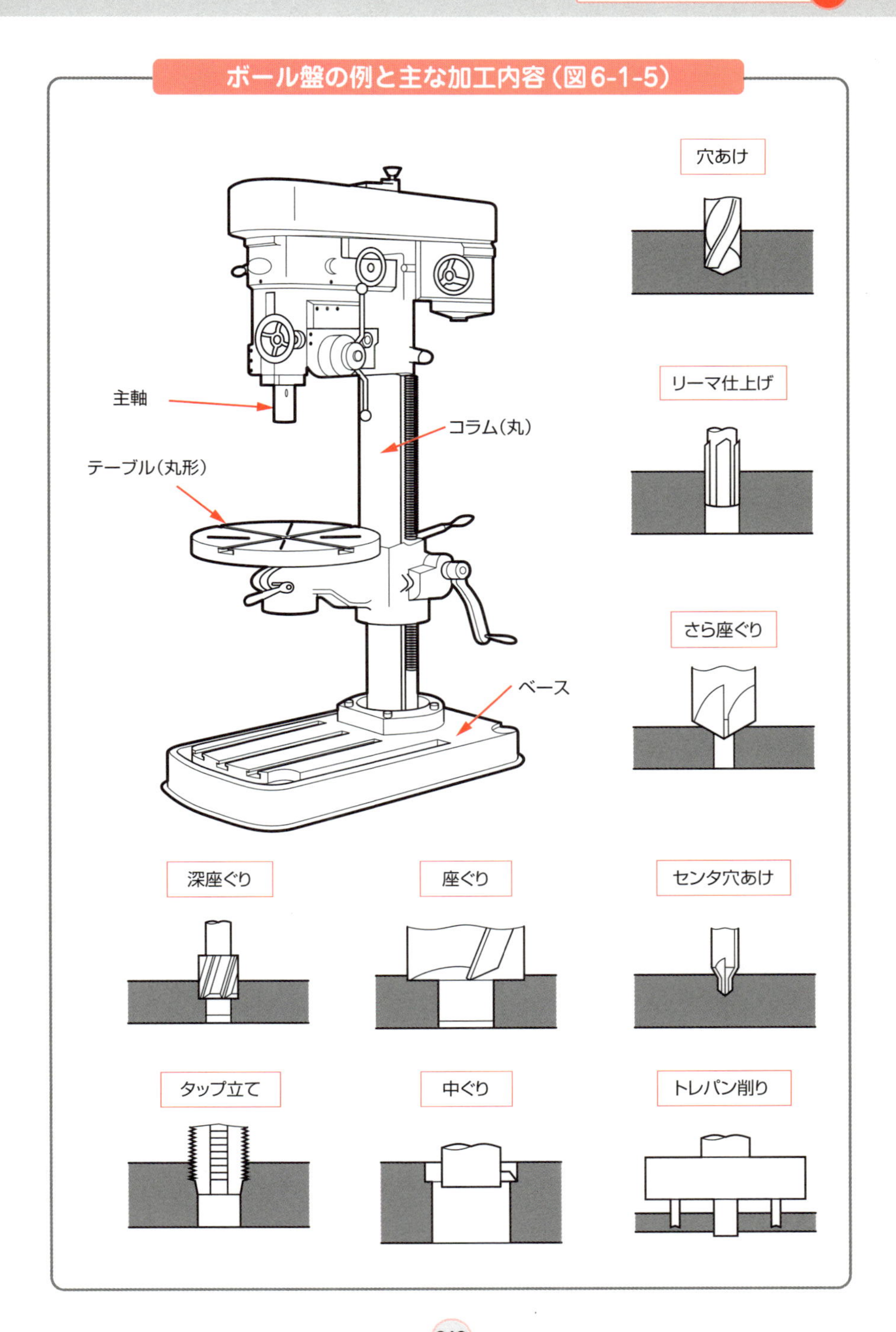

研削加工

研削は、砥石を押し当てて行う加工です。主に仕上げ加工に用いられます。高速切断機では、研削切断を行うことができます（図参照）。

高速切断機の例（図6-1-6）

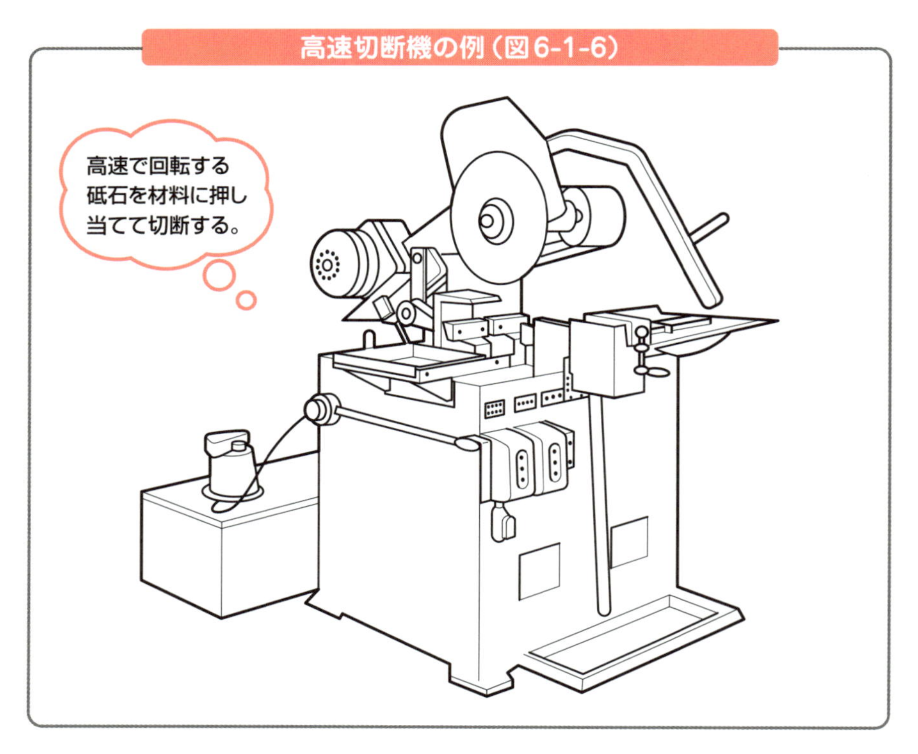

塑性加工

鍛造、圧延などによる加工方法は**塑性加工**と呼ばれます。塑性加工とは、材料を塑性変形*させることによって所定の形状・寸法に加工する方法です。切りくずが出る切削加工に比べて、材料の損失が少ないという特徴があります。

金型（かながた）によるプレス成形などは、自動車産業や家電産業といった大量生産を行う製造業で広く使われています。

---

* **塑性変形**　物体にあるしきい値以上の応力（単位面積当たりの力）を作用させたときに生じる、永久的な変形のこと。例えば、鉄板を手で曲げていくと、あるところまでは手を離すと元に戻る（**弾性変形**）が、そこを越えてさらに曲げると、元の形に戻らず変形したままとなる。

NC工作機械

近年は、数値制御された工作機械が一般的になっています。工具の移動や回転数などをコンピュータによって制御する工作機械で、**NC** *__工作機械__といいます。

その構成は、簡単にいうと「数値制御装置と工作機械が組み合わさったもの」です。刃物などの工具を制御するプログラムを入力しておくと、自動で高精度の加工をしてくれる工作機械です。NC工作機械は、同一の加工手順を何度でも高精度で繰り返せることから、同一部品の量産に適しています。また、複雑な形状の加工が可能なことから、金型や治具(じぐ)などの単品製作にも使われます。NC工作機械に含まれるCNC旋盤の例を図に示しました。

CNC旋盤の例(図6-1-7)

削りや穴加工などの作業を1台の機械で行える。

＊NC　Numeric Controlの略。数値制御のこと。

NC工作機械の中には、工具の迅速な交換機能を備えた**マシニングセンタ**と呼ばれる数値制御複合工作機械があります（図参照）。フライス削り、穴加工、ねじ立てといった一連の作業行程からなる機械部品づくりを、1台の機械で自動的に行うことができます。

マシニングセンタの例（図6-1-8）

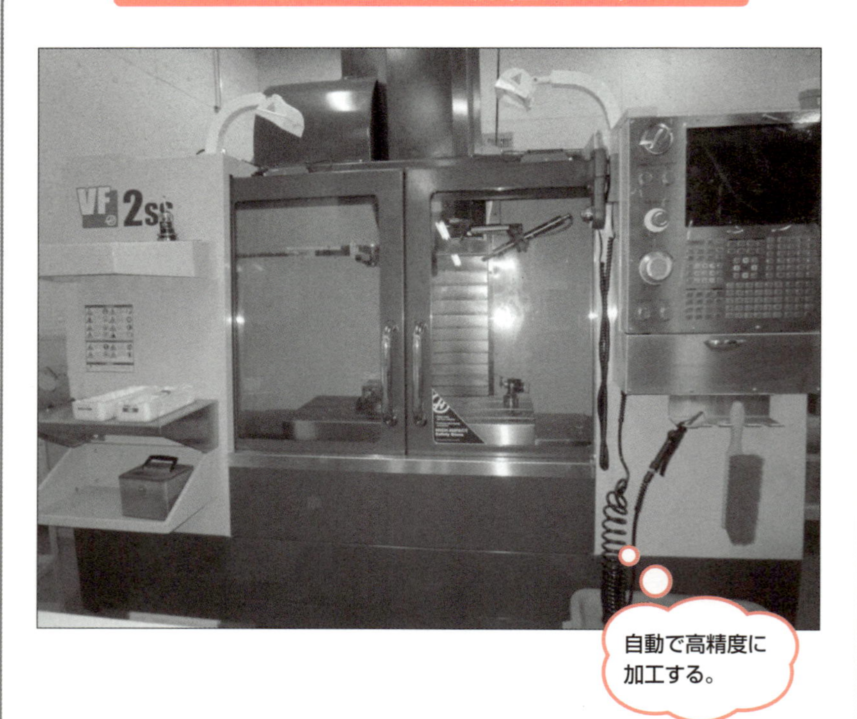

自動で高精度に加工する。

ポイントアドバイス

機械加工の種類

主要な機械工の種類は、「切削」「研削」「せん断」「塑性加工」がある。近年は、数値制御された工作機械（NC工作機械）によって行うことが多い。

6-2 切削工具と工具材料

旋盤やボール盤などの工作機械は、刃物である工具を取り付けます。それぞれの機械や加工様式によって、適した工具があります。

バイト、ドリル、エンドミル

旋盤に主として用いられるのが**バイト**です（**図6-2-1**）。**ドリル**は、旋盤やフライス盤やボール盤に用いられます（**図6-2-2**）。**エンドミル**と呼ばれる工具は、主にフライス盤に取り付けて溝加工などを行うためのものです（**図6-2-3**）。エンドミルをマシニングセンタに取り付けて、円筒材料の側面に溝を加工すると、**図6-2-4**に示すようなものができあがります。

バイトの例（図6-2-1）

切削加工に用いられる工具。

ドリルの例（図6-2-2）

円柱の形の穴をあける工具。

エンドミルの例（図6-2-3）

軸に直交する方向に穴を削る。

エンドミルによる溝加工の例（図6-2-4）

円筒材料の側面
に加工された溝。

切削のメカニズム

切削加工では、工具のすくい角や工具の送り速度によって、被削材（製作物）の仕上げ面の粗さが変わります。切削のメカニズムを図に示します。良好な仕上げ面を得るためには、材料に合った適切な工具と送り速度で加工することが大切です。

切削の概念図（図6-2-5）

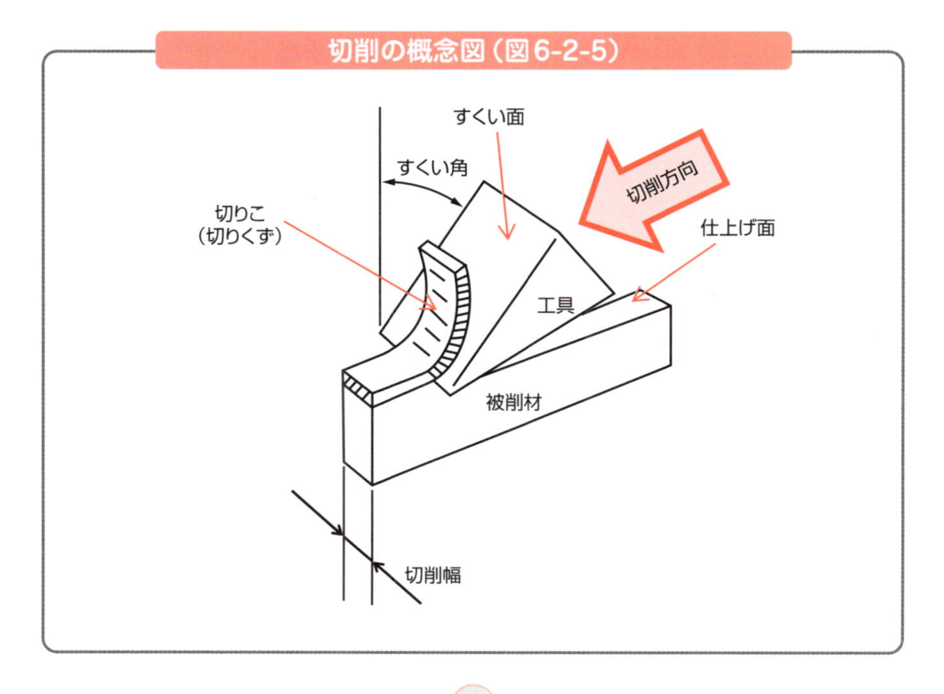

材料によっては面精度が出にくかったり、製作個数によっては工具の摩耗が進んだりすることから、機械設計にあたっては、加工技術にまで配慮した上で材料や工具を選定する必要があります。

切削工具の損傷

切削工具の損傷には、大きく分けて、

①脆性損傷破壊
②摩耗

があります。

脆性損傷破壊は、突発的に発生する刃先の損傷で、チッピング、欠損、破損、はく離、き裂の５種類があります。

摩耗は、漸進的に刃先が損傷する現象をいいます。切削距離により進行する**機械的摩耗**と、切削温度により進行する**熱的摩耗**があります。工具摩耗は、このうち主に熱的摩耗に由来するものです。旋削工具の摩耗形態について**図6-2-6**に示します。旋削工具の摩耗は、発生する箇所により、**すくい面摩耗、境界摩耗、逃げ面摩耗**に分かれます。

工具は、工具材料の種類により耐摩耗性が異なります。被削材の特性により、工具材料、送り速度、切削速度を適切に選定する必要があるます。工具材料とその特性について**図6-2-7**に示します。

旋削工具の摩耗形態（図6-2-6）

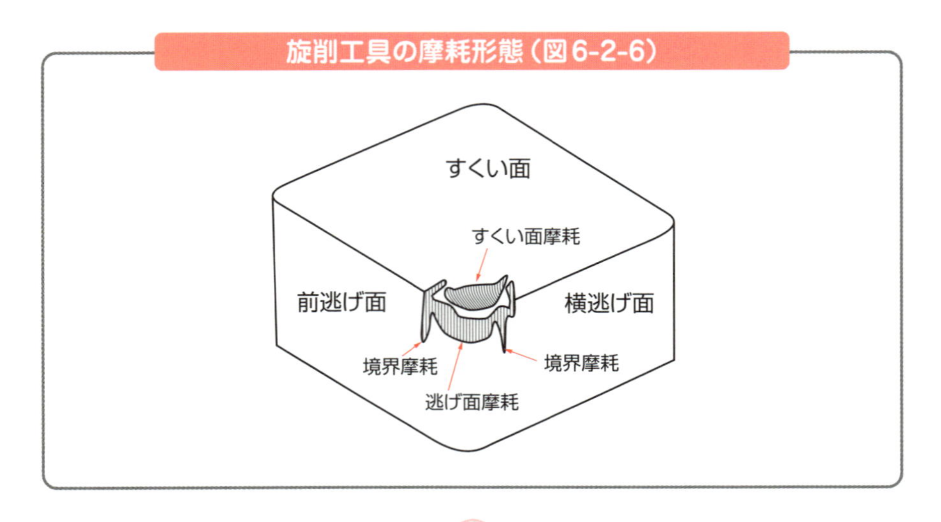

工具材料と特性（図6-2-7）

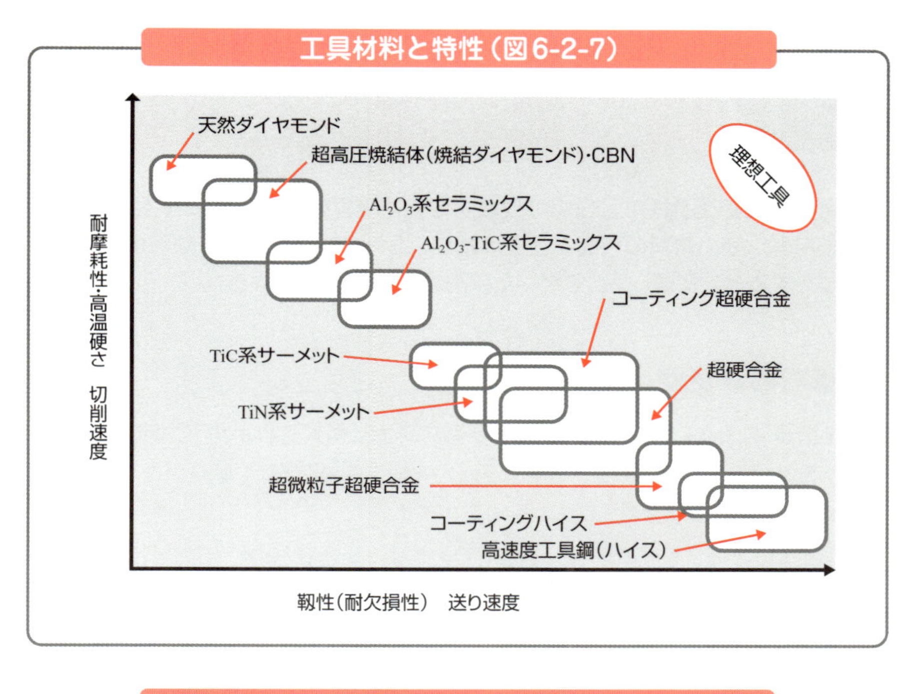

旋盤による加工（図6-2-8）

6-3 研削加工

切削加工で仕上げた工作物の表面をさらに精度のよい表面に仕上げたり、切削困難な硬い材料の表面を仕上げたり、ホーニングなど加工精度の高い仕上げをするときには、砥石(といし)を用いた研削加工を行います。

砥石の３要素

研削砥石は、砥粒(とりゅう)・気孔・結合剤の３要素によって構成されます（**図6-3-1**）。砥粒は切れ刃に相当するものです。研削砥石が工作物に接触すると、砥粒が次々に粉砕されて新しい切れ刃が生まれ、工作物を加工します。

切削加工にあたっては、砥石の砥粒の種類・粒度・結合度・組織・結合剤および形状・寸法を考慮し、最適のものを選択します。

砥石の３要素（図6-3-1）

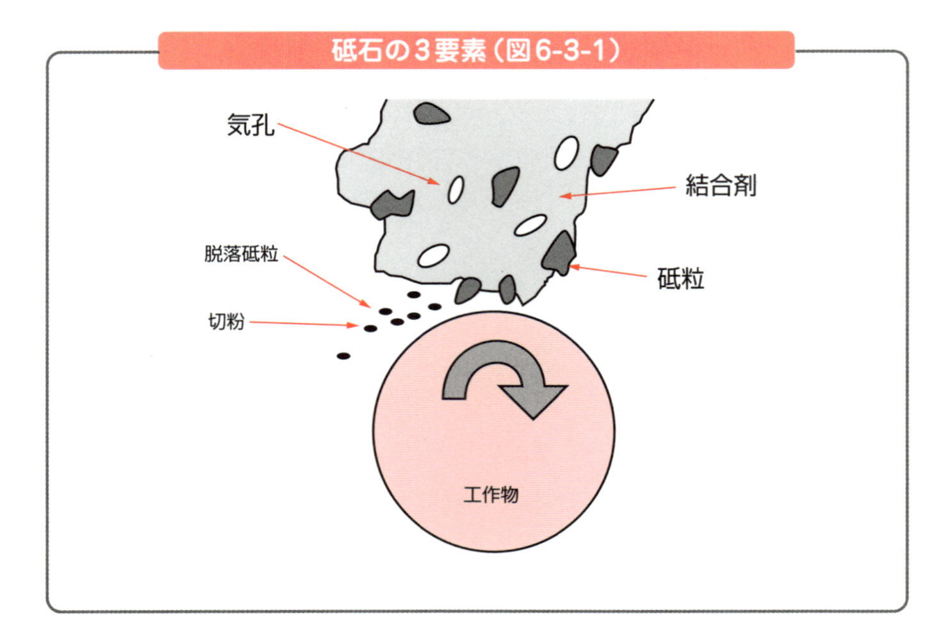

 研磨剤とラップ仕上げ

研削盤などで仕上げた工作物の表面を、さらに平滑に、かつ寸法精度を高めるために行う加工を**研磨**あるいは**ラップ仕上げ**といいます。通常は、鋳鉄製のラップ工具に工作物を押し付け、摺動させることで、表面加工を行います。

ラップ工具と工作物の間には、**研磨剤**（**ラップ剤**、**ポリシング剤**ともいう）が塗られます。ラップ盤の上に工作物を置いたラップ仕上げの概念図を**図6-3-3**に示します。ラップ液を用いる湿式と用いない乾式があります。

研磨剤の種類（図6-3-2）

研磨剤の種類	対応する研磨方法
乾燥砥粒	乾式研磨
水溶液または油剤	砥石研磨
化学液	電解研磨、化学研磨
水＋砥粒	ラッピング、ポリシング、 バフ研磨、EEM
化学液＋砥粒	メカノケミカルポリシング、 ケミカル・メカニカルポリシング
油脂＋砥粒	ダイヤモンドペーストポリシング、 バフ研磨

湿式と乾式のラップ仕上げ（図6-3-3）

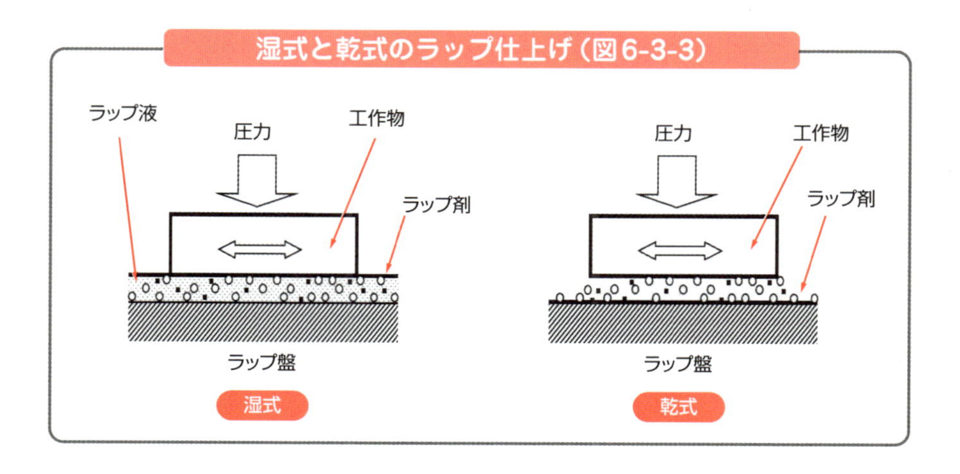

6-4 プレス加工

「プレス機械のラムとベッドの間に一対の工具あるいは金型を置き、その工具等によって素材を設計どおりの形状に成形する」加工法を、**プレス加工**といいます。

幅広い産業分野

プレス加工には、鍛造加工、板材の加工、圧縮加工、しごき加工があります（板材の加工は、せん断加工、曲げ加工、深絞り加工に分類されます）。これによって製作される工作物は、電機部品、家庭用品、自動車、航空機、船舶、建築など多彩な分野における大小様々な部品から製品まで、幅広い範囲にわたっています。

量産性がよいので、鋳造や切削加工をプレス加工に置き換えて製品化すれば、生産性を向上させることができます。

プレス加工（図6-4-1）

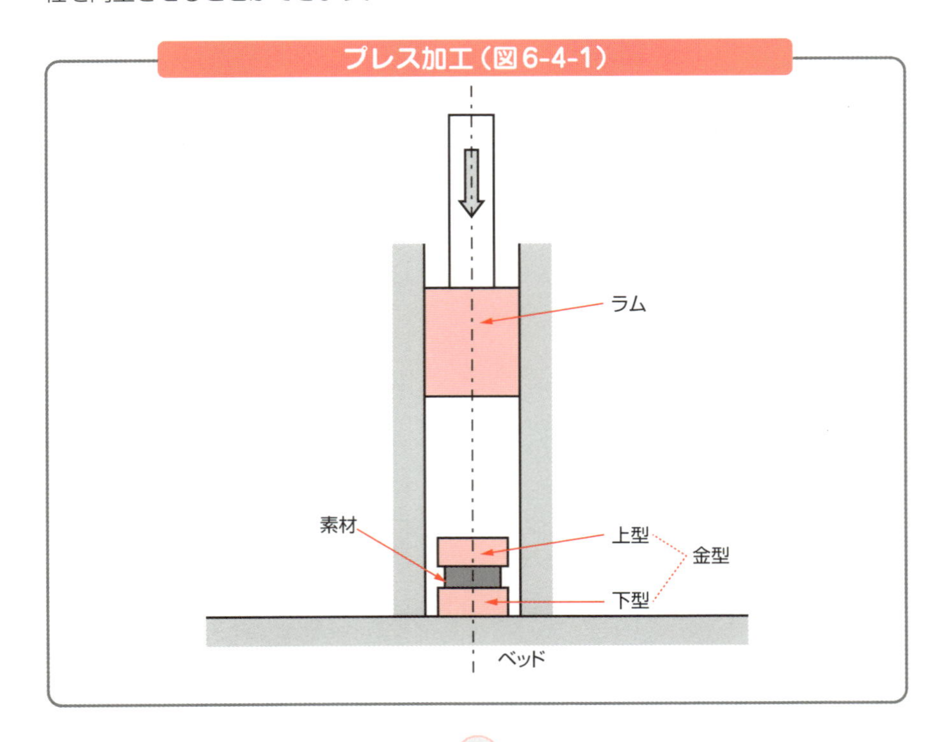

型を用いた加工

塑性加工では、型を用いて加工を行います。型には、鋳造で用いられる砂型のほか、成形等に用いられる木型などいろいろなものがありますが、塑性加工で用いられる型は、一般に金型のことをいいます。

金型は、「鋼板などに外力を加えて一定の形状にするための**プレス金型**」および「溶融金属・溶融樹脂を一定量注入して成型する金型」に大別されます。

プレス金型では、下型（固定側金型）と上型（移動側金型）の間に素材を置き、型を閉じることによって、せん断、抜き型、曲げ、絞りなどの塑性加工を行います（**図6-4-2**）。

溶融金属や溶融樹脂の成形に用いられる金型は、下型と上型を閉じた状態で形成される内部の空間（キャビティ）に溶融後の金属や樹脂を注入し、冷却・固化したのち、取り出すことにより成形を行います（射出成形、**図6-4-3**）。

曲げ加工

曲げ加工は、広義ではすべての成形加工を意味するともいえます。一般には、平らな板やまっすぐな棒、管などを立体的な形状に加工することを曲げ加工といいます。

曲げ加工には、ポンチやダイスをプレス機械に取り付けて曲げ作業を行う**型曲げ加工**、折り曲げ機を用いる**折り曲げ加工**、ロールを使用する**ロール曲げ加工**、ローラを用いて板横断方向にも成形を行う**ロール成形**などがあります（**図6-4-4**）。

金型形状の例（抜き型）（図6-4-2）

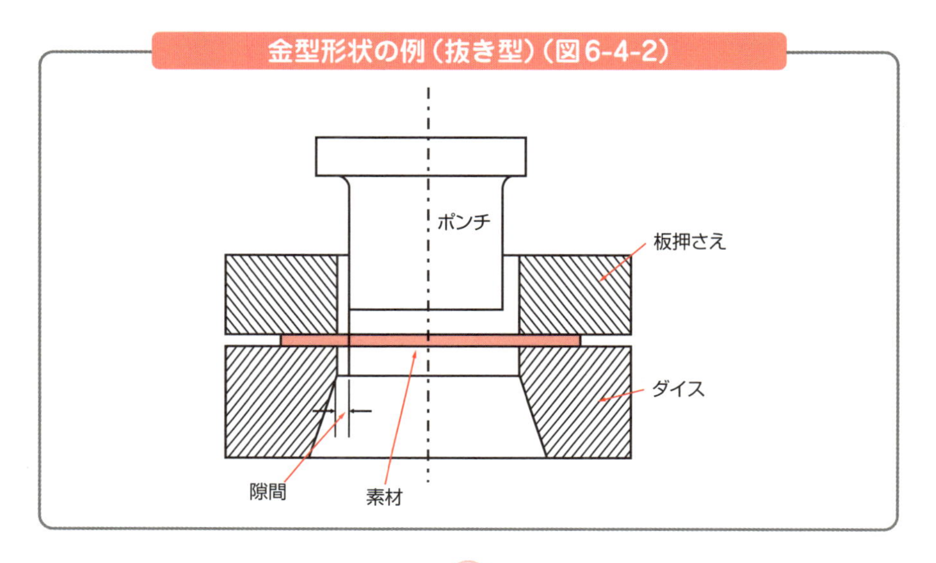

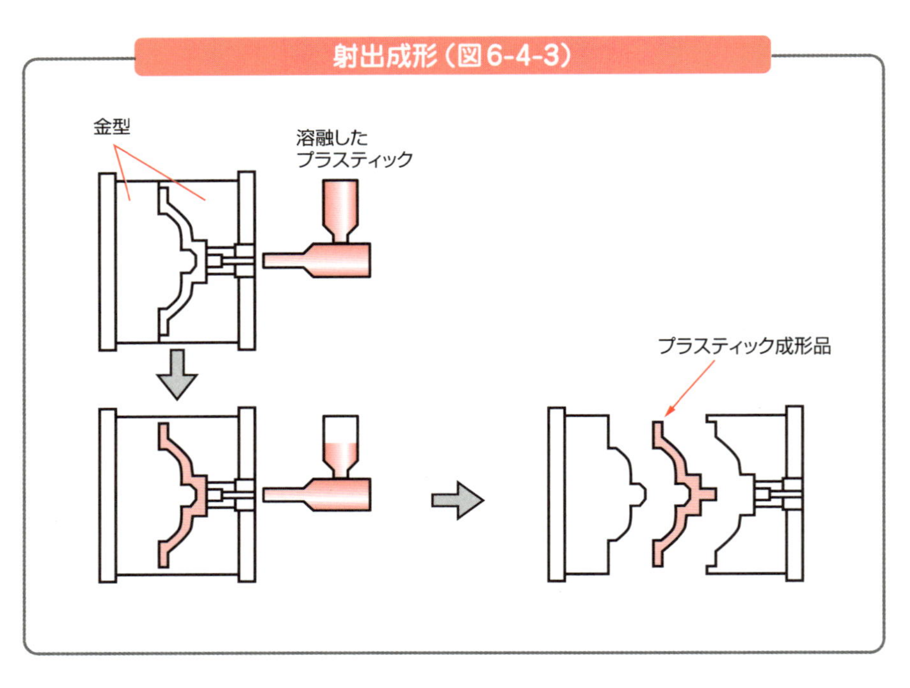

射出成形（図6-4-3）
金型
溶融した
プラスティック
プラスティック成形品

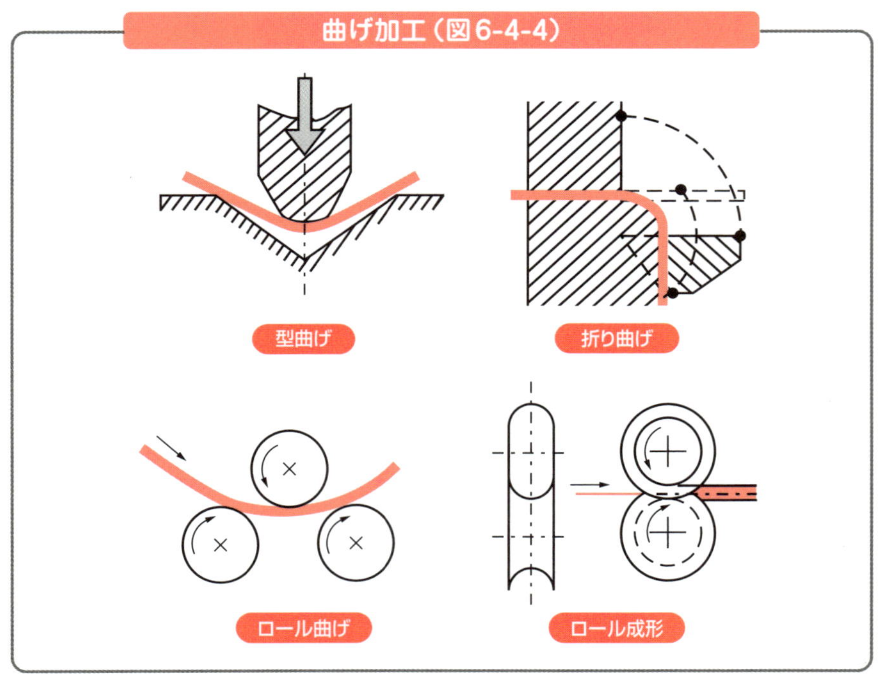

曲げ加工（図6-4-4）
型曲げ
折り曲げ
ロール曲げ
ロール成形

6-5 溶接

溶接は、複数の金属材料あるいは非金属材料を加熱や加圧などの手段により結合させる加工方法です。

金属の溶接の種類

溶接は、「母材の接合部を加熱によって溶融、接合する**溶融溶接（融接）**」および「母材の接合面を突き合わせて加熱または加圧し、固相状態で接合する**固相溶接（圧接）**」に分けることができます。

金属の溶接の種類を表に示しました。**ろう付け**は、接合する母材を溶融するのではなく、接合する母材間の隙間に、銅ろうあるいは銀ろうを溶かして流し込むことで、接合あるいはシールをするものです。

金属の溶接（図6-5-1）

溶融溶接（融接）	2個の金属片を居部的に溶融して接合する。	
固相溶接（圧接）	2個の金属片の接合部を加熱・加圧して接合する。	
ろう付け	2個の金属片の間に挟んだ融点の低い金属片（ろう）を、溶融する程度に加熱して接合する。	

このうち溶融溶接（融接）は、さらに「加熱の熱源」「加熱の方法」「加圧の有無」「シールドガス（溶接箇所を大気から分離するために用いる）の有無」などにより分類されます。その主なものに、ガス溶接、アーク溶接、抵抗溶接（シーム溶接）、電子ビーム溶接、スポット溶接などがあります。

アーク溶接

アーク溶接とは、アーク放電による発熱と電流による抵抗発熱を利用する、最も一般的な溶接法です。アーク溶接の種類を**図6-5-2**に示します。アーク放電*により高温のプラズマが発生すると、電極間に大電流が流れ、鉄では2500～3500℃の高温になります。

アーク溶接のときの溶融状態を**図6-5-3**に示します。母材と対抗する電極として、溶接棒やワイヤを用い、その端部からアーク放電して、母材と共に溶融して接合させます。

また、電極と母材の間に発生させたアーク中に溶加棒を挿入して溶融させ、電極自体は溶融しない方法もあります。一般にシールドガスやフラックスを用いて、溶接部を大気と遮断し、大気の混入の防止、酸化防止がなされるようにしています。

アーク溶接の主な種類（図6-5-2）

名称	概要
被覆アーク溶接	心線に被覆剤（フラックス）を塗布した溶接棒と母材との間にアークを発生させ、フラックスが分解したガスにより溶接部をシールドして溶接する方法。
炭酸ガス溶接	炭酸ガスをシールドガスとして用いる溶接方法。通常はワイヤを用いており、ワイヤは自動送りとなっている。
セルフシールドアーク溶接	フープ（輪）状になったワイヤの中にフラックスが挿入されており、溶接時にスラックスが分解してシールドガスとなる。炭酸ガスのようなシールドガスを必要としない。

＊**アーク放電**　プラズマ密度が高く、大気圧下でも容易に発生する放電のこと。連続的に発生させて溶接に用いる。また、パルス的に発生させて放電加工に用いることもある。

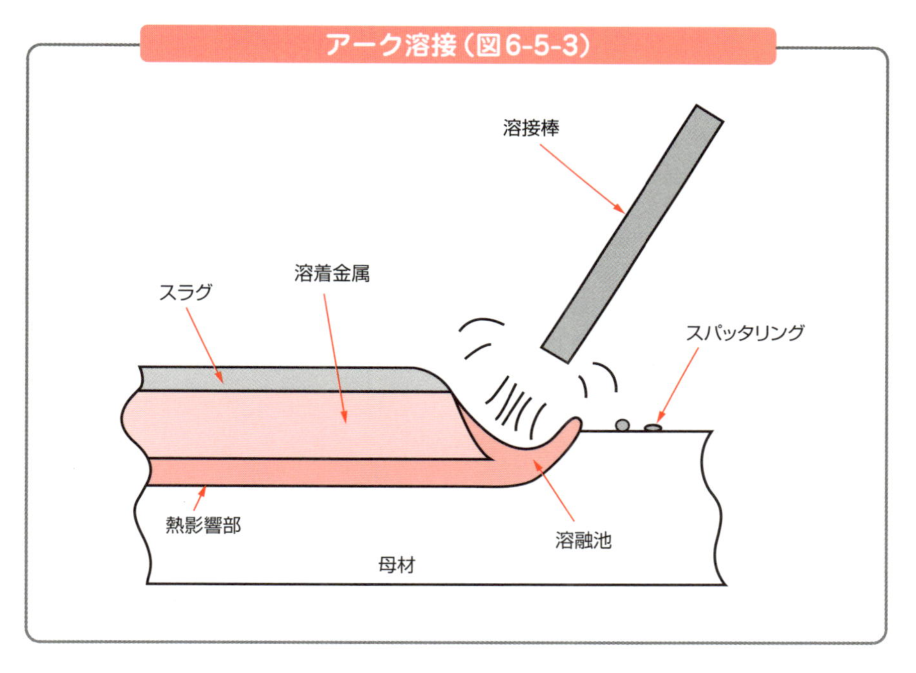

ガス溶接

ガス溶接は、ガスと酸素との混合物を溶接吹管（ガス吹管）から噴出させ、ガス炎を熱源として材料の一部を溶融し、接合する方法です（**図6-5-4**）。用いるガスには、酸素-アセチレン、空気-アセチレン、酸素-プロパンなどがあり、ガスの種類によって火炎の温度が異なります。

必要に応じて、溶接棒（溶加棒）および溶剤を使用します。ガス溶接は、加熱度の調整が比較的自由で、装置の運搬も容易であるため、薄板や管、そして溶融点の低い金属などの溶接に広く用いられています。

ガス溶接は、溶接トーチと火口を変えることにより、溶断に用いたり、接合する部材によって使い分けたりします（**図6-5-5**）。ガス溶接は、加熱時間が長くなることから、材質の劣化や変形に注意が必要です。

ガス溶接とガス炎の種類（図6-5-4）

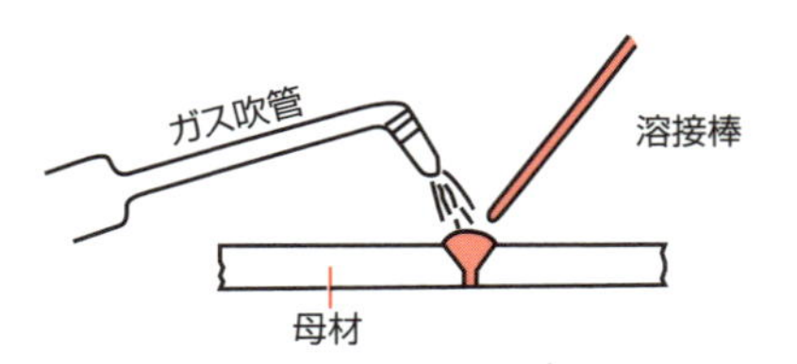

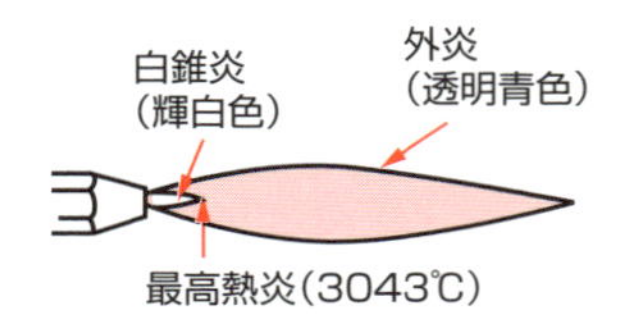

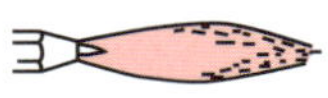

酸化炎（酸素過剰炎）

赤黄色（スス）

炭化炎（アセチレン過剰炎）

溶接トーチ（図6-5-5）

コック

混合気室

火口

混合式吹管

酸素バルブ

吸入ノズル

燃料コック

吸入式吹管

(a)

(b)

吹管の口

6-6 放電加工

特殊加工の中で、パワー密度の高いエネルギーが用いられる放電加工などの加工を、高エネルギー加工といいます。

放電加工の原理

放電加工（EDM*）は、レーザ加工、電子ビーム加工などと共に代表的な高エネルギー加工法です。放電加工では、材料の硬さに関係なく加工が可能です。熱処理後の工作物の加工やプレス金型の製作、チタン材の加工にも用いられます。

加工原理は図のとおりで、絶縁液中に配置された工作物に電極を近づけ、双方に電圧を印加して放電を発生させます。放電により発生した発熱により、材料と電極の表面層が溶融し、絶縁液の中に飛散し除去されます。これを繰り返して加工を進行させます。

放電加工の原理（図6-6-1）

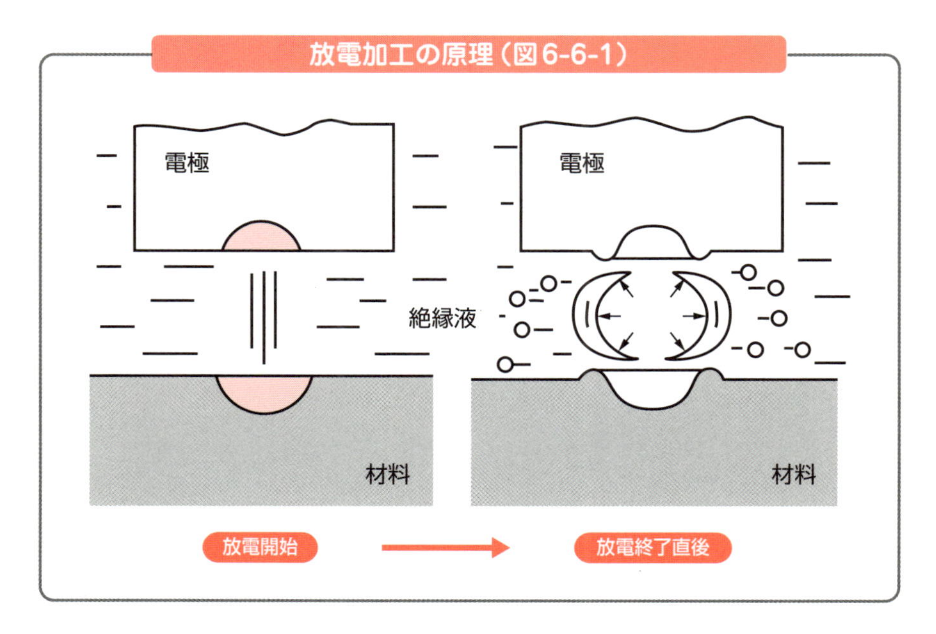

* EDM　Electrical Discharge Machiningの略。

ワイヤ放電加工

図6-6-2に示す加工機は、**ワイヤ放電加工機**と呼ばれるものです。ワイヤカット放電加工あるいはワイヤ放電加工は、放電加工の一種で、「走行するワイヤ電極と加工物の間で放電させて切り抜く」加工方法です。

ワイヤ放電加工機のX-Yテーブル上で工作物を移動させて加工し、ワイヤには直径0.05～0.3mmの黄銅、銅、タングステンなどの導線が用いられます。NC制御により複雑な輪郭形状を自動的に切り抜けるため、プレス型等の金型、放熱器等の微小隙間のフィン加工などにも用いられます。

ワイヤ放電加工機の例（図6-6-2）

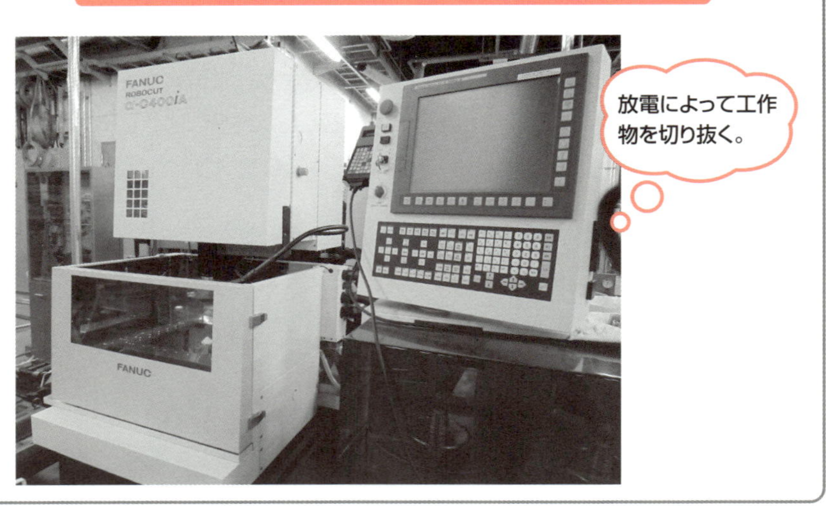

ワイヤ放電加工でつくられた放熱フィン（図6-6-3）

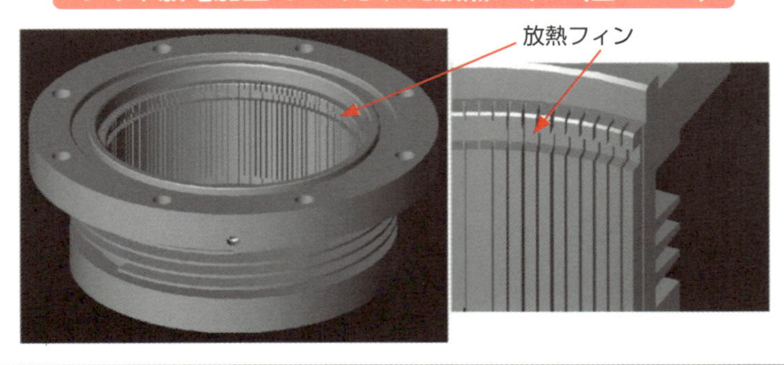

6-7 表面処理と表面加工

表面処理には様々な手法があります。その１つである**表面焼き入れ**は、表面の化学組成をまったく変えないまま、組織変化によって表面を改質する技術です。

表面の改質

そのほかにも、表面から他の元素を拡散浸透させて表面を改質する**浸炭処理**、**窒化処理**、**浸硫処理**、**金属浸透**などがあります。また、**電気めっき**、**溶射**では、基材と異なる物質で表面を覆います。表面を覆うことに加え、基材との界面では拡散浸透もさせて表面を改質する**化学蒸着***（CVD）などもあります。

表面処理と改質（図6-7-1）

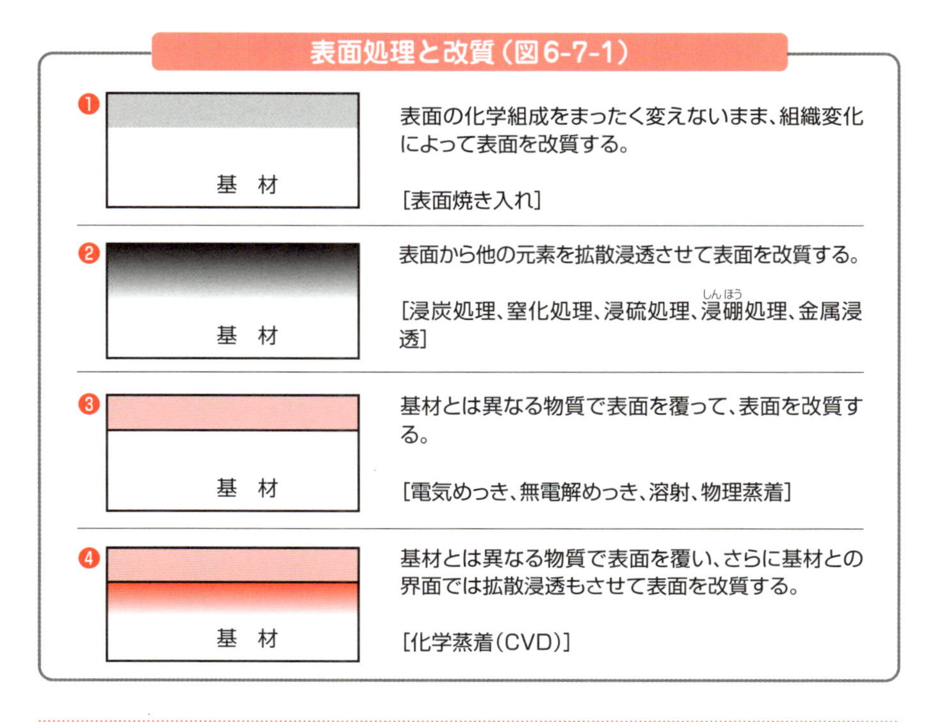

*化学蒸着　様々な物質の薄膜を形成する蒸着法の１つ。CVDはChemical Vapor Depositionの略。

また、表面熱処理（加熱による表面処理）に注目すると、これは**表面焼き入れ**と**拡散熱処理**に大別され、それぞれ多くの種類があり、工業的に広く使われています（**図6-7-2**）。また、表面処理を施す母材により、ほかにも多くの処理方法があります。設計時には、必要に応じて十分な調査と検討が必要です。

表面熱処理の分類（図6-7-2）

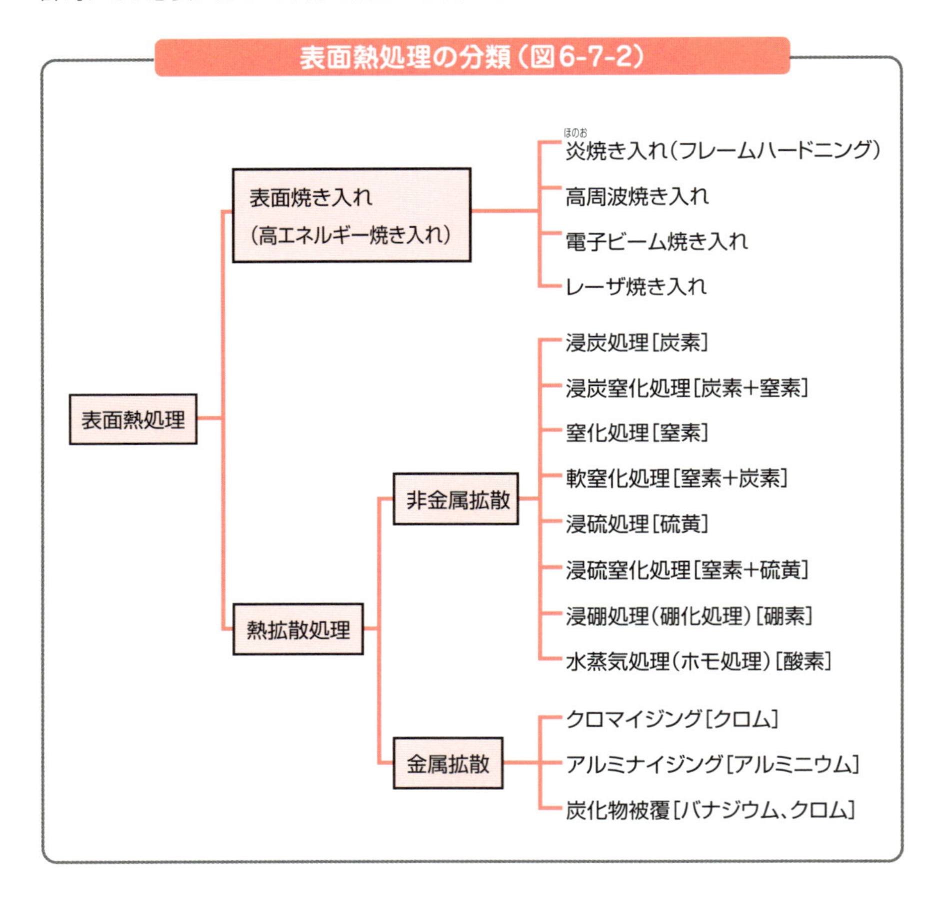

表面処理は、製品表面の清浄度や耐食性・耐摩耗性の向上、改質による硬化、摺動部のなじみなどを主な目的として施されます。ほかにも、着色や光沢を得るためなど装飾用途にも用いられます。

表面処理の目的

表面処理は、製品表面の清浄度・耐食耐摩耗性向上、硬化、摺動性向上、着色や光沢などの装飾用途に用いられる。

COLUMN アルミニウムに着色するアルマイト（タフラム）処理

アルミニウムまたはアルミニウム合金を陽極として、酸性水溶液の中で電解すると、アルミニウムは酸化します（陽極酸化）。

この酸化により皮膜を生成する代表的な材料にアルミニウム合金があり、酸化被膜のことを**アルマイト**と呼んでいます。

そして、このような処理を**アルマイト処理**といいます。

アルマイト処理した表面は緻密な多孔質となっており、穴の中に染料溶液を入れて着色したりします。あるいは、耐食性のものを入れて耐食性を向上させることができます。

アルミニウム合金を用いたサッシなどの建材や装飾品にも用いられます。例えば、青っぽい色や褐色のドアノブとかフックを目にすることがありますが、アルマイト処理により着色されているのです。

アルマイト処理

微細孔
染料などを入れることにより、表面を改質したり、着色することができる。

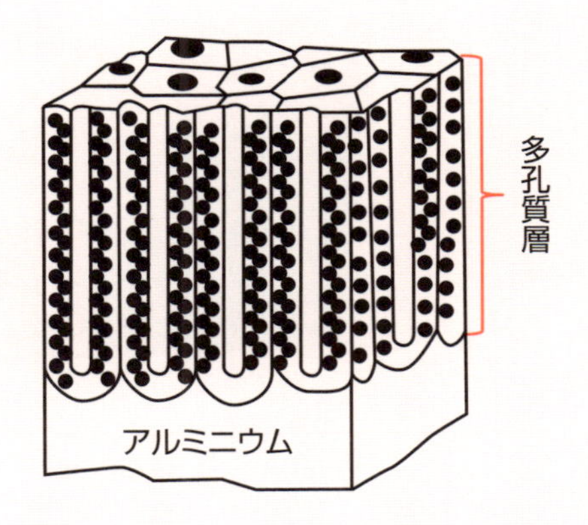

6-8 設計における加工方法の考慮

この章では代表的な加工方法について述べてきましたが、機械設計を行う上で、これらの加工方法の違いが設計にどのように関係してくるかについて、知っておく必要があります。

生産設計という考え方

L形の部品をつくる場合を考えてみましょう。通常の設計では、機能さえ備わっていれば、「角柱の材料から削り出す」「板を曲げてつくる」のどちらでもよいでしょう。「どちらが安く、容易につくれるか」を考えて決めればよいのです。

しかしながら**生産設計**では、製作個数によって、あるいは選択すべき材料や求められる機能によって、加工方法が特定されてきます。適切な加工方法を選ぶには、前述したように、設計に必要な基礎知識はもとより、加工技術や機械材料の知識、耐久性や信頼性などの知識を身に付けておく必要があります。さらに、工数の見積りや品質管理なども十分理解していなければ、生産設計は実践できないのです。

L形部品（図6-8-1）

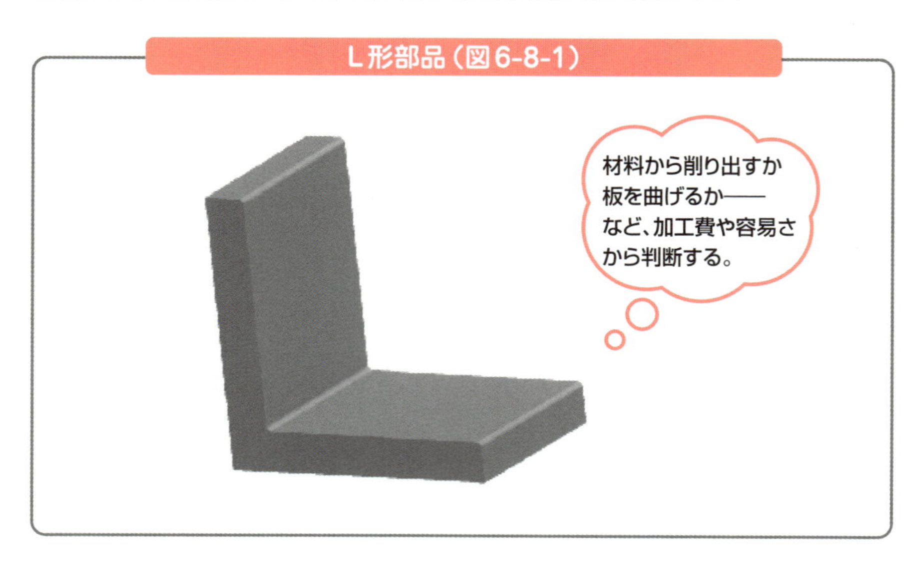

効果的な設計作業

生産設計の中でも、大量に生産する場合の**量産設計**においては、製品分野によって製造個数が異なり、許容されるコスト、性能、納期、信頼性も異なることを考慮しなければなりません。

また、製品化における法令・規則等による各種の制限、製品廃却時の資源リサイクルや環境保護の観点からの材料・工法の制限など、多くの制約があります。

したがって、量産設計には常に正しい答えというものはありません。しかし、設計するものの特性をよく理解し、加工方法を適切に使い分けることで、品質や納期、コストの要求を満たせるように設計作業を進めることが可能となります。

量産では、個数が多いことから、鋳物によっておおよその形状を作成し、その後、粗加工、中加工、仕上げ加工と段階を経て仕上げる場合があります。また、途中の段階で面粗さや幾何公差などを検査し、最終部品の歩留まりを高めるようにします。

鋳物、粗加工、中加工、仕上げ加工は、すべて内製する場合もありますが、協力企業に外注することも多いでしょう。その際には、図面を鋳物、粗加工、中加工、仕上げ加工ごとに分散して作成することが普通に行われます。

組み立て作業を配慮した設計

加工工程、特に組み立て作業に配慮して設計する場合があります。例えば、回転機械の組み立てで注意を要する工程の1つに、**調心**（ちょうしん）（回転軸を合わせること）があります。特にルームエアコンで用いられている密閉型圧縮機では、回転摺動部分のクリアランスが数ミクロンから数十ミクロンであることから、調心には細心の注意が必要です。この作業を自動化するために、**位置決めピン**がしばしば用いられます。

ツインロータリ圧縮機の機械部分の構造を**図6-8-2**に示します。主軸受、上シリンダ、仕切り板、下シリンダ、副軸受ならびに軸の組み立て状態を示しています。これらの部品を一つひとつ調心しながら組み立てることは、時間もかかりますし、たいへんな作業となります。

そこで、適切な位置で組み立てられるよう、あらかじめ位置決めピンを取り付けておきます。そうしておくことで複雑な調心作業が不要となり、ピンに合わせて組み立てるだけで、最良の組み立てができるようになります。このように、設計にあたっては加工現場や作業現場をよく理解し、十分に配慮するよう心がけましょう。

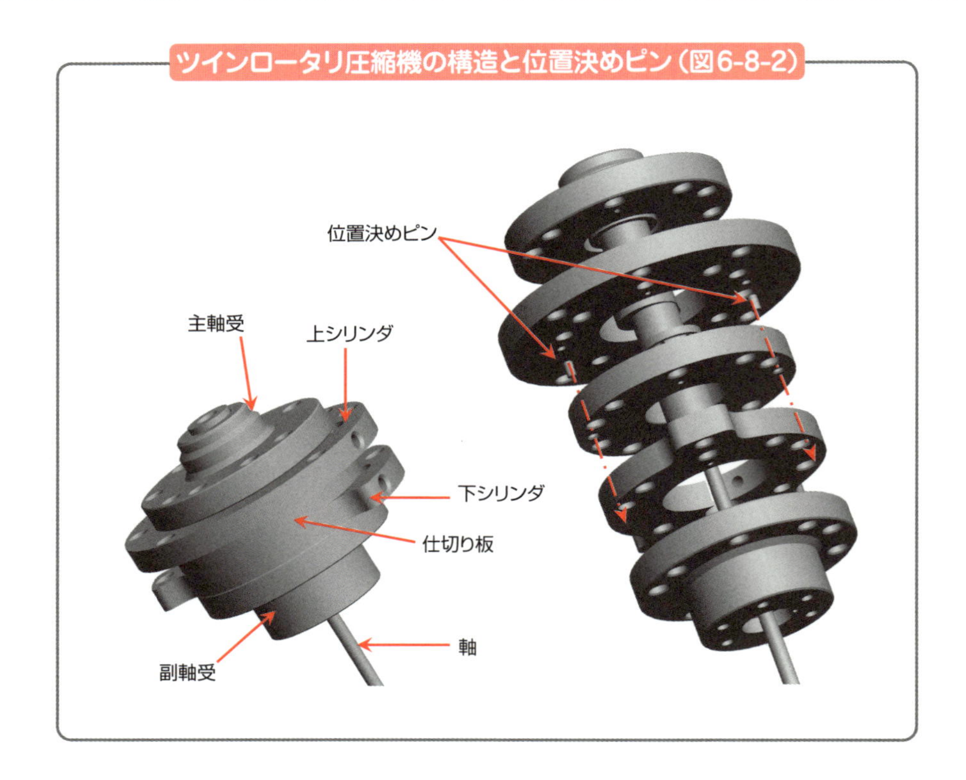

コストを意識した設計

加工におけるコストを考慮して、設計に反映させることがあります。シリンダなどの鋳物部品では、機能上や構造上問題のない範囲で、部品の形状を極力削ることが行われます。このことを俗に"**肉を盗む**"といいます。

圧縮機のシリンダ部品の例を**図6-8-3**に示します。一般的には、円筒材料を切削すれば必要な形状が得られます。しかし、シリンダに鋳鉄を用いるのであれば、鋳物の型を「不要部分を削った形状」とすることで、不要な金属(図のハッチングの部分)を使わないで済みます。

量産であれば、これらの材料代は大きなコストとなるので、不要部分の肉を盗めば、そのぶんだけコスト低減につながります。

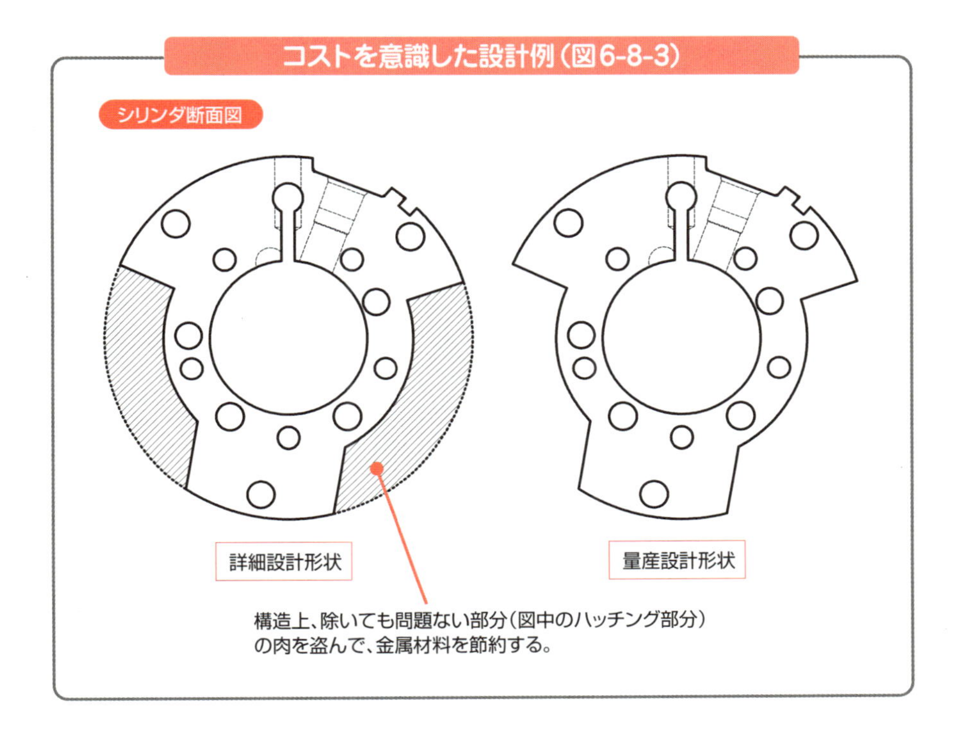

部品点数を削減した作業の効率の向上

加工方法を変えることによって、部品点数を減らし、作業効率を向上させることもできます。圧縮機のピストンヘッドとコネクティングロッドを**図6-8-4**に示します。この部品の組み立てには、ボールジョイントを用い、ピストンヘッドの内側にかしめる*だけで固定しています。

ピストンピンを用いて固定する通常の方法よりも少ない部品点数で済みます。また、専用の組み立て機械を用意することで、圧倒的なコスト削減を図ることができるでしょう。

このように、加工方法や組み立て方法は、設計に大きな影響を与えるといえます。加工方法や組み立て方法に十分な考慮がなされていると、作業性や作業効率、コストなどが大きく改善されます。

***かしめる** 接合部分にはめこまれた爪や金具を、工具で打ったり締めたりして、接合部を固く止めること。

組立工程の効率化を図った設計例（図6-8-4）

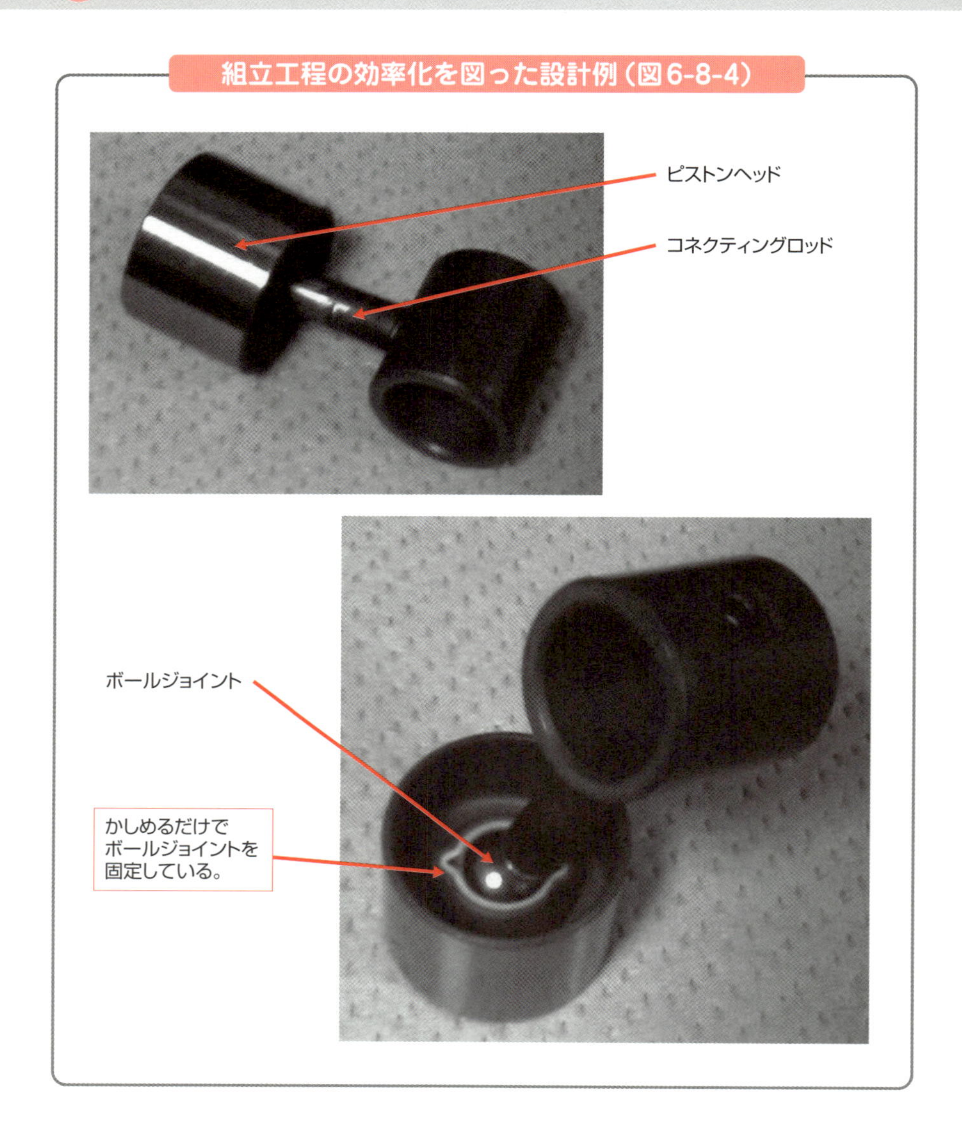

COLUMN エントロピとは何か

熱力学の第2法則によれば、自然現象は不可逆現象の連続です。熱は高温源から低温源へ伝わり、低温から高温へは移動しません。機械が動くときの仕事も一部は摩擦などによって熱となり失われていきます。そして、これらはすべて平衡状態となる自然な方向へと変化が進んでいます。その変化の事実を示す状態量を**エントロピ**といいます。

可逆変化では、エントロピは一定となります。絶対温度Tの物質に対して、微小熱量dQが出入りするとき、物質の温度Tに変化がないものとすれば、図に示す状態1から状態2まで変化経路に沿って可逆変化をしたとすると、dQ/Tを積分した値はその変化経路に関係なく一定値となります。そこで、

$$dS = \frac{dQ}{T} \ [\mathrm{J/K}] \qquad (1)$$

とおき、このSを動作流体のエントロピといいます。

また、単位質量当たりのエントロピSを比エントロピ[J/(kg·K)]といいます。

不可逆変化におけるエントロピは、可逆変化におけるエントロピよりも必ず大きくなります。自然界で普通に起こる現象は不可逆変化ですので、エントロピの増加は必ずdQ/Tよりも大きくなる方向に進みます。

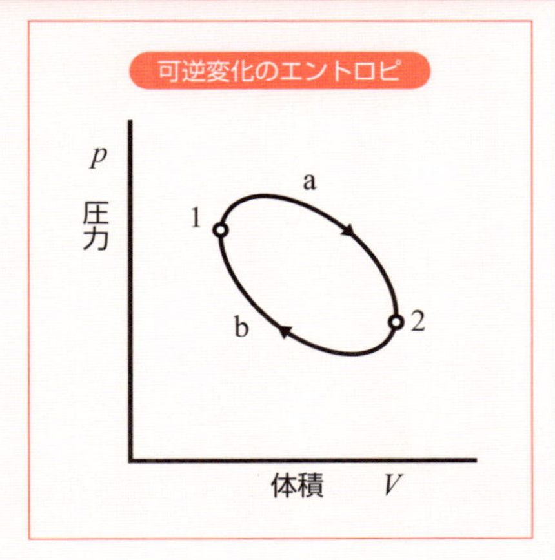

ここで、外部と熱交換をしないとするならば、$dQ=0$なので式(1)は$dS \geqq 0$となります。自然界でふつうに起こる現象はすべて不可逆変化であることを考えると、これは系の全エントロピが増加する方向に進行していることになります。

可逆変化を生じる場合は一定で不変ですが、どのような場合においてもエントロピが減少することはないのです。

理想気体のエントロピは、固体や液体と同様に絶対温度の対数に比例して増加します。温度が同一の場合は、体積の増大と共にエントロピも大きくなり、圧力の上昇と共に小さくなります。

COLUMN 武士道を通して機械設計を極める！

日本のものづくりは、高品質・高機能・高性能な製品を具現化して、世界で信頼を得てきました。もともと少資源国家である日本は、原材料を輸入し、それを加工して付加価値を与え、製品化してきました。その中には、「もったいない」「お財布に優しい」「使い勝手がよい」などという日本的ともいえる感性から生じる要求が多く取り込まれ、突出した省エネルギー技術や気配り機能といった日本製品特有の価値へ発展させていきました。同時に、製造拠点のある国や地域、そこの人々と共に発展してきました。こういった精神は、何に由来しているのでしょうか。

武士道は、日本古来より身近にあった仏教、神道、儒教の３つの思想がもととなっており、これらが理論体系化されたものだと捉えることができます。新渡戸稲造（にとべいなぞう）によれば、「武士道」の中核をなす徳目は「義」「勇」「仁」「礼」「誠」「名誉」「忠義」の７徳とのこと。この７徳の基礎的な概念と、それを機械設計に展開した事例を下表に示しました。

武士道は機械設計と密接に関係しているのです。

日本古来からある **神道** 自然崇拝・祖先崇拝 } 日本人の思想の原型

儒教により整理され体系化される

仏教により支えられている

武士道（BUSHIDO）
「神道」「儒教」「仏教」の古代３思想を源泉とした、現代でも通用する行動哲学

「武士道」の精神は、日本の機械設計やものづくり技術において根柢の規範になっています。

▼「武士道」の７徳と機械設計

徳目	武士道における意味	機械設計に展開した事例
義	正々堂々と戦う	法令遵守、環境配慮、社会や人に奉仕、技術者倫理
勇	死を恐れない平常心	新技術へのチャレンジ、課題解決のための大胆なアイディア創出
仁	人を慈しむ	相手（ユーザーや作業者）の立場で考える、製作作業者への最大限の配慮を設計に織り込む
礼	相手を重んじる心	製作協力者や協力工場への尊敬と信頼、専門家や他部署の意見を真摯に聞く、協調性
誠	約束を決して違（たが）えない	自己管理とスケジュールキープ、品質保証、納期厳守
名誉	寛容と忍耐の精神	拝金主義でない、コストカット（倹約）、技術者倫理、オンリーワンへの挑戦
忠義	利己心を捨てて、社会全体に貢献すること	人や社会が豊かになるために貢献

Chapter 7

設計における
コンピュータの活用

機械設計分野において、コンピュータは広く一般的に用いられています。特に3次元CADによって作成される電子データは、製造、加工、検査や工程管理など、ものづくりのあらゆる場面で活用することができます。本章では、設計におけるコンピュータの活用について、CADを中心に解説します。

7-1 CADとは

製作物の分野と点数が増え、個々の制作物も複雑化してくると、効率よく設計・製図・製作を行うためのツールが必須となります。

コンピュータ支援による設計

このような背景から開発されたのが**CAD**です。CADはComputer Aided Designの略で、「コンピュータ支援による設計」という意味で、設計者が人間とコンピュータとの特性を活かしながら設計を進める技術あるいは技法のことだといえます。

CADを実践するソフトウェアのことを**CADソフト**といいます。実際にCADを用いて設計・製図を行うには、CADのソフトやコンピュータはもちろんのこと、プロッタあるいはプリンタ、補助記憶装置などの周辺機器、ネットワーク関連装置、ハードウェアを制御するソフトウェアなどが必要です。

CADを実践する際に必要なこれらのハードウェアとソフトウェアを総称して**CADシステム**といいます。

CADシステムは、設計者がコンピュータの支援を受けながら設計業務を進めるためのシステムであり、設計・製図業務の無人化を図るものではありません。人間の生産活動には、人間の創造力が必要なのです。

近年は、コンピュータのめざましい進歩とインターネットやソフトウェアの発達により、CADの重要性と可能性がますます高まっています。設計技術者には、ただ単にCADが扱えるというだけでなく、設計に関する基礎知識を有し、CADシステムの特性を知り、自在に活用できる技術を身に付けることが求められています。

CADを上手に活用する

CADとは、コンピュータ支援による設計を意味する。CADの特性を知り上手に活用する技術を身につけることが大切。

7-2 CADシステムの目的と効果

CADシステムを利用する当初の目的は、「手描きによる製図作業に代わって、製図作業を効率よく行うこと」でした。しかし今日では、様々な目的でCADが利用されています。

CADシステムの目的

単にドラフターや製図板の代わりにCADシステムがあるというわけではありません。コンピュータの特性を活かした多くの機能を活用することにより、様々な相乗効果が期待できます。一般にCADシステムは次図に示すような目的で用いられています。

CADシステムの目的（図7-2-1）

①機械的作業の効率化
②高い図面品質
③設計変更や修正の効率化
④製品製作工程の短縮
⑤電子データ化による保存と通信の効率向上
⑥その他

高い品質の図面を実現する

CADシステムでは、製図作業をはじめ、種々の計算なども大いに効率化でき、人為的ミスも大幅に減らすことが可能です。例えば、寸法を記載したい箇所を指示するだけで、自動的に寸法が記載され、交点・接線・接点・面積などの幾何学的な計算も自動的に行われ、結果が表示されます。

設計において日々発生する繰り返し作業や単純作業を自動化する機能もあります。

寸法をパラメータ化した標準形状を呼び出し、具体的な寸法値を入力することで、新規図面を起こしていく「編集設計」、あらかじめ標準化してCADに登録した部品を適宜呼び出し、配置していく形で、新規図面を起こしていく「配置設計」などにより、手描き図面の作成よりも作業の効率が大幅に向上します。

高い品質の図面を手描きで製図するためには、訓練を積んだ熟練者が必要です。しかし、CADシステムを利用することで、初心者でも容易に修正版の高品質の図面をつくり出すことが可能です。

正確な寸法の図を容易に描くことができます。手描きのように消した跡が残ることもなく、線の太さや線種の表現、文字の記述など、コンピュータですべて制御されることから、きれいな仕上がりになります。「図面がきれい」イコール「作業者が見やすい」ということで、そのぶんだけ作業の間違いの減少につながります。CADソフトの中には、誤った図面が作成されないようなチェック機能を持つものもあります。

設計変更や修正の効率化

設計変更や修正の効率化にも、CADシステムは有効です。図面を電子媒体に保存することで、データを効率よく管理することができます。したがって、設計に変更が生じた際は、図面を新たにゼロからつくり始めるのではなく、保存されている既存図面を呼び出して、一部に変更を加えたり修正したりして、容易に修正版の図面を作成できます。

これにより、応用設計、流用設計、改造設計を効率よく行うことができます。また、CADによって対象物が数値データ化されることから、製造物の特性・性能・構造などの各種解析を行う**CAE***にデータを流用することで、設計の検討や変更を効率的に行うことができます。

---

* **CAE**　Computer Aided Engineeringの略。CADで作成されたモデルデータをもとに、製品の構造や運動性能などをコンピュータで検討し、工業製品の設計・開発工程を支援するコンピュータシステムのこと。

例えば、大きな構造物を「試しにつくってみる」ことは現実には不可能ですが、CADシステムでは、設計段階で構造物内部の設備まで詳細に検討することができます。

CADシステムで作成されたデータがあれば、**コンピュータグラフィックス***用のソフトを使うことで、内外壁の素材・質感のイメージ、照明シミュレーションなどのデザイン面での評価やプレゼンテーションができます。また、解析用ソフトを使って、構造物の構造や強度の解析をすることもできます。

段取りのチェックが可能

製作工程に入る前に、あらかじめ設計緒元や工程のチェック、部品同士の干渉・嵌合具合、工作機械や各種処理の段取りのチェックが可能となることから、設計ミスの早期発見、作業工程の短縮が期待できます。また、CADによって対象物を数値データ化することにより、NC工作機械を使って設計から製造工程までを自動化する**CAM***あるいはそれを包含する**FA***システムが利用可能となります。

この数値データを中心にして、製造に必要な部材の仕入れから設計、製造、物流までを統合した**PDM***と呼ばれるシステムによって、効率化を図ることもできます。特に、3次元CADによって作成されたデータは、加工や前述のCAEのほかにも、各種試験、工程管理など、より広い範囲での活用が可能です。

また、かつては紙で保存していた図面を電子データとして保存することにより、保存コストを大幅に削減することができます。電子データ化することにより、図面の検索においても、短時間で目的の図面を取り出すことが可能となります。

さらに、インターネットなどの情報通信手段の活用により、瞬時に世界中のあらゆる場所へ図面を送ることができるため、通信時間を削減でき、省力化を図ることができます。

＊**コンピュータグラフィックス**　コンピュータを用いて画像を作成すること、または作成された画像を指す。Computer Graphicsを略して**CG**ともいう。
＊**CAM**　Computer Aided Manufacturingの略。コンピュータ支援による製造のこと。
＊**FA**　Factory Automationの略。工場全体の統合的かつ柔軟な自動化のこと。
＊**PDM**　Product Data Managementの略。製品データ管理のこと。

より多くの効果

3次元CADの活用により、ほかにも多くの効果が得られます。企画から工業デザイン、設計、解析、試験、製造や建設に至るまで、データの共有化が可能なことから、各工程・各分野の担当者相互の連携によるプロジェクトに役立ちます。

製品開発においても、開発の効率化とそれに伴う開発期間の短縮、コスト低減などを図ることができます。実際にも**コンカレントエンジニアリング***が実践され、**QCD**（Quality：品質、Cost：コスト、Delivery：納期）に大きな効果を上げています。

3次元CADは、人間の頭の中にあるイメージを表現することに優れており、人間の創造性の具象化にも有効です。さらに、設計した対象物の質感や色合いなども、コンピュータの中で確認することが容易に可能です。こうした特長を有効に活用するために、様々な目的でCADシステムの導入が進んでいます。

コンカレントエンジニアリングの概念（図7-2-2）

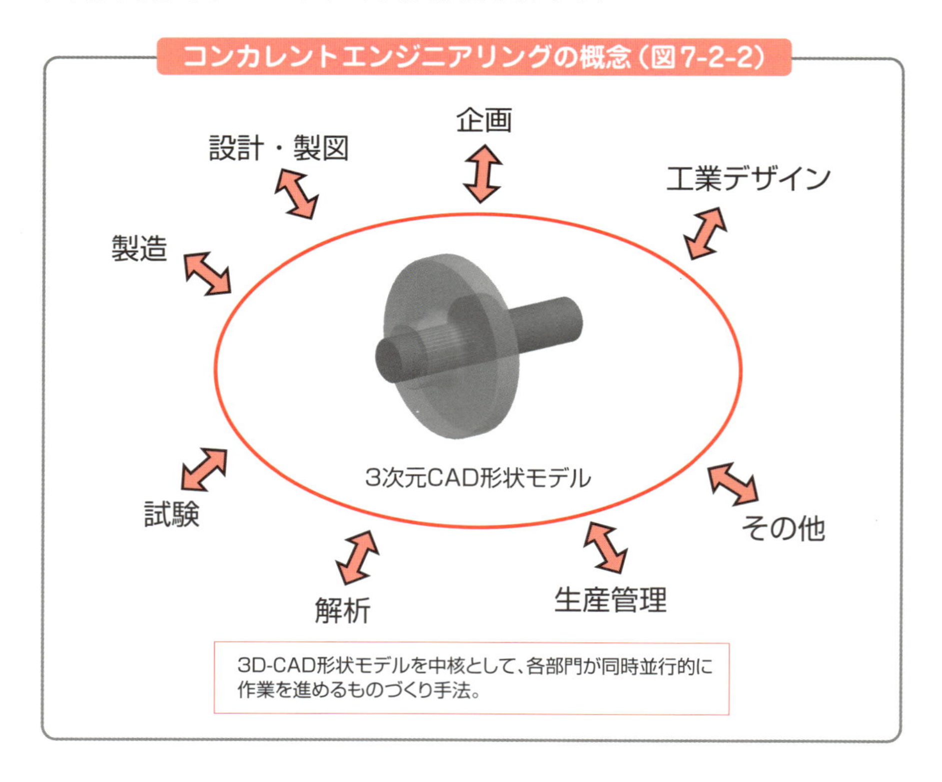

* **コンカレントエンジニアリング**　製品開発の複数の工程を同時に進行させ、開発期間や納期の短縮などの効率化を図る手法。第1章の同名コラムを参照。

7-3 CADシステムの種類と特徴

パソコンの普及に伴い、CADは分野ごとに様々な形態で利用されています。

汎用CADと専用CAD

データベースとCADデータを連携した**ファシリティマネジメントシステム**（Facility Management System）の構築、インターネットを用いた部品ライブラリの活用、CGを使用したプレゼンテーションなど、様々な分野や部門で利用されています。

COLUMN **CADの利用分野**

CADデータは幅広い分野で活用されています。各分野をつなぐ技術といえるでしょう。

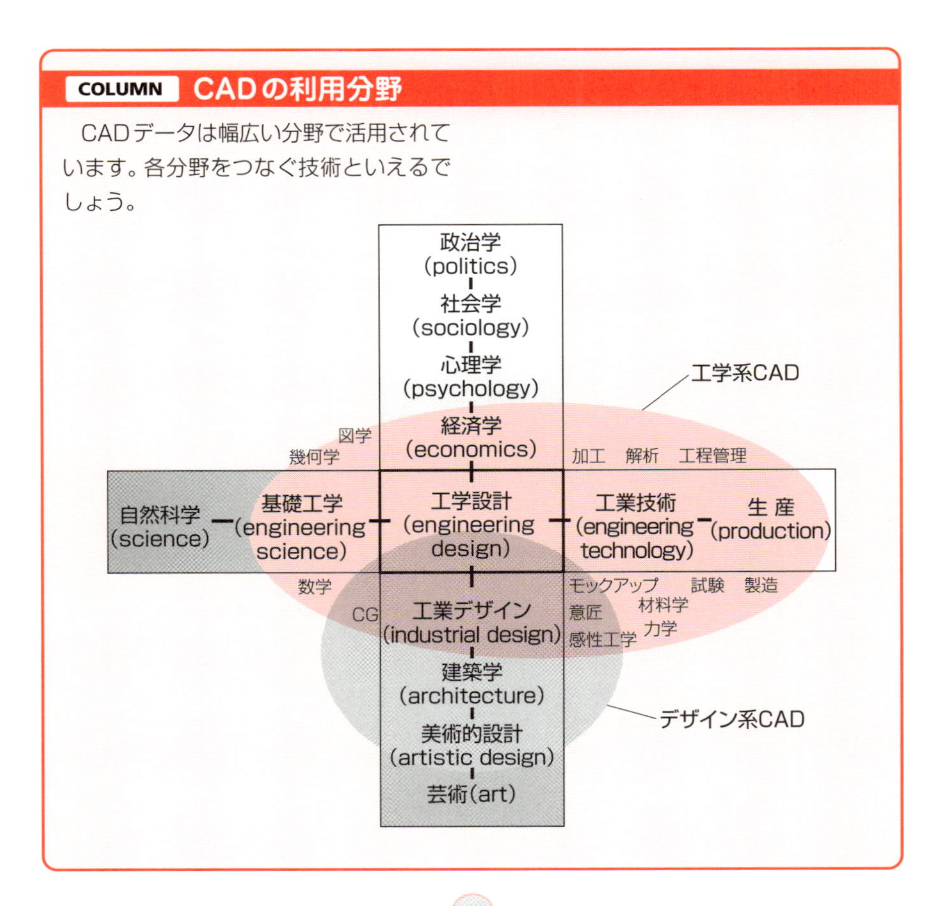

7 設計におけるコンピュータの活用

特定の業種・分野に偏らず、あらゆる業種での利用を想定し、基本的な作図機能を有しているCADを**汎用CAD**といいます。それに対し、基本的な作図機能に加えて、各業種に特化した機能も有しているCADを**専用CAD**といいます。

汎用CADは、利用者によって機能を追加できるカスタマイズ機能を持っていることが多く、各業種に特化した機能を追加することにより、専用CADのように利用することもできます。

CADは、その利用目的に合わせて必要な機能を有しているものを選ぶ必要があります。そのためには、CADの種類と特徴を理解することが大切でしょう。専用CADについては、おおむね表に示すような種類があります。

専用CADの種類(図7-3-1)

種類	主な機能
機械系CAD	・機械図面の作成 ・図記号や部品データなどを自動生成する機能 ・加工用のデータを生成する機能など
建築系CAD	・建築図面の作成 ・日影計算、建築関係法規による規制対応機能
土木系CAD	・土木用図面の作図 ・測量機器と連動して測量図を作成 ・道路設計用システム ・コンクリート構造物(配筋図)用システム
電気系CAD	・単結線図、配電盤設計図、シーケンス図、屋内配線図、電子回路設計図などの作成
電子系CAD	・電子回路設計 ・プリント基板の設計 ・回路シミュレーションなど
その他	・アパレル業界:布地や編み物のパターンメイキング、デザイン、型紙設計、裁断など ・科学分野:分子モデル作成 ・施設管理部門:ファシリティマネジメント、地図作成、GISシステム、広域ネットワーク化に伴う芯線管理など

7-4 3次元CADの活用

3次元CADとは、コンピュータがつくり出す仮想の3次元座標空間に、立体形状を定義するものです。

3次元CADの優れた特徴

図形は2次元CADと同様にコンピュータ内部に座標値で表現され、物体形状は線分と面で表現されます。

今日、3次元CADは機械系分野で最も広く利用されています。3次元CADは次のような特徴を有しており、有効に活用されています。

①フィーチャ（設計意図）を織り込んだモデリング*が可能。設計変更の作業も効率よく行える。
②視点位置を変えられる。設計中の物体形状を任意の角度・視点から確認できる。
③設計者が思い描いたイメージどおりの立体的な製品を、素早くデータ化できる。
④部品と部品の嵌合状態や干渉を立体的に確認できる。
⑤2次元の図面データを出力したり、図面を印刷できる。

加工や試験に活用

3次元CADソフトの中には、質量や素材特性まで設定できるものもあります。実際にできあがる物の形、体積、慣性モーメント、重心といった、その物のプロパティを計算することができます。

さらに、3次元形状データを加工や試験などに活用することができます。また、シミュレーションソフトを使うことで、構造解析、機構の検討、詳細な干渉チェックなども事前に行うことができます。

実際の製品や建築物そのものの形状を自由な視点から確認できるので、設計・製造部門のみならず、例えば営業部門において、新製品のプロモーションの素材として利用されたりします。

---

* **モデリング**　模型（モデル）を組み立てること。

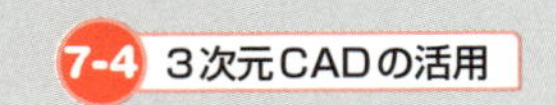

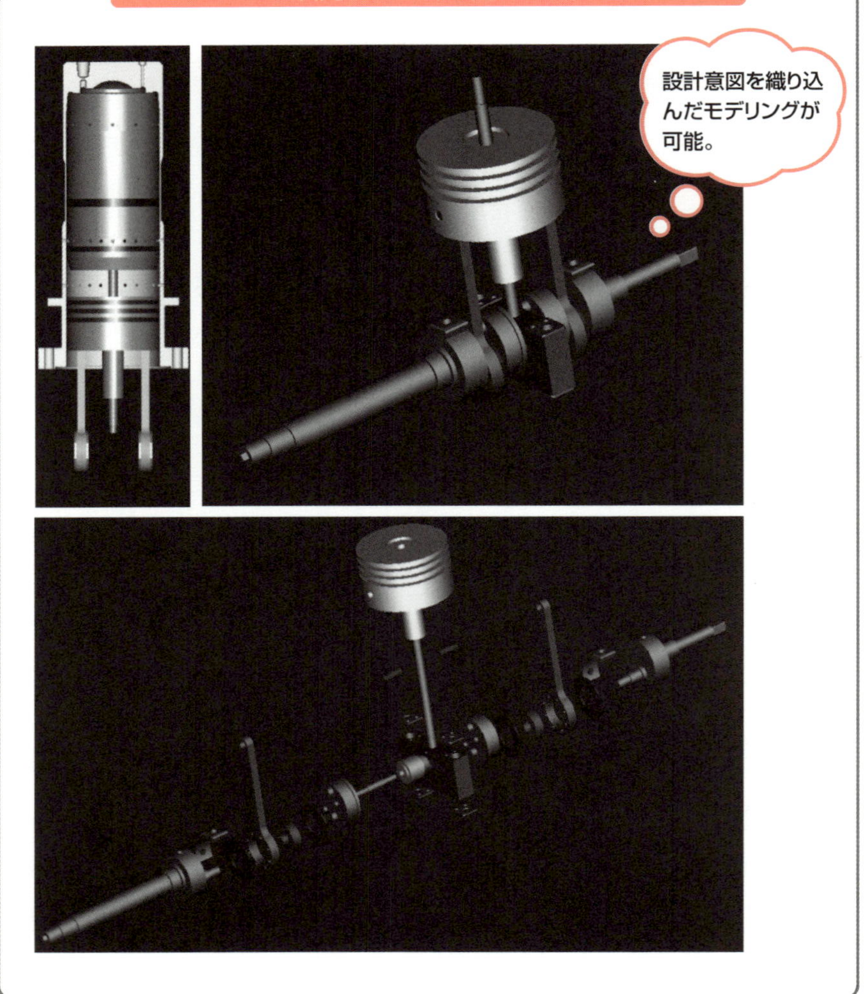

3次元CADの例（図7-4-1）

設計者が思い描いた製品イメージを表現

3次元CADは、前述のコンカレントエンジニアリングを実践する機械設計のツールとして、広く普及しています。手描きや2次元CADにより作成される図面は、立体の実際の製品を2次元で表現することから、様々な図形的な記号や寸法の表示が必要です。

しかし、3次元CADならば、設計者がイメージした製品をそのままモデル化し、コンピュータの中に広がる仮想3次元空間に、あたかも実際に製作したかのように存在させることができます。したがって、2次元CADで必要であった詳細な記号などを基本的に表示しなくても、形状の認識が可能です。記号などで表されていた情報は、すべて形状データとして保有することができます。

3次元CADにおいて製品や部品は、仮想空間上に存在する、表面や厚みなどの属性を持った**数学モデル**として作成されます。

3次元CADでは、設計者が思い描いた製品イメージをそのまま表現し、実際に製作する前に、コンピュータ上で構造や機構、部品同士の干渉などをシミュレーションにより把握することが可能となります。

3次元プリンタで模型を造形して活用することもできます。3次元CADで作成された形状データは、解析や生産など多くの工程で有効に活用することが可能となるのです。3次元CADの主な活用例を表に示します。

3次元CADの主な活用例（図7-4-2）

項目	効果
シミュレーション ・干渉チェック ・構造解析 ・機構解析 ・熱解析　など	コンピュータの中で組み立てて部品同士の干渉をチェックしたり、設計上必要な各種の解析を行うことができる。
デジタルモックアップ	質感や色合いといったモックアップによる確認を、コンピュータ上で行うことができる。
製図	2次元図面の作図ができる。
設計	体積や重心といった作成モデルの物理情報を、自動的に算出できる。
検査	自動検査の制御データを作成できる。
プロジェクト管理	製品の企画から製造までを一貫して管理できる。
製造	NC工作機械のデータを作成できる。

7-5 CAEとは

CAEとは、設計・開発・研究などの業務において、コンピュータによる解析シミュレーションを用いて生産性や品質の向上を図る技術です。

品質や生産性の向上に効果

近年の製造業では、製品の企画から、設計、試作品の評価を経て、最終的に製造されるまでの期間の短縮、コストの縮小が強く求められています。そのため、3次元CADで作成されたモデルデータを利用して、設計を検証し、評価するCAEは、有効な設計ツールとなっています。

CAEは、コンピュータ技術のめざましい発展と共に、有限要素法、境界要素法、差分法などの計算方法やコンピュータグラフィクスによる可視化手法が普及したことなどから、広く用いられるようになりました。

主な解析の種類（図7-5-1）

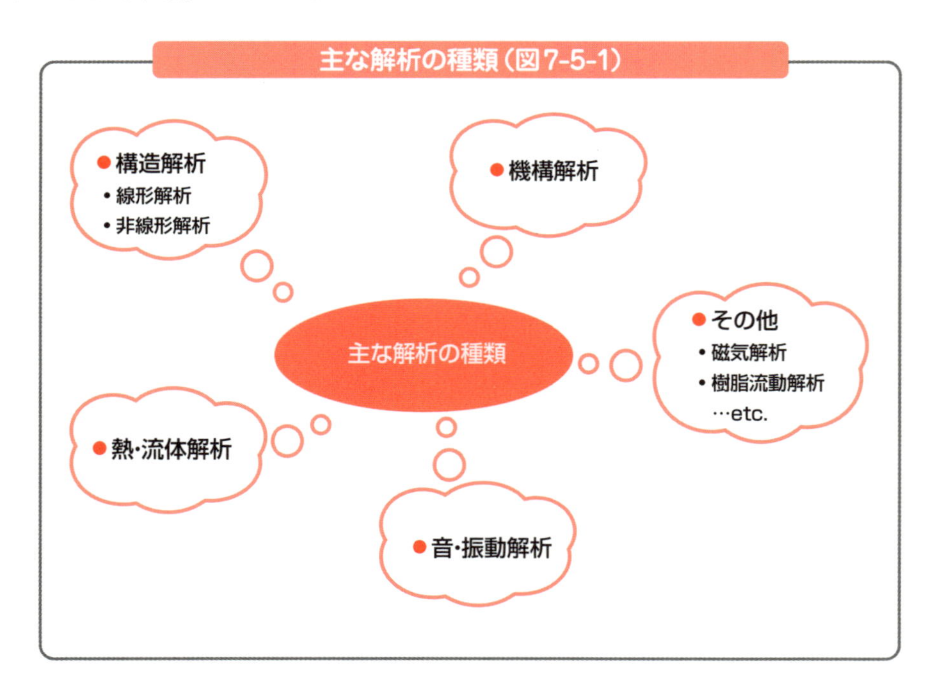

また、製品企画・製造・販売・保守など、製品のライフサイクル全般における情報をコンピュータで取り扱い、PDMなどの情報技術を活用して、業務効率の向上を図ることもCAEによって進められています。

設計分野においては、CAEは、解析を行う対象物をモデル化して、対象物の構造特性もしくは運動や現象を数値計算するものです。

これにより、従来は事前の把握が困難だった対象物の挙動を、試作品をつくる前に知ることができるようになります。CAEを設計に有効に活用することで、品質や生産性の向上に大きな効果が得られるのです。

CAEの主な解析の種類は多岐にわたっています。また、これらを組み合わせて解析を進める連成解析も行われています。

数値計算法の種類

CAEで多く用いられている数値計算法の種類としては、次に示すものがあります。

①差分法(FDM:Finite Difference Method)
②有限要素法(FEM:Finite Element Method)
③境界要素法(BEM:Boundary Element Method)

差分法は、解析を実行しようとする対象物の挙動を微分方程式で表現して数値計算をします。一方、**有限要素法**や**境界要素法**は、エネルギー法*に基づいて計算を進める数値計算手法です。

近年は、このほかにも多角形要素法、境界固定法、GFD法などの数値計算手法が用いられることもあります。

* **エネルギー法**　エネルギー原理を基礎とする諸近似解法の総称。

7-6 CAEの解析例

ここでは、3次元モデルデータをCAEで解析する例を紹介します。

3次元モデルデータをCAEに利用

図7-6-1は、**円筒カム**という機械要素部品で、鍔の部分に上下から荷重がかかったときの変形量と応力を構造解析で求め、図示したものです。変形量や応力を検討して、カムの厚さや材質を決定します。

図7-6-2は、圧縮機のケース（圧力容器）に関して、耐圧試験と構造解析の結果を示したものです。ケースには、2本のパイプを接続するための穴があります。ケース内に圧力がかかると、この穴の間に一番応力がかかります。穴間距離を適切な長さにして、ケースの肉厚も適切なものに決定します。

熱交換器内部の流れ解析結果を**図7-6-3**に示します。熱交換器内部に渦が発生する箇所があると、損失になります。適切な流れ場を実現できるよう、流体解析を行って確認します。流体解析で得られた速度分布は、コンター（等高線）あるいはベクトルにて表示します。

構造解析の例：円筒カム（図7-6-1）

荷重
荷重

▲元の形状

カムの厚さや
材質を決定する。

▲荷重による変形後の形状

これらの例のように、3次元CADで作成した3次元モデルデータをCAEで解析することにより、設計に役立てることができます。

構造解析の例：圧力容器（図7-6-2）

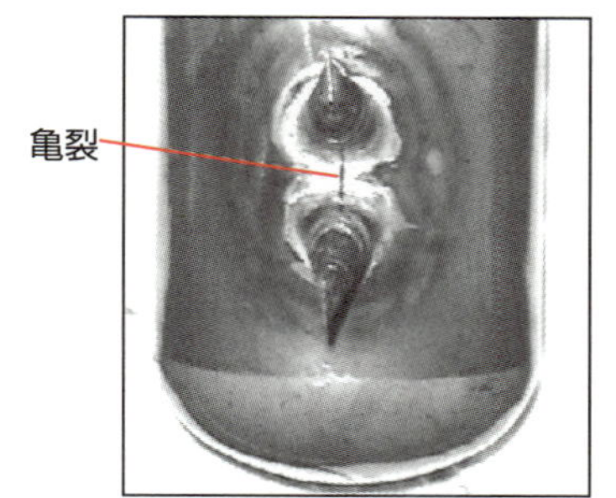

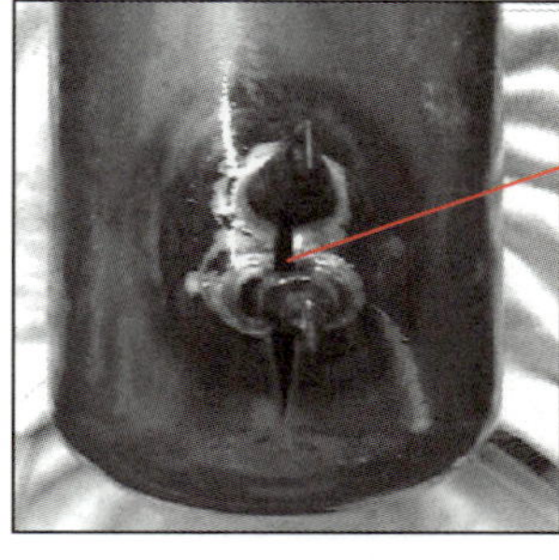

◀油圧による耐圧試験結果

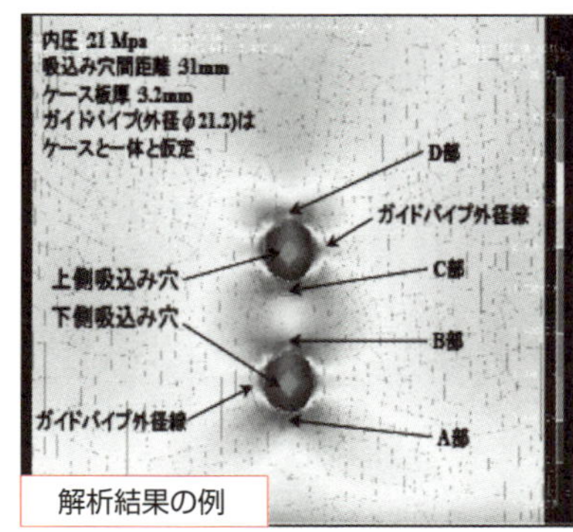

解析結果の例

穴間距離の長さやケースの肉厚を適切にする。

容器に亀裂や割れが生じないようCAEで最適な板厚や穴と穴の距離を見つけます。

流れ解析の例：熱交換器内部（図7-6-3）

－［ ＋ ］

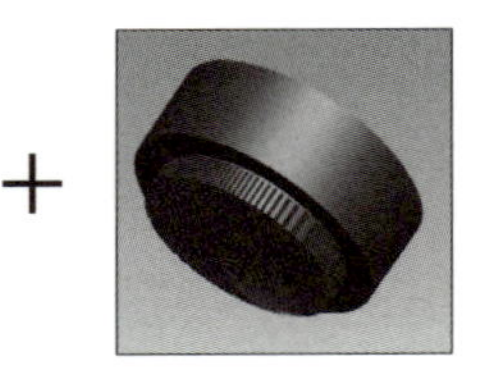

3次元CADで流路空間のモデルデータを作成

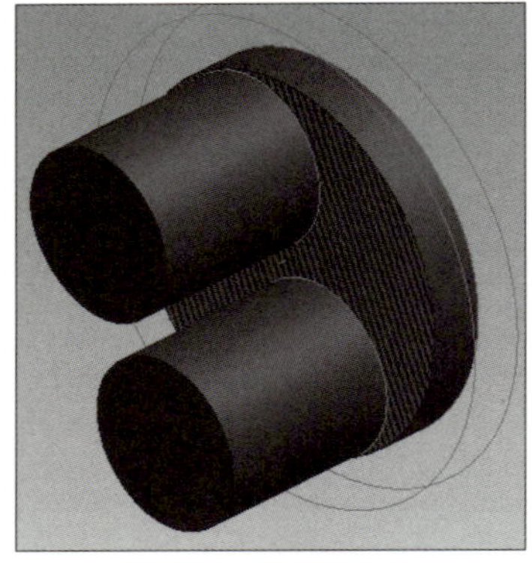

流路の3次元モデル

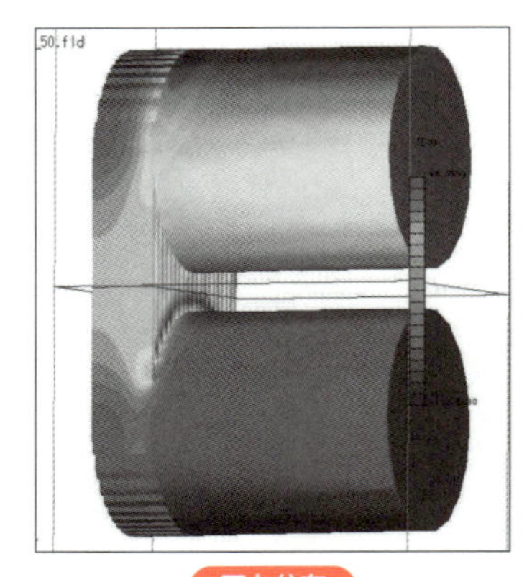

圧力分布

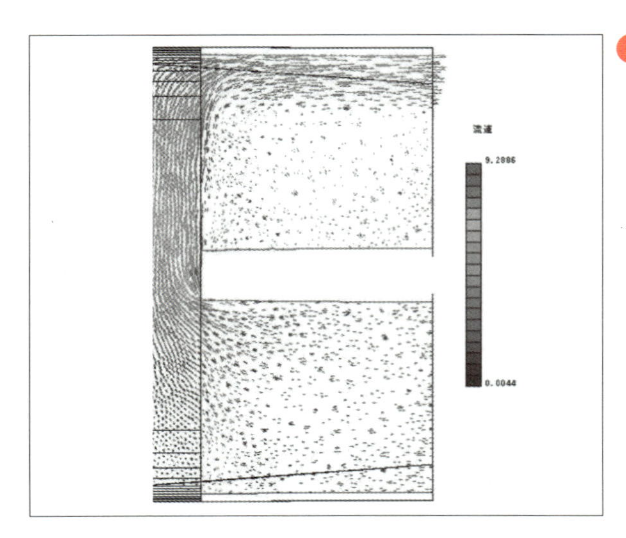

流束ベクトル線図

7-7 加工や検査における活用

3次元CADで作成された3次元モデルデータは、解析だけでなく、加工や検査にも活用できます。

CAM

CAM（Computer Aided Manufacturing）は、一般にコンピュータを利用した製造全般をいいます。具体的には、3次元CADデータを利用してNC工作機械を動作させ、目標の対象物を製作するシステムをいいます。

NC工作機械は、数値制御データの入力により自動的に対象物の加工をする機械です。近年は、多種類の刃物を備え、制御可能な自由度が3～5軸の、**マシニングセンタ**と呼ばれるNC工作機械が多く用いられています。

CAMにおける処理では、まず3次元CADデータと加工の条件から刃物の動きを記述するCL（Cutter Location）データを作成します。このCLデータから対象とする工作機械用のNCデータを作成し、NC工作機械に読み込ませることで、加工を行います。

CAT

CAT（Computer Aided Testing）は、製作物の形状評価を行うシステムの1つです。3次元CADデータとそれをもとにして製作された製作物の形状を比較し、その結果をレポートするものです。

製作物の寸法・形状を評価するため、**図7-7-1**に示すような3次元測定器が一般に用いられます。3次元測定器のプローブ（触針）の動作を3次元CADデータから抽出して、自動的に行える**CATシステム**もあります。

設計時には、製作物の検査時に必要となる公差を設定しますが、公差を的確に指示するには、検査方法を十分に理解しておく必要があります。

3次元測定器の例（図7-7-1）

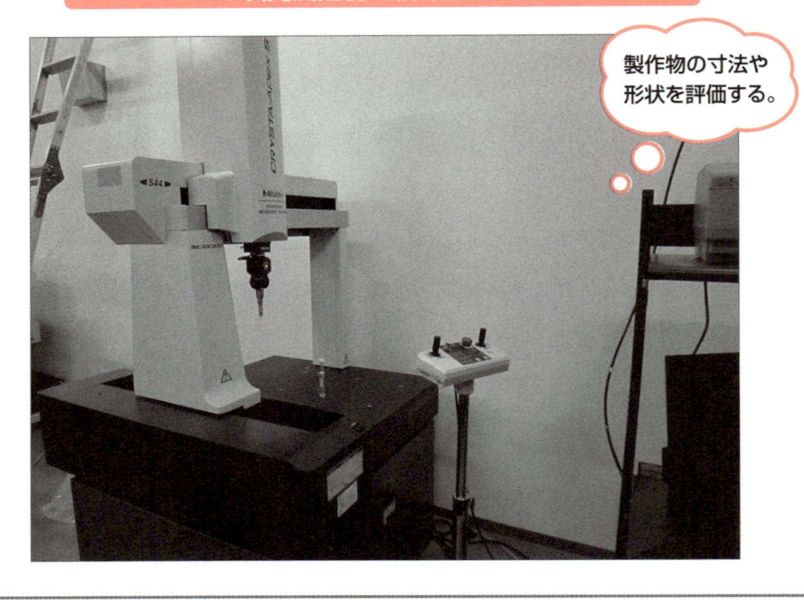

DMU

DMU（Digital Mock-Up）とは、従来、色合いや質感、取り付け回りの確認、広告・宣伝などを目的としてつくられてきた実物大模型の役割を、3次元CADデータによるコンピュータグラフィクスに担わせるものです。

実際に模型を作るよりは、時間的にも経済的にも効率的です。インターネットを利用して、離れたところにいる複数の技術者同士で、DMUを用いたデザインレビューが可能となることから、設計ツールとしても有用です。

DMUは、3次元CADソフトの中にDMU機能として搭載されているものもあります。近年は、情報量の軽量化を図り、VRML*、XVL*、STL*などのデータフォーマットに変換して利用する専用のDMUツールが、広く使われるようになっています。

* **VRML** Virtual Reality Modeling Languageの略。仮想現実モデリング言語。3次元の物体に関する情報を記述するためのファイルフォーマットの1つ。
* **XVL** eXtensible Virtual world description Languageの略。3次元データ形状を表現するためのファイルフォーマットの1つ。
* **STL** StereolithographyあたはStandard Triangulated Languageの略。3次元データ形状を表現するためのファイルフォーマットの1つ。

RP

RP（Rapid Prototype）は、3次元CADデータを利用して、高速に試作品をつくるための技術です。RP用の装置は**3次元造形機**、**3次元プリンタ**などと呼ばれます。光造形法による例を**図7-7-2**に示します。

この例は、3次元CADデータからレーザ光線の動きを制御し、光硬化樹脂を用いて目的の形状を高速に製作するものです。ほかにも、粉末固着法、溶融物体積法、薄板積層法などがあり、目的に応じて利用されています。

フルカラー3次元プリンタと造形物の例を**図7-7-3**に示します。RPは、高速でレプリカや試作品を製作できるので、組み付けの確認、色合いや質感の確認などに有効です。

RP用装置と造形物の例（図7-7-2）

フルカラー3次元プリンタの例（図7-7-3）

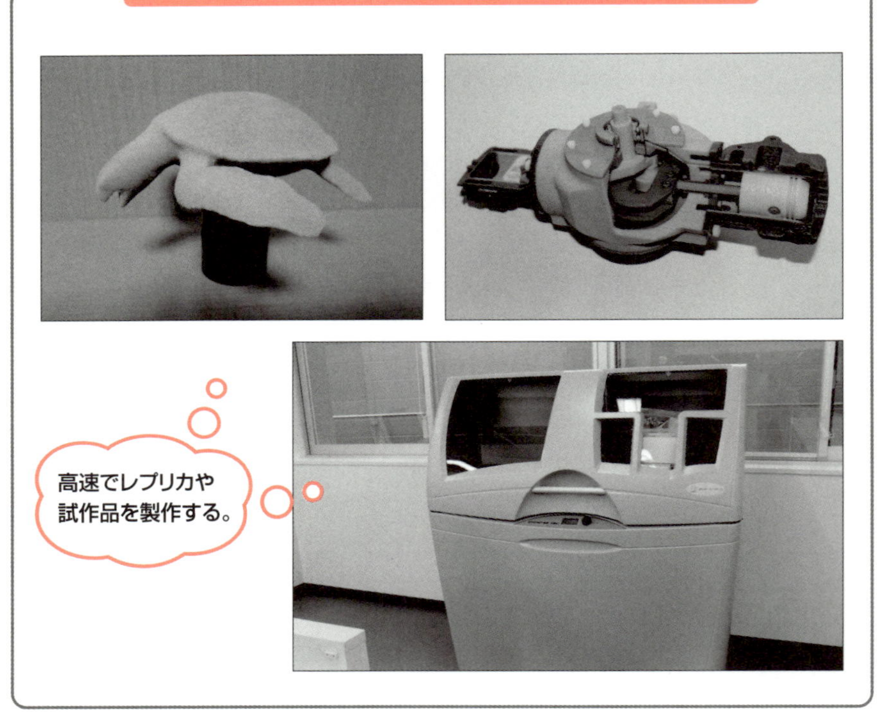

近年は造形時間も短縮化され、金属粉末を用いた造形も一般的になっています。レプリカや模型だけでなく、実際の機械部品を製作することも行われています。3次元プリンタを使えば、機械加工では製作できないような形状のものでも製作できることから、設計の自由度が大きく広がります。

CG

3次元CADを用いて作成された図形データは、形状をリアルに表現するために**コンピュータグラフィクス**（**CG**）技術を利用し、ディスプレイに表示したり印刷したりすることができます。

かつては、コンピュータグラフィクス技術を効果的に利用していたのは、コマーシャルフィルムやコンピュータアニメーションの分野がほとんどでした。しかし近年は、工業デザインやCAEの普及に伴うシミュレーションの可視化や、建築・土木分野でのプレゼンテーションなどの利用も進んでいます。

3次元CADでは、一般的にレンダリングにより形状モデルを表現しています。**レンダリング**とは、形状が定義された立体物に対して、視点や光源、色、反射率・透過率、素材などの設定に従って、「その形状モデルがどのように見えるのか」を計算して表示する、コンピュータグラフィクス技法の総称です。レンダリングには、処理対象と処理内容によって、次の各技法があります。

●隠線消去、隠面消去

隠線消去、隠面消去とは、任意の視点から形状モデルを見たときに、見える面や線（可視領域）を判定し、見えない部分を描画しない技法です。立体感の表現ができることから、位置関係や奥行を把握しやすくなります。

●シェーディング

シェーディングとは、光源の種類や特徴、視点の位置、面の光学属性、面の傾きなどから、形状モデルの各面の色や明るさを計算し、形状モデルの見え方を表現する技法です。

光源の種類には、太陽光のような平行光源、点光源、スポット光などがあり、形状モデルに当たる光の特性として、直接光、環境光、反射光、透過光などが想定できます。さらに、多面体で近似した曲面に陰影を付け、より滑らかに表現するスムーズシェーディングの技法もあります。

●テクスチャマッピング

設計された形状モデルの想定素材に応じて、その素材の持つ表面の模様や肌理（きめ）などのテクスチャ（texture）を形状モデルに貼り付ける処理を、**テクスチャマッピング**といいます。

テクスチャマッピングには、貼り付けるテクスチャの素材によって、写真やCG、数学的に発生させた画像データなどを用いる**画像マッピング**、想定する素材に応じて物体表面に凹凸があるかのように陰影を付ける**バンプマッピング**、形状モデルの置かれている仮想空間内の周囲の状況を貼り付け、金属的な質感を表現する**環境マッピング**、木目など素材の模様が3次元的に定義されている場合に、テクスチャを立体的に貼り付ける**ソリッドテクスチャ**などの技法があります。

COLUMN カタログから玉軸受を選定する

3.0[kN]のラジアル荷重Pを支える玉軸受を、表に示す62形の単列深溝玉軸受の中から選定するものとします。玉軸受は、回転速度Nが1,000 [min^{-1}]、寿命L_hが10,000時間とします。このときの定格寿命Lは、第4章の式(4-8)より、次のようになります。

$$L = \frac{L_h \times 60 \times N}{10^6} = \frac{10000 \times 60 \times 1000}{10^6} = 600$$

したがって、式(4-7)より基本動定格荷重Cは、次のように求めることができます。

$$L = \left(\frac{C}{P}\right)^3$$

$$C = L^{1/3} \times P = 600^{1/3} \times 3 = 25.3 \text{ [kN]}$$

よって、カタログから、基本動定格荷重が26[kN]の6207番を選定します。

62形単列深溝玉軸受

開放形

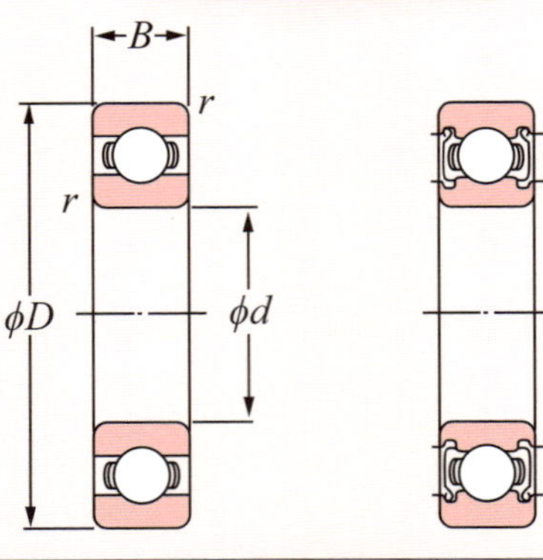

シールド形ZZ

呼び番号	主要寸法[mm]				基本動定格荷重[kN]	基本静定格荷重[kN]	重量[kg]
	d	D	B	r(最小)	C	C_0	
6207	35	72	17	2	26	15	0.288
6208	40	80	18	2	29	18	0.366
6209	45	85	19	2	32	20	0.407
6210	50	90	20	2	35	23	0.463

Chapter 8

設計製図の勘所

機械や機械部品など、何かモノを製作するためには、図面が必要です。高品質、低コストかつ短納期で製作するためには、作業者に見やすく、工程管理もしやすい、でき映えのよい図面を作成することが重要なポイントとなります。近年は、2次元CADや3次元CADで作成された電子データによる受け渡しが多くなっていますが、精密加工などの作業現場では、紙に描かれたり印刷された2次元の図面が必要です。本章では、設計製図の要点について解説します。

8-1 製図の役割

図面は、一般にモノをつくるときや、つくり方を記録するときに作図され、活用されます。図面の種類は、目的に応じて分類されます。

製図に関する約束事

製図とは、この図面を作成する行為のことをいいます。製図には、扱う対象物や目的によっていろいろな種類がありますが、一般に機械に関する製図を**機械製図**といいます。

機械製図では、おおむね「設計者」によって図面がつくられ、その図面は「製作者」が機械を製作する際に、そして場合によっては「使用者」がその機械を使用する際にも、それぞれ活用されます。したがって、設計者の意図が正確・明瞭に表現されている必要があります。

さらに、近年のものづくりの現場では、CADで描かれた図面を、企画部門や営業部門なども含む、いわゆる「ものづくりの上流から下流まで」の幅広い部門で活用する機会が多くなってきました。

したがって、製図にあたっては、図面を利用する部門や作業者に対する「細心の気配り」と「迅速な出図」が要求されるのです。これらを実践するためには、製図に関する約束事を理解する必要があります。

わが国では、日本産業規格*において、製図に関する規則を定めています。また、世界各国でも規格を定めており、これらの規則は、国際的な技術交流の促進のため、国際規格*に準拠して定められる傾向にあります。図面は、言葉の壁を越えて設計の意図を伝達する重要な情報ツールなのです。

＊ **日本産業規格**　英語表記はJapanese Industrial Standards（略称：JIS）。
＊ **国際規格**　ISO（International Organization for Standardization）などがある。

図面の主な種類（図8-1-1）

	図面の種類		定義
用途による分類	計画図		設計の意図、計画を表した図面。
	試作図		製品または部品の試作を目的とした図面。
	製作図		一般に設計データの基礎として確立され、製造に必要なすべての情報を示す図面。
		工程図	製作工程の途中の状態または一連の工程全体を表す製作図。
		据付け図	1つのアイテムの外観形状と、それに組み合わされる構造または関連するアイテムに関係付けて、据え付けるために必要な情報を示した図面。
		施工図	現場施工を対象として描いた製作図（建築部門）。
		詳細図	構造物、構成材の一部分について、その形、構造または組み立て・結合の詳細を示す図面。
		検査図	検査に必要な事項を記入した工程図。
	注文図		注文書に添えて、品物の大きさ、形、公差、技術情報など注文内容を示す図面。
	見積図		見積書に添えて、依頼者に見積り内容を示す図面。
	承認用図		注文書などの内容承認を求めるための図面。
		承認図	注文者などが内容を承認した図面。
	説明図		構造・機能・性能などを説明するための図面。
		参考図	製品製造の設備設計などの参考にするための図面。
	記録図		敷地、構造、構成組立品、部材の形・材料・状態などが完成に至るまでの詳細を記録するための図面。
表現による分類	一般図		構造物の平面図・立体図・断面図などによって、その形式・一般構造を表す図面（土木部門、建築部門）。
	外観図		梱包、輸送、据付け条件を決定する際に必要となる、対象物の外観形状、全体寸法、質量を示す図面。
	展開図		対象物を構成する面を平面に展開した図。
	曲面線図		船体、自動車の車体などの複雑な曲面を線群で表した図面。
	線図、ダイヤフラム		図記号を用いて、システムの構成部分の機能およびそれらの関係を示す図面。
		系統（線）図［配管図、プラント工程図、（電機）接続図、計装図、配線図］	給水・排水・電力などの系統を示す線図。
		構造線図	機械、橋りょうなどの骨組みを示し、構造計算に用いる線図。
		運動線図［運動機構図、運動機能図］	機械の構成・機能を示す線図。

（次ページへ続く）

分類	図面の種類		定義
表現による分類	立体図		軸測投影、斜投影または透視投影によって描いた図の総称。
		分解立体図	組立部品の絵画的表現、通常は軸測投影または透視投影をする。各部品は同じ尺度で描かれ、互いに正しい対向位置を占める。各部品は分離され、順序に従って共通軸上に配置される。
	スケッチ図		フリーハンドで描かれ、必ずしも尺度に従わなくてもよい図面。
内容による分類	部品図		部品を定義する上で必要なすべての情報を含んだ、これ以上分解できない単一部品を示す図面。
		素材図	機械部品などで、鋳造、鍛造などのままの機械加工前の状態を示す図面。
	組立図		部品の相対的な位置関係、組み立てられた部品の形状などを示す図面。
		部品相関図	2つの部品の組み立ておよび整合のための情報を示す図面。例えば、両者の寸法、形状限界、性能、予備試験の要求に関する情報を示す。
		総組立図	完成品のすべての部分組立品と部品とを示した組立図。
		部分組立図	限定された複数の部品または部品の集合体だけを表した、部分的な構造を示す組立図。
	鋳造模型図		木、金属またはその他の材料でつくられる鋳造用の模型を描いた図面。
	コンポーネント図、構造図		1つのコンポーネントを決定するために必要なすべての情報を含む図面。
		コンポーネント仕様図	コンポーネントの寸法、形式、型番、性能などを表した図面。
	軸組図		鉄骨部材などの取り付け位置、部材の形、寸法などを示した構造図。
	基礎図		構造物などの基礎を示す図または図面。
	配置図		地域内の建物の位置、機械などの据付け位置の詳細な情報を示した図面。
		全体配置図	場所、参照事項、規模を含めて建造物の配置を示す図面。
		部分配置図	全体配置図の中のある限定された部分を描いたもので、通常は拡大された尺度で描かれ補足的な情報を与える図面。
		区画図	都市計画などに関連させて、敷地、構造物の外形および位置を示す図面。
		敷地図	建物を建造する場所、進入方法および敷地の全般的なレイアウトに関連する建設工事のための位置を示すもので、各種供給施設、道路および造成に関する情報も含まれる。
	装置図		装置工業で、各装置の配置、製造工程の関係などを示す図面。
	配筋図		鉄筋の寸法と配置を示した図または図面（土木部門、建築部門）。
	実測図		地形・構造物などを実測して描いた図面（土木部門、建築部門）。
	撤去図		建物などで、既存の状態から取り壊して除去する部分がわかるように表した図面（建築部門）。

図面を見る人に対する最大限の配慮

JISの製図規格から逸脱した図面を出図した場合、どうなるでしょうか。図面を見た人が形状を理解することが困難になったり、実際に製作された品物が間違った形状になってしまったりします。

しかし、「JISに従っていさえすれば、図面は完璧！」とはいえないでしょう。図面には、その図面を見る人に対する最大限の配慮が必要なのです。例えば、**図8-1-2**に示す図面では、実際に加工を担当する人が間違えにくいように、同一箇所の寸法は、正面図と側面図のどちらか一方のみにまとめて記入しています。

作業者に配慮した図面の例①（図8-1-2）

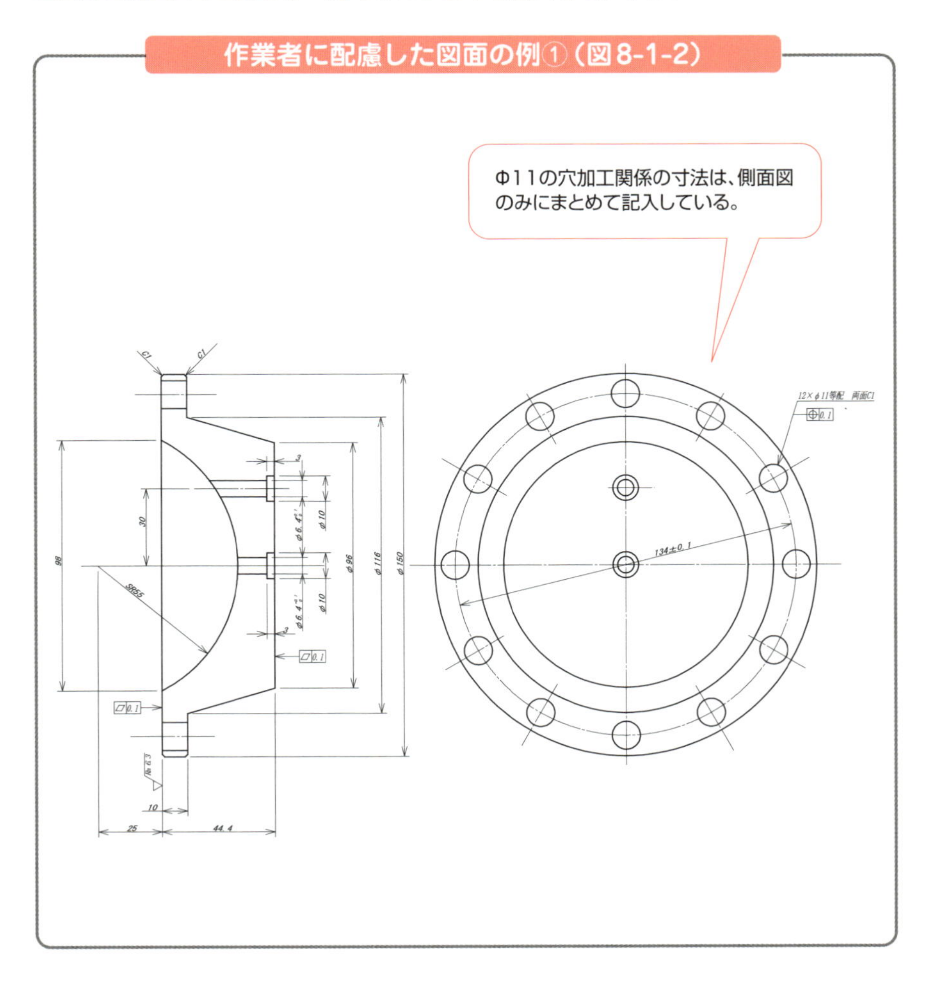

作業者が、同じ加工箇所について、正面図と側面図の両方を見たりしながら作業を行うと、加工ミスを起こしてしまう可能性が高くなります。そういったことが起こらないような配慮が必要です。

同様に、**図8-1-3**にあるとおり、Oリングの溝、はめ合い記号なども、必要に応じて寸法やサイズ公差を併記するようにします。こうすることにより、作業者は加工途中で作業を中断してJISの寸法値を調べる必要がなくなり、加工ミスが少なくなるのです。もしも加工ミスが発生すると、製品の完成が計画よりも遅れることになります。それで困るのは設計・製図を行った自分自身ですので、作業者がミスを引き起こしにくい図面を描くことが重要なのです。

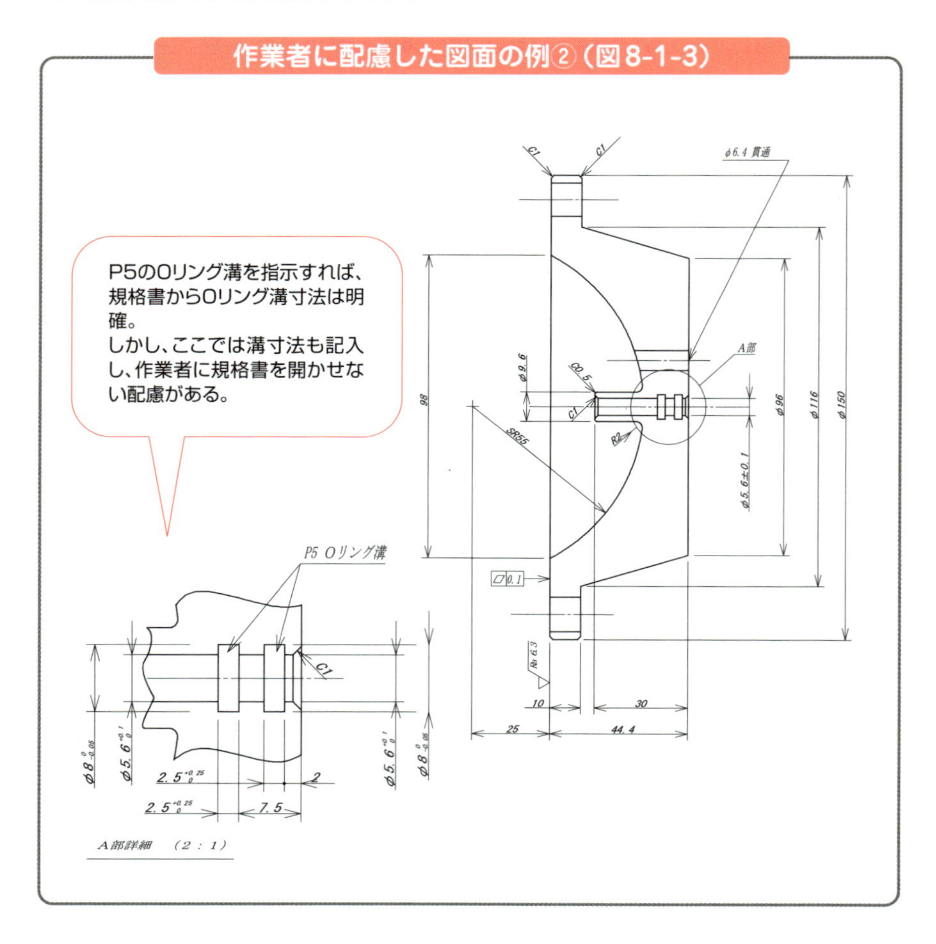

8-2 投影図

立体を投影して投影面に描き出す方法を投影法、無限の距離にある位置から平行に投影する方法を平行投影といいます。

立体を図面に表す

平行投影によって投影面に描き出す方法には、投影面を投影線と直角に置いた**直角投影**と、斜めに置いた**斜投影**があります。

直角投影のうち、**図8-2-1**に示すように、立体の1つの面を投影面に平行に置いた場合を**正投影**といい、真正面から投影したもの、真上から見たもの、真横から見たものなどを組み合わせて表現する図を**投影図**といいます（**図8-2-2**）。

平行投影（図8-2-1）

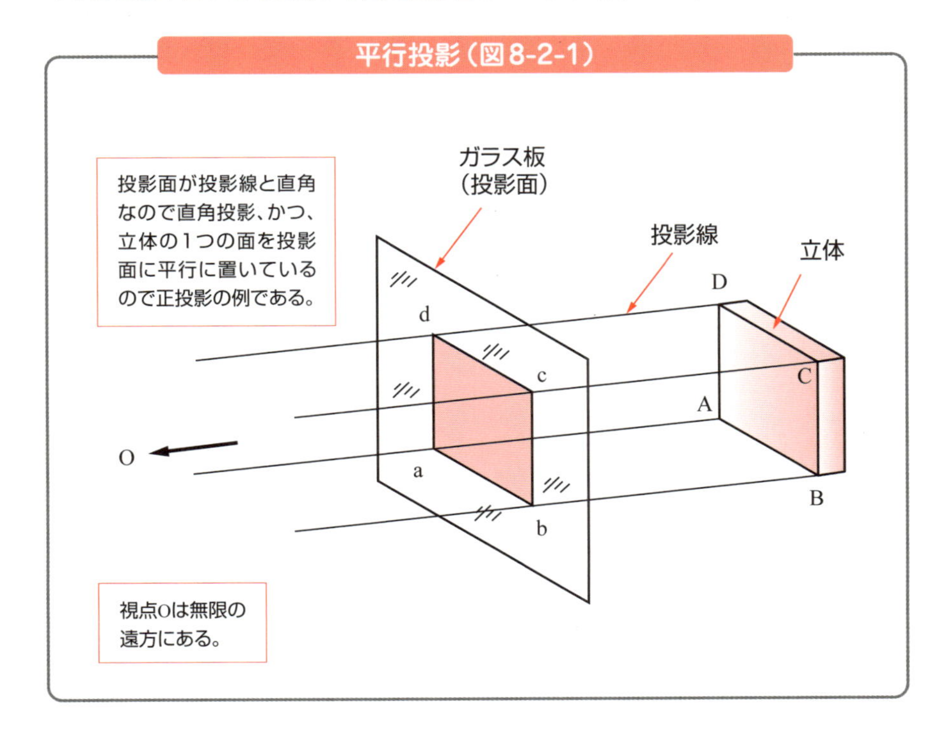

真上から見たものを**平面図**、真正面から見たものを**正面図**、右側から見たものを**右側面図**、左から見たものを**左側面図**、真後ろから見たものを**背面図**、真下から見たものを**下面図**といいます。

投影図は、平行に直角投影されているので、立体の形状とそれぞれの面が同じ寸法で表現され、立体を正確に表すことができます。

立体を表現するには、こうした投影図のうち、正面図、平面図、右側面図の３面だけで理解できることが多いことから、一般にはこれら３つの投影図で立体を図面に表します。

投影図（図8-2-2）

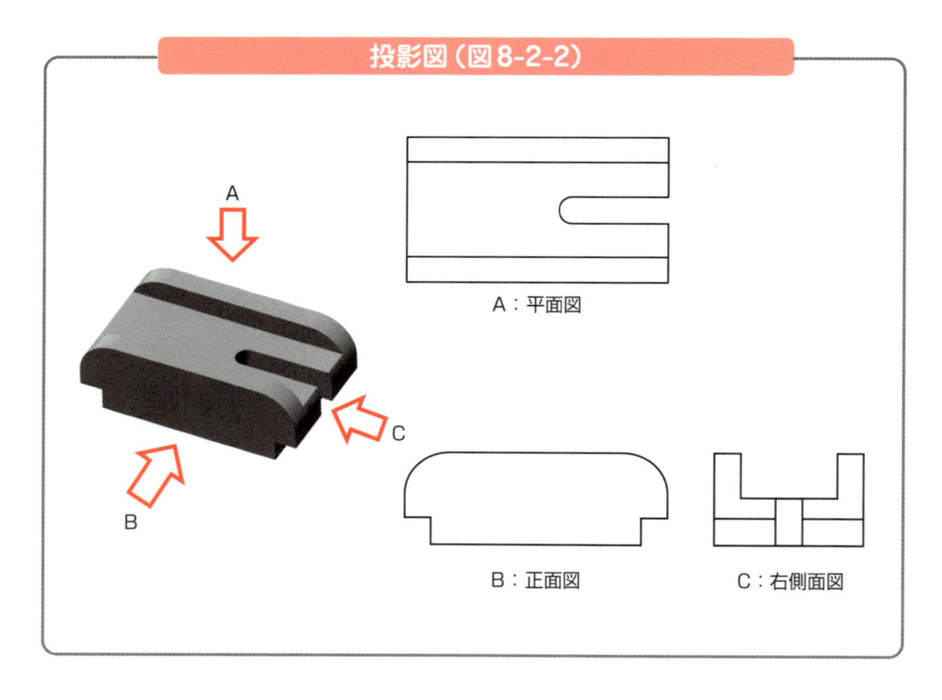

8-3 第三角法

物体を図面に表す際には、投影法を用います。わが国における機械製図の場合は第三角法が多く用いられています。

立画面と平画面

空間を立画面と平画面で**図8-3-1**のように4つに区分します。対象物を観察者と座標面の間に置き、対象物を正投影したときの図形を対象物の手前の画面に示す方法を**第三角法**といいます。

第一角法は、対象物を正投影したときの図形を対象物の後ろの画面に示します。第一角法と第三角法の例をそれぞれ**図8-3-2～3**に示します。図面表題欄の所定のところには、図面がどのような投影法を用いて描かれているのか記入します。第三角法の場合は、第三角法と記入するか、**図8-3-1**に示すような記号を記入します。

立画面と平画面（図8-3-1）

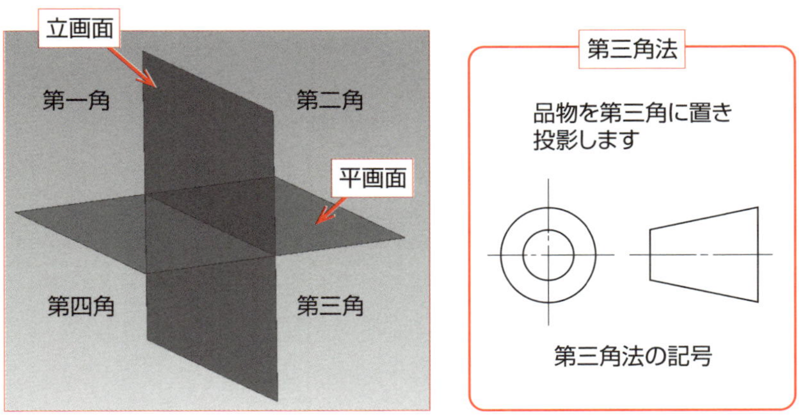

立画面
第一角
第二角
平画面
第四角
第三角

第三角法

品物を第三角に置き
投影します

第三角法の記号

第一角法の例（図8-3-2）

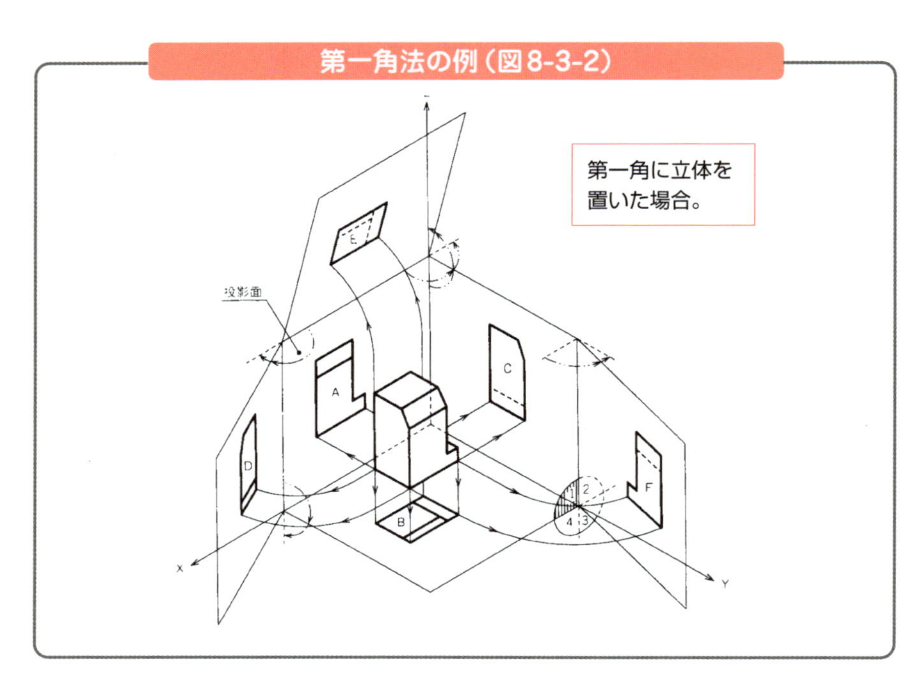

第三角法の例（図8-3-3）

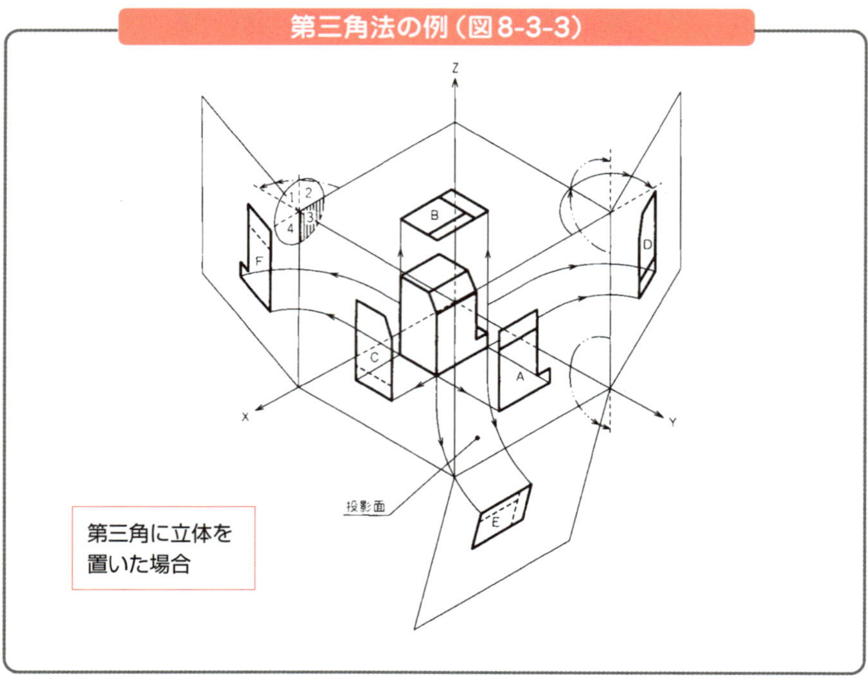

8-4 設計修正の図面での対応

図面に修正要求が出るのはよくあることです。寸法の修正であれば、2次元図面の場合、寸法表記のみ修正することもあります。

履歴管理ツール

修正の要求があったときは、修正箇所の修正前の値を必ず残した形で修正します。また、修正履歴を必ず残すようにします。修正履歴には、修正箇所と修正した担当者の名前、日付を記入します。

また、2次元図面がCADで描かれていて、加工データなどをCADデータから出力している場合は、CADソフトの**履歴管理ツール**により履歴を残すようにします。

近年は、ほとんどのCADソフトに履歴を管理するツールが搭載されています。履歴管理ツールの例、修正の入った図面の例を**図8-4-1～2**に示します。

修正履歴を残すのは、「その図面をいつ、だれが、どのように修正したか」について、あとでわかるようにするためです。修正箇所に関する再修正を別の者が行うときに、前回の修正の経緯をたどり、場合によっては前回修正した者に話を聞くことも可能になります。

近年、CADソフトを利用した設計データのデジタル化に伴い、過去の図面資産を流用する「流用設計」や、いくつかの部品を集めて新しい製品を構成する「配置設計」が増えています。修正履歴をきちんと残しておけば、こうした設計手法をとることも容易になります。

履歴ツールの例（図8-4-1）

修正箇所や担当者の名前、日付を記入する。

履歴を残す！

CADソフトの履歴管理ツールを活用して図面の情報を残すようにする。

修正履歴がある図面の例（図8-4-2）

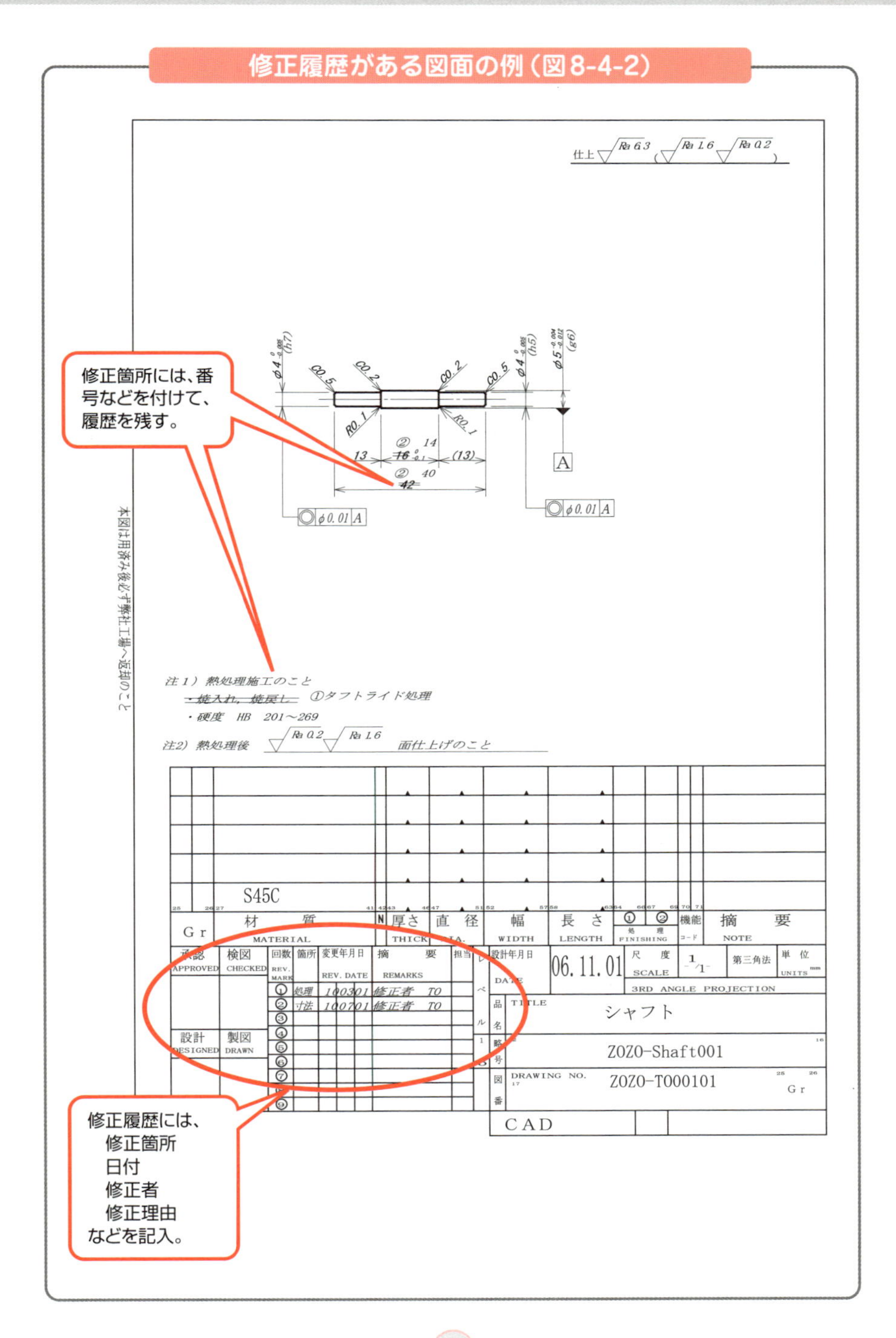

8-5 加工を考えた図面

設計においては、部品の形状を決めるに際して、加工するときの状況を考慮する必要があります。

加工が可能な設計かどうか

例えば、**図8-5-1～2**に示す図面には、加工しにくい箇所があります。**図8-5-1**には、ロングドリルがなければ加工できない穴あけがあります。こうした場合は、設計上の工夫によりロングドリルが不要となるようにするか、試作作業者に加工が可能かどうか確認する必要があるでしょう。

図8-5-2には、小径の深い穴あけがあります。この穴あけ加工は、中心軸が倒れやすく、加工が難しいといえます。このような箇所も、作業者と打ち合わせをして、「このまま進めるか、設計変更をするか」を判断しなければなりません。

加工しやすい設計とは

加工しやすい設計については、次の2つの観点から考えることができます。

①部品材料の観点
②部品形状の観点

①については、「加工性のよい部品材料を用いる」ということです。例えば、切削加工では、被削性のよい材料を用います。加工性のよい材料の加工は、一般的に工具の寿命も長くなり、加工精度も良好で、高速で加工できることから、加工時間も短縮されます。

②の加工性のよい部品形状については、「加工法を熟知した上で、加工性に適合した形状を決める」必要があります。加工を考慮した部品形状の例を**図8-5-3～5**に示します。

図面は、加工を担当する作業者や、その図面を活用しようとする作業者に対して、十分な配慮がなされている必要があります。配慮すべきポイントを以下に述べていきます。

ロングドリルでなければ届かない加工（図8-5-1）

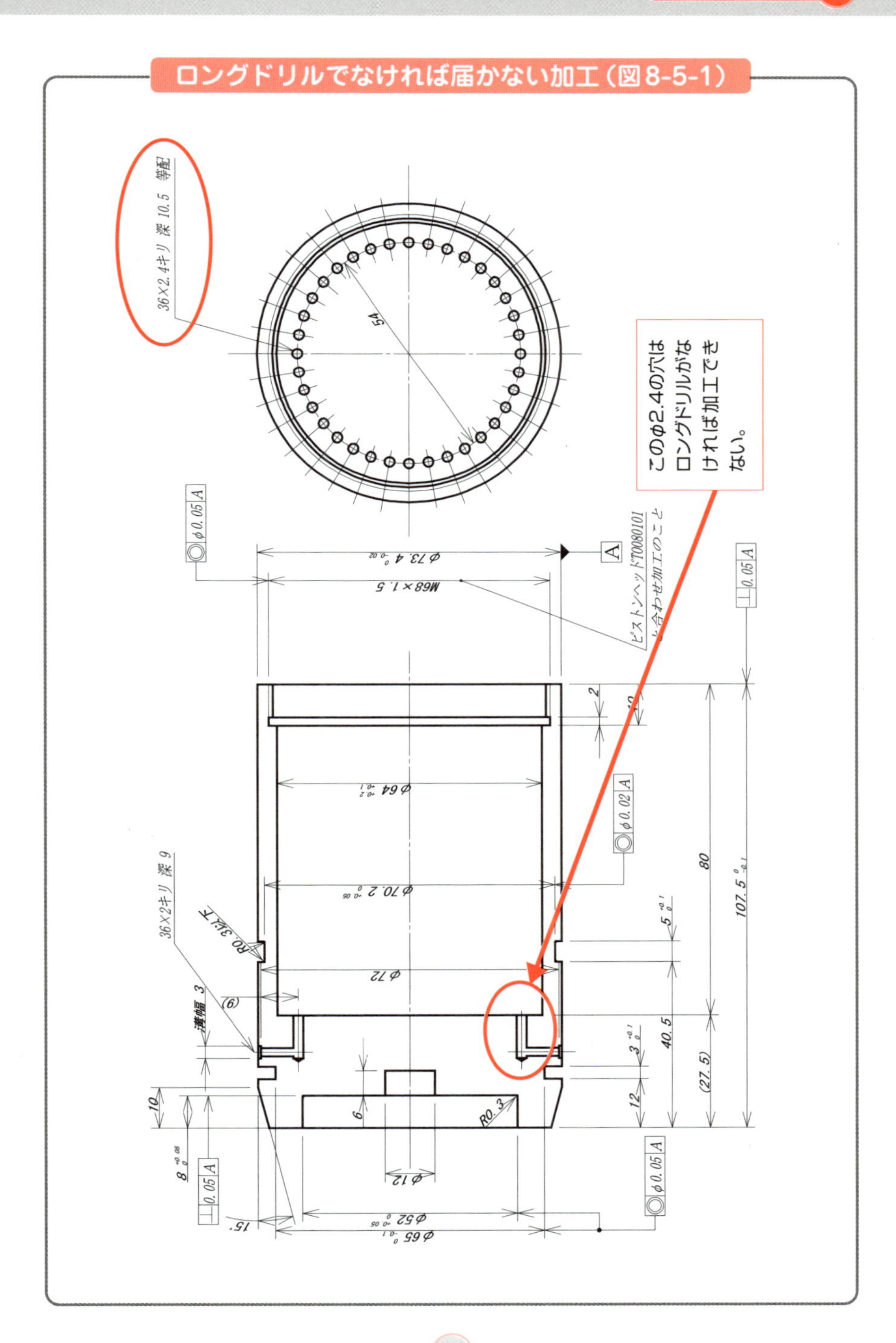

小径の深い穴加工（図8-5-2）

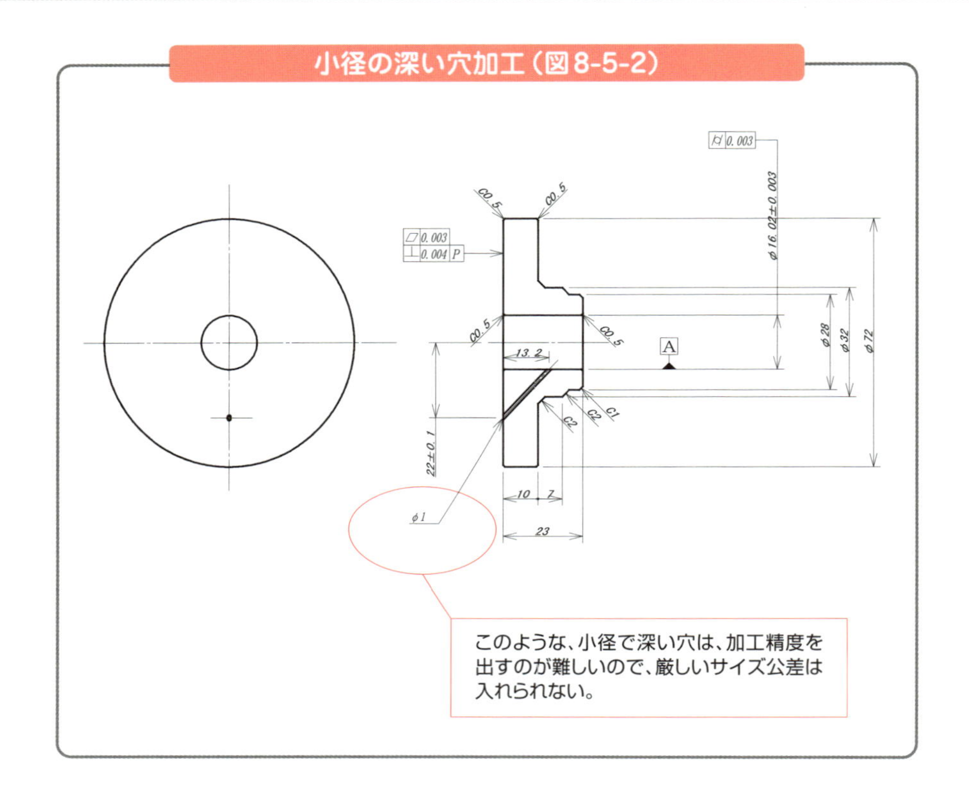

「加工しやすい」配慮

工作機械に製作物を設置したり、降ろしたり——を何度も繰り返していては、生産性も製造性（製造のしやすさ）も良好とはいえません。加工しやすい材料の選定や工具の選定は、設計の重要な要素となります。製品の機能や特性に合わせて、最適な加工法を選定することが必要です。

また、できるだけ単純な形状にすることも大切です。さらに、同一の機械で加工可能な形状にする工夫も必要です。

「計算させない」配慮

作業者が、加工中に図面を見ながら、寸法の足し算や引き算をするようでは、加工ミスの原因になります。また、完成度の低い図面といわざるを得ません。

加工を考慮した部品形状の例①（図8-5-3）

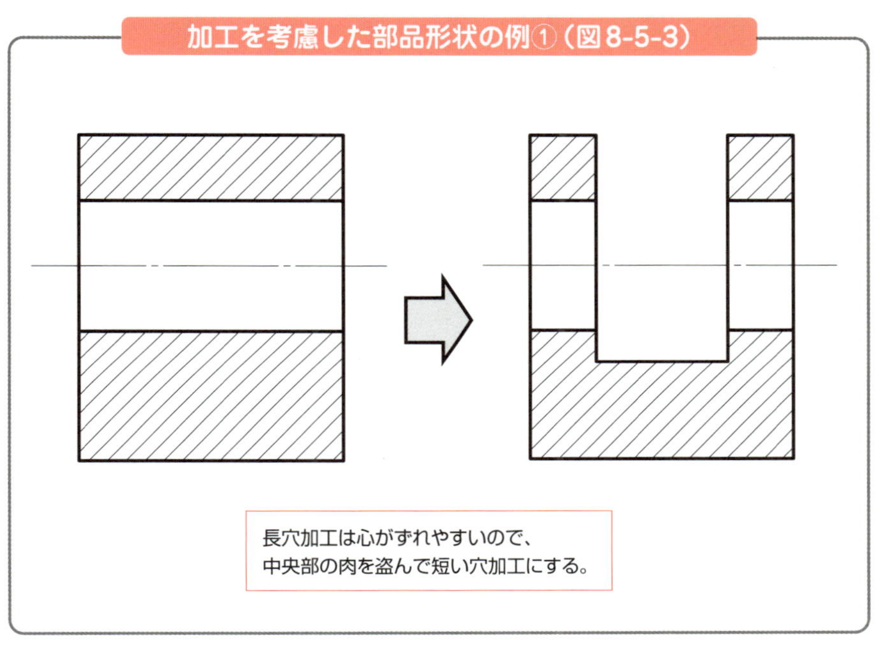

加工を考慮した部品形状の例②（図8-5-4）

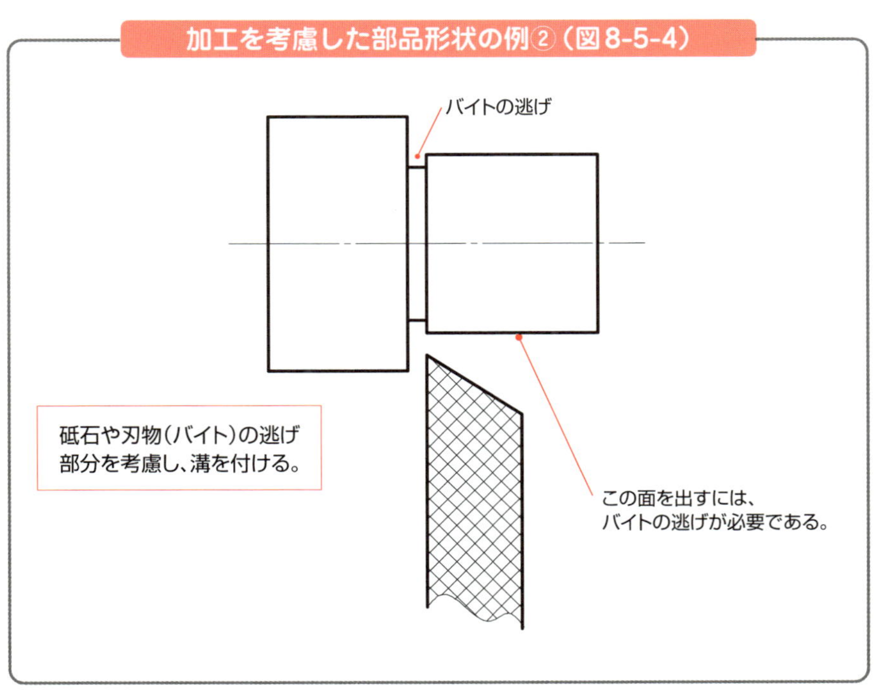

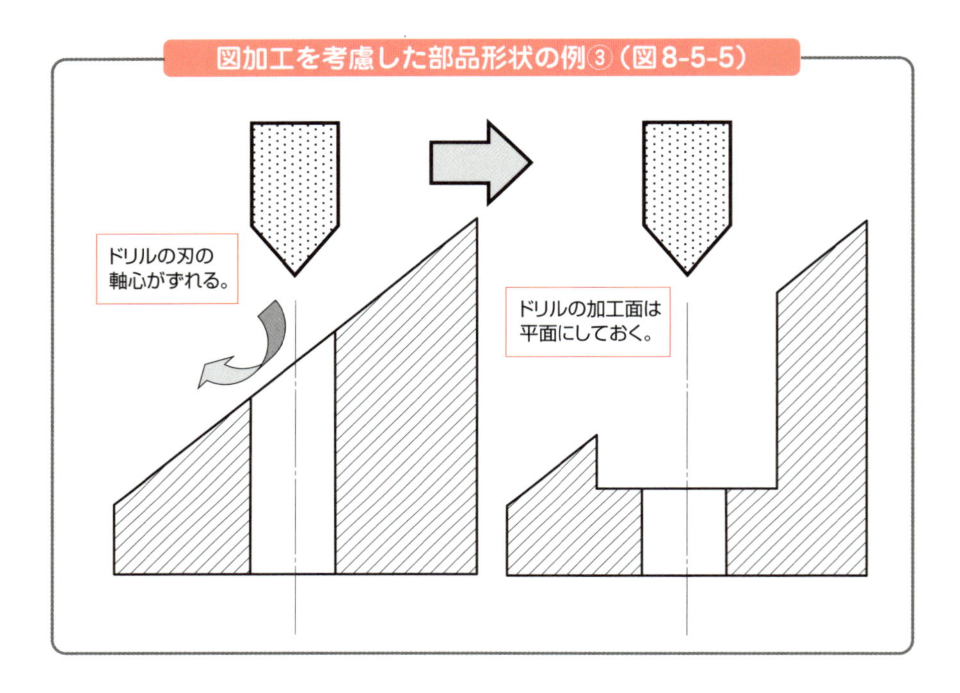

「見やすい」配慮

図面は、紙面に的確にレイアウトされている必要があります。CADを用いれば、線や文字については、だれが記入しても高い品質が得られます。しかし、寸法値の記述位置を揃えるとか、引き出し線の位置を揃える(**図8-5-6**)など、作業者にとって見やすく、判読しやすくなるような工夫が必要です。

また、前述のとおり、同一箇所の寸法表記を正面図や側面図にバラバラに記入してしまうと、作業者は、正面図と側面図を見比べ、考えながら加工を進めることになります。このような寸法表記は、作業者のミスを減らすためにも、どちらか一方にまとめて表記すべきです(**図8-5-7**)。

引き出し線の位置を揃える配慮（図8-5-6）

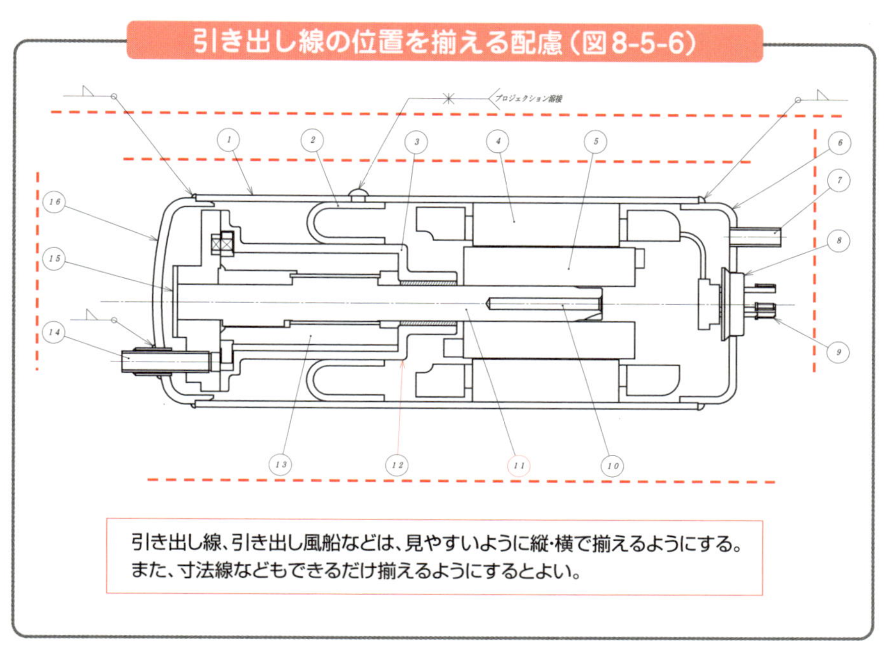

引き出し線、引き出し風船などは、見やすいように縦・横で揃えるようにする。
また、寸法線などもできるだけ揃えるようにするとよい。

寸法値の表記に関する配慮（図8-5-7）

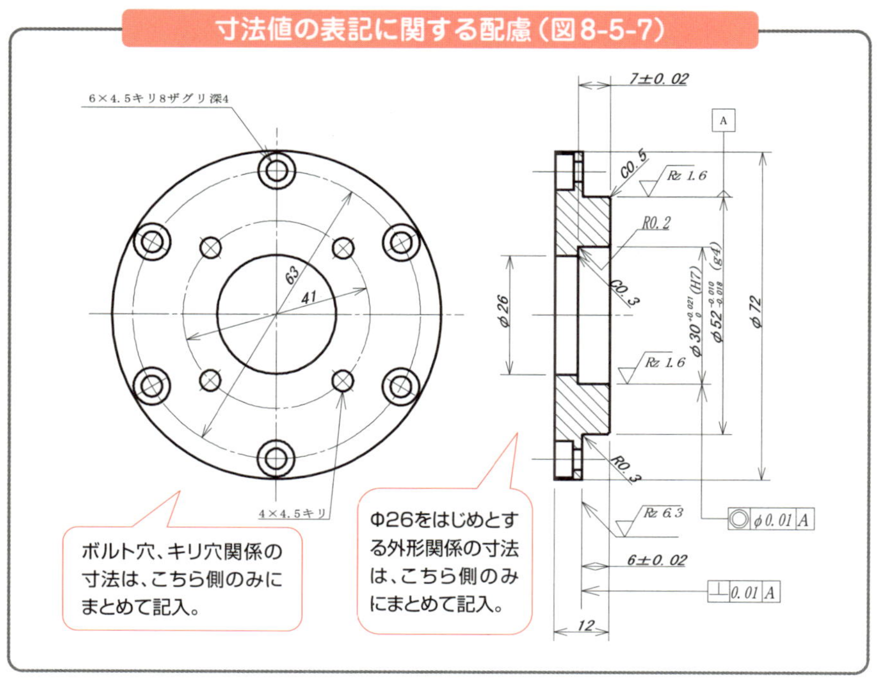

「分解・組み立てしやすい」配慮

一般的に、「使用するねじの種類はできるだけ少なくする」「上から部品をのせていくことで、組み立てが進められるような構造にする」などの配慮が求められます。このようなことは、実際に製造の現場を歩き回って気づくことが多いのです。

6章でも述べましたが、嵌合部品では、あらかじめ位置決めピンを設置しておき、ピンに合わせて組み立てることで、嵌合部の組み立て精度が実現できるようにすることも重要です（**図8-5-8**）。また、左右非対称の部品では、裏表を間違えて組み立てないように、等配のボルト穴ではなく、非対称な位置に穴をあけることが必要です（**図8-5-9**）。こうすることにより、裏表を間違えるとボルトが入らなくなり、間違いを避けられるのです。

位置決めピンを用いた部品（図8-5-8）

非対称なボルト穴の例（図8-5-9）

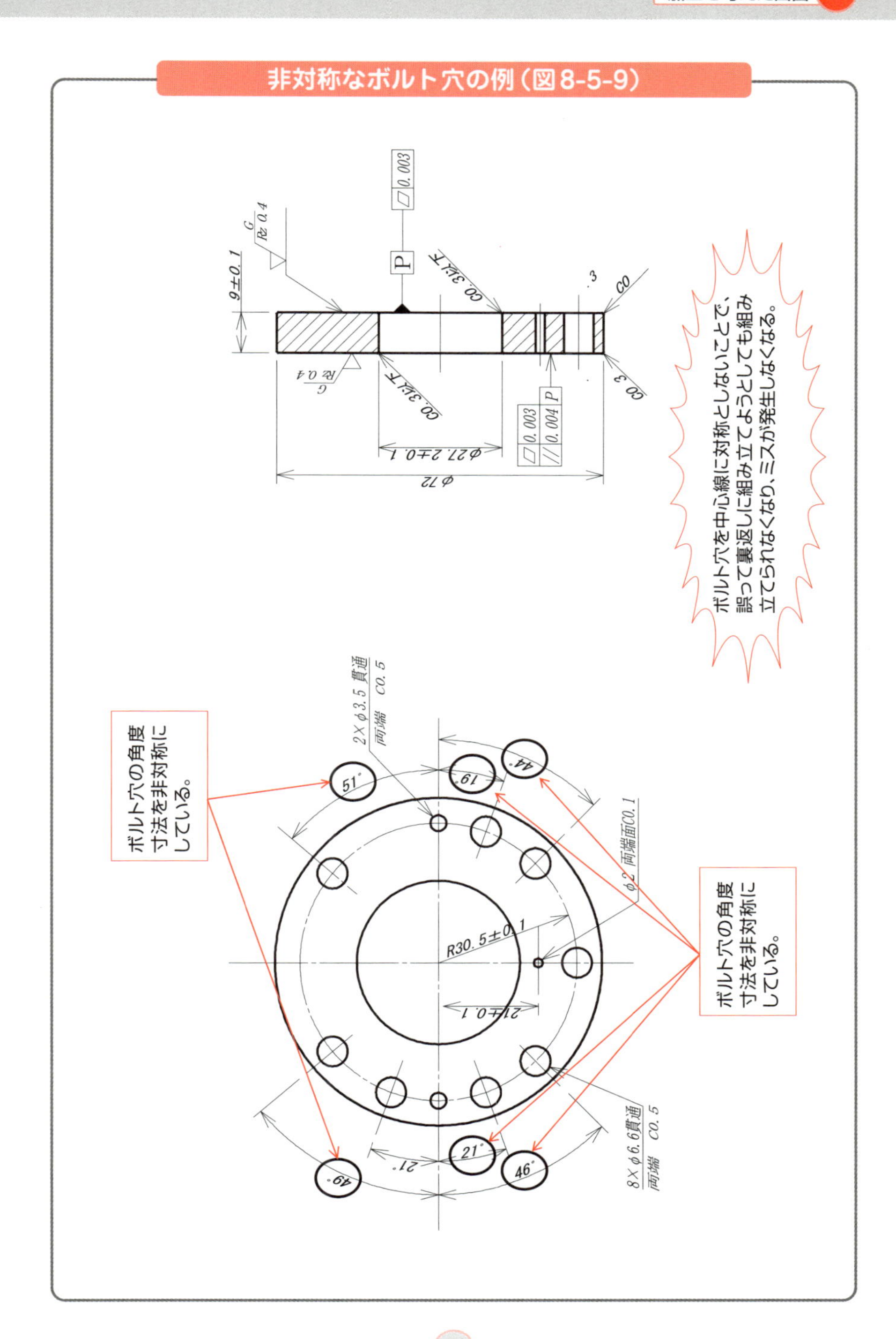

8-6 公差と設計

公差には、サイズ公差や幾何公差があります。製作物の機能は、これらの公差設定によって大きな影響を受けます。また、公差設定はコストや納期にも大きな影響を及ぼします。

適切な公差設定

基準値と許容される範囲の最大値との差を「**上の許容差**」といい、基準値と最小値との差を「**下の許容差**」といいます。また、この間の領域を**許容区間**、実際の加工あるいは組み立ての際に生じるバラツキの幅を**公差**といいます。さらに、寸法のバラツキの幅（公差）のことを**サイズ公差**、位置の関係における公差のことを**幾何公差**といいます。

公差設定を厳しくしすぎたり、幾何公差の設定が重複したり、公差設定の論理に矛盾があったりすると、製作時の大きな障害となります。適切な公差設定は、設計において重要な要素となります。

空調機に用いられている密閉型圧縮機は、高精度な圧縮機構部の部品を用いています。ここでは、密閉型圧縮機の機構部品の設計を例に説明します。

ロータリ式の密閉型圧縮機の圧縮機構部は、**図8-6-1**に示すように、次の①～⑥から構成されています。

①クランクシャフト　：電動機部からの回転力をローリングピストンに伝える部品
②ローリングピストン：クランクシャフトの偏心軸部に挿入され旋回運動をする部品
③シリンダ：圧縮室を形成する部品
④主軸受　：クランクシャフトを支持する部品
⑤副軸受　：クランクシャフトを支持する部品
⑥ベーン　：高圧空間と低圧空間を仕切るためにローリングピストン外周に追随して往復運動する部品

これらすべての部品の摺動する部分は、1/1000mmすなわち1μm（マイクロメートル）オーダーの部品精度で研磨仕上げされています。したがって、ロータリ圧縮機は精密部品から成り立っているといっても過言ではありません。

ロータリ圧縮機の構造（図8-6-1）

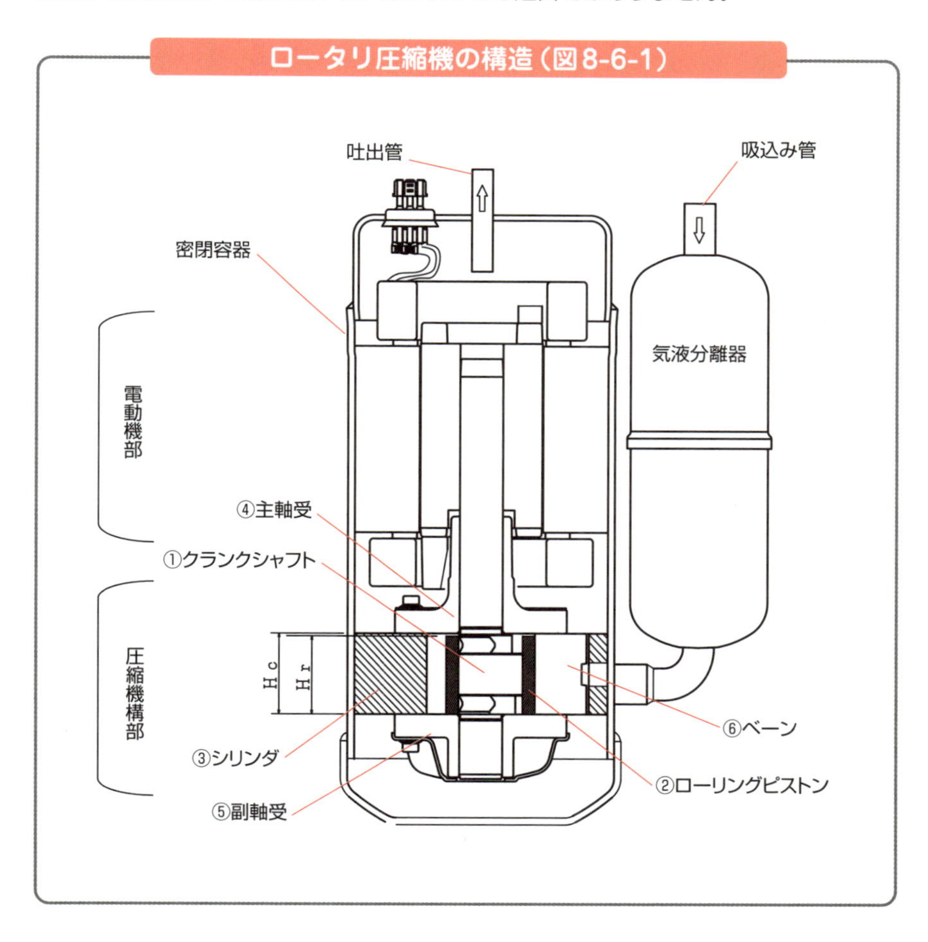

求められる高い部品精度

圧縮機構部の部品は、高い**部品精度**が必要とされます。ロータリ圧縮機のシリンダの構成を図に示します。もしも、ローリングピストンの部品精度が設計基準から数μm外れて、圧縮室のローリングピストン上下面や側面のシール隙間が大きくなると、圧縮室内においてガス漏れが増加します。

この漏れにより圧縮損失が大きくなり、性能（効率）の低下を招き、省エネ性能を悪化させてしまいます。逆に、隙間が小さくなりすぎると、圧縮室内の潤滑性能が悪化し、ローリングピストンの上下面や外周面の摺動部に焼き付きが発生します。

また、低圧のガス冷媒を高圧に圧縮することから、その圧力差により、軸受などに大きな力が作用します。

主軸受や副軸受の部品精度が設計基準から数μm外れると、クランクシャフト外周と軸受内周における潤滑性能が悪化（油膜切れ）することで、クランクシャフトと軸受に焼き付きが発生します。このように、圧縮機構部の各部品は性能と信頼性を確保するため、高い部品精度が必要なのです。

ロータリ圧縮機のシリンダ構成（図8-6-2）

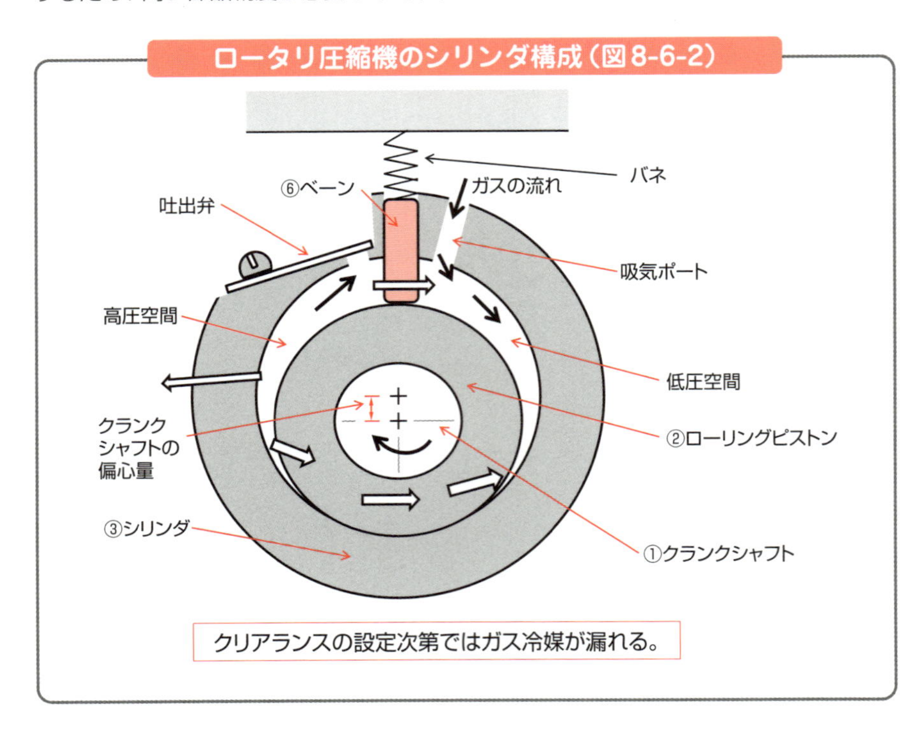

クリアランスの設定次第ではガス冷媒が漏れる。

部品精度を高めるための寸法管理

製品化を考えて圧縮機を設計する際には、圧縮機の設計者は厳しい市場ニーズを意識して、高い性能と高い信頼性を過度に重視してしまうことがあります。

その結果、部品精度をできる限り高くしたいと考えて設計してしまうことになるのです。しかしこれでは、実際のものづくりはうまくいきません。

部品精度を高くするには、公差の幅を狭くし、寸法管理を厳しくすることになります。実際の加工や組み立ての際に生じるバラツキの幅（公差）は、性能や信頼性はもとより、製造性（加工、組み立て）を大きく左右する要素となります。

すなわち、最終的にコストに大きく跳ね返ってくるのです。コスト低減は、今日の設計者に要求される最も重要な技術力（設計力）の１つであり、避けられない項目です。「公差を決定する」ことは、設計者を悩ます、最も難しく、最も重要な設計上の工程なのです。

公差を考える具体例

ここで、ロータリ圧縮機のシリンダとローリングピストンの高さ方向（軸方向）の**部品精度**と**公差***について、具体的な例を見てみましょう。

- シリンダの高さ寸法：$H_c = 30.000 \pm 0.004$
- ローリングピストンの高さ寸法：$H_r = 29.980 \pm 0.003$
- シリンダとローリングピストンの隙間：$C = H_c - H_r = 0.020 \pm 0.007$

したがって、

最大隙間：$C_{max} = 0.027$、最小隙間：$C_{min} = 0.013$

となります。

このC_{max}とC_{min}について、圧縮機の性能と信頼性の規格（設計基準）を満足させなければならないのです。

この場合の公差の管理としては、

***公差**　各製造メーカーにより異なる。

①シリンダの上下面の平面度や平行度
②ローリングピストンの上下面の平面度や平行度
③主軸受や副軸受のシリンダ側に向かい合う面の平面度

などが、性能や信頼性に影響します。

また、サイズ公差だけでなく形状精度（これも公差）、研磨面の表面粗さ（これも公差）などにも留意して設計を進めることが重要です。

COLUMN 検図力は設計力（検図力＝設計力）

的確な**検図**により、ものづくりのプロセスの中で、「設計ミス」「生産活動の一時ストップ」をなくし、「歩留まり」を高めることができます。

●製作図をチェックすることはとても大切です。

検図で検証すべき項目

- 図面の間違い
- 強度的な問題
- 構造上の問題
- 製造（コスト）上の問題
- 機能の妥当性
- 過去のクレーム対応

これらに加えて

●規格のチェック
●設計の検証
●失敗の織り込み

検図力を確認してみましょう！

（1）工程能力を把握していますか？
　――自社の実力を知らなければ、公差は決められません。
（2）無駄な公差、意味のない形状がありますか？
（3）あいまいな形状がありますか？
（4）組み立てた状態を検討していますか？
（5）過去の資産の流用設計時に、検証・工夫を加えていますか？
（6）標準部品／共通部品を知っていますか？
（7）社内基準は用意されていますか？
（8）製図の基本的な規則を守っていますか？
（9）過去の図面を検証したことがありますか？

精度のよい図面は、生産性を高めるだけでなく、製品の品質向上やコストダウンにつながります。

的確な検図ができることは、よりよい製品を創出します。
これは、まさに「設計力」です。

検図力＝設計力

COLUMN 3次元CADデータの活用例①（医療分野）

インプラントの設計・製作、手術の検討など、医療分野での応用が広がっています。手術の訓練などの目的で、3次元CADデータをもとにしてCGを製作し、**VR**（Virtual Reality）等に活用する、といった研究開発も進められています。

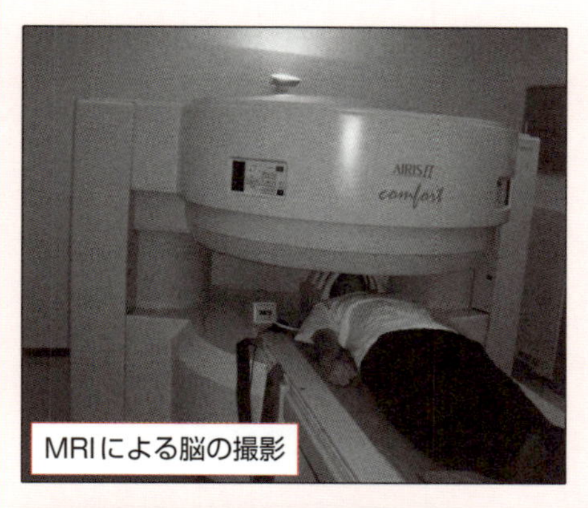

MRIによる脳の撮影

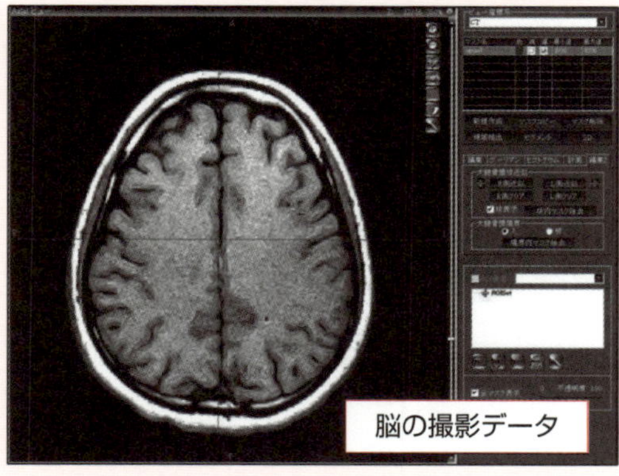
脳の撮影データ

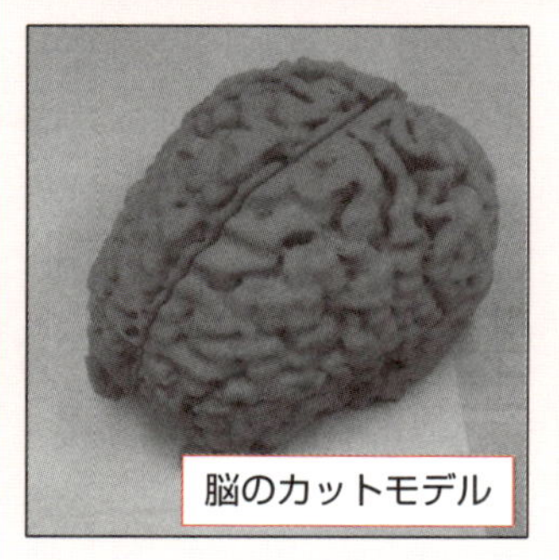
脳のカットモデル

MRI（Magnetic Resonance Imaging：磁気共鳴画像法）装置を用いて撮像されたデータを、3次元CADデータに変換し、さらに3Dプリンタのデータに変換して、脳のモデルを造形します。

COLUMN 3次元CADデータの活用例②（動物の行動研究）

生物の優れた能力を探り、それを機械設計に応用していく試みがなされています。その中で、3次元のデータは広く活用されています。

ウミガメは、水中における優れた泳力を有しています。これを機械設計に応用すれば、海底資源探査などに有用かもしれません。

実物のウミガメを3次元スキャナで採寸すれば、3次元プリンタによる造形やCAEへの活用が可能になります。

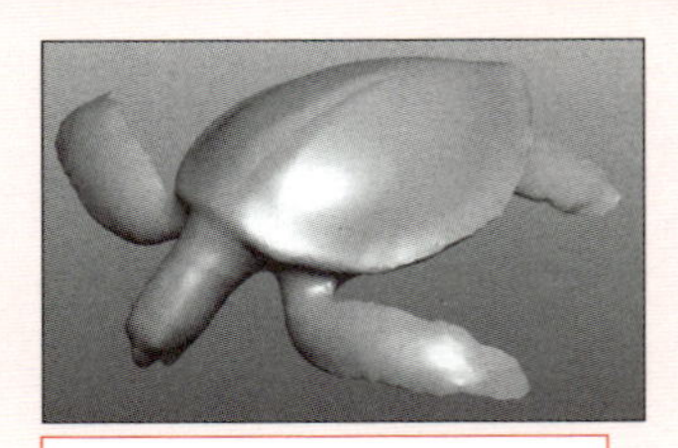

3次元スキャナによる生物外形形状のデータ化

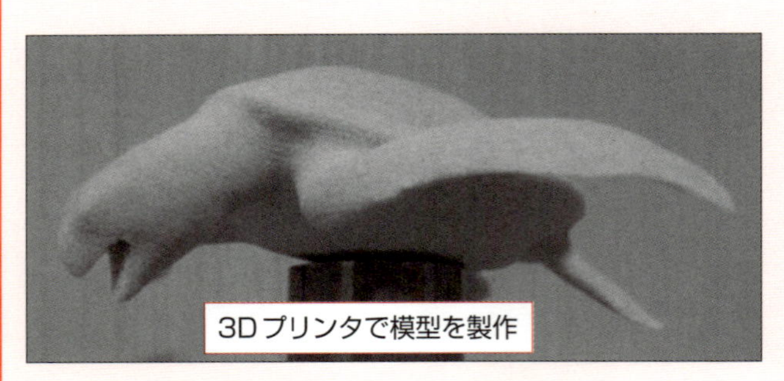

3Dプリンタで模型を製作

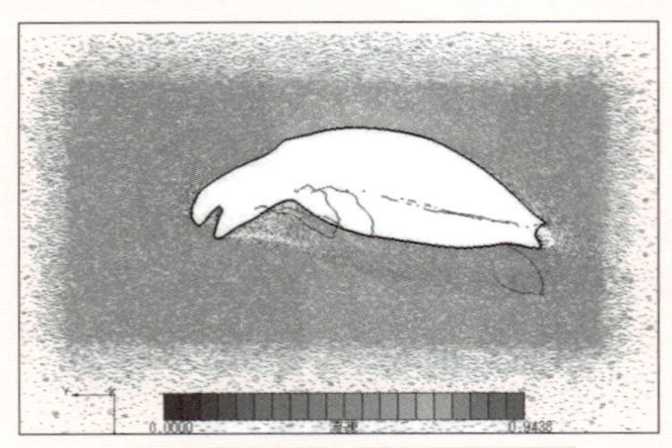

流れ解析などのCAEに活用

Chapter 9

設計の管理

「設計の管理」は、設計情報の管理、工程の管理、製作の管理、品質の管理を含むプロジェクトの管理を意味します。ものづくりにおいては重要な事項です。本章では設計の管理に注目し、その概要を解説します。

9-1 設計データの管理

設計データとは、図面やCADデータ、評価報告書などの電子データのことです。これらは、設計・製造部門のみならず、営業部門その他でも幅広く活用可能な情報です。

設計データの有効活用

設計データの適切な管理・運用は、単に製品開発・製造の効率化につながるだけでなく、事業戦略を練る上でも設計データを重要な情報として活用可能になることを意味します。したがって、その管理方法や活用方法を十分に理解して、有効に活用していく必要があります。

図面に関しては、2次元CADおよび3次元CADの普及が進み、電子データとして管理されるようになってきました。

設計データの管理と運用を標準化する

CADで作成された電子データを効率よく管理・運用していくためには、管理・運用に関する標準化が必要です。例えば、図面の用紙サイズ設定を社内で標準化しておけば、図面ごとにプリンタなどの印刷装置に合う用紙サイズを設定する必要がなくなります。

また、ボルトのような頻繁に使用する部品が標準化されていれば、部品の種類が絞られるので、図面の見間違いによるミスを減らせます。標準化によって、設計情報を正確かつ迅速に伝達ができるようになるのです。標準化すべき基本項目には、以下のようなものがあります。

●用紙サイズ

2次元CADや3次元CADで作成されたモデルを2次元図面として出力する際には、使用する用紙サイズを決めておきます。「用紙サイズはA1、A2、A3、A4の4種類とする」などと統一しておくと、図面にアクセスして活用しようとする作業者のミスや混乱が減少します。

●図枠サイズ

図面を用紙に出力するプリンタやプロッタなどの機器では、出力機器により対応可能な用紙サイズの範囲が異なります。また、同じ用紙サイズでも、用紙上で出力可能な範囲がメーカーや機種によって異なる場合もあります。社内で導入した出力機器の仕様を検討して、統一した図枠サイズを設定しておきます。

●表題欄（部品欄）

2次元CADにより作図される図面において、表題欄の位置が右下や右上など不統一になっていると、図面を利用する作業者にとっては見にくく、ミスや混乱の原因となる可能性があります。

表題欄は、一般には図面右下に設けることが多いですが、そうでなくてもよいので、表題欄や部品欄の配置は社内で決めておきます。また、表題欄や部品欄に記載する項目、内容、各項目の配置も決めておくべきです。

これらの項目は、図面をファイルに整理する際に大いに役立ちます。近年のCADソフトの多くは、表題欄に記載する内容を登録できる機能を持ちます。**図9-1-1**に示したように、ファイル名、図面名、図面番号、作成者名、縮尺、作成日時、変更日時、用紙情報、修正履歴などを図面情報として登録しておき、これらの登録データを図面検索や図面のデータベース化に活用することができます。

3次元CADにおいても同様です。ファイル名やアイテム名の付け方、アノテーション情報（3Dモデルに直接付ける寸法などの注記）、部品欄なども、統一したルールを決めておく必要があります。フィーチャリストの表を一例として**図9-1-2**に示します。フィーチャごとに統一した名前を付けておけば、管理の質が格段に向上します。

●線種

ほとんどのCADは、線の太さや種類、色といった設定値を初期値としてコンピュータに登録できるようになっています。一般的には「ペン番号とプロッタ側の設定」もしくは「ペン番号と線の太さ（ドットやmm指定）や種類、色の設定」となります。

CADシステムを担当者相互で利用する場合や、他のCADで作成された図面を出力するなどに配慮して、統一した仕様を設定しておきます。

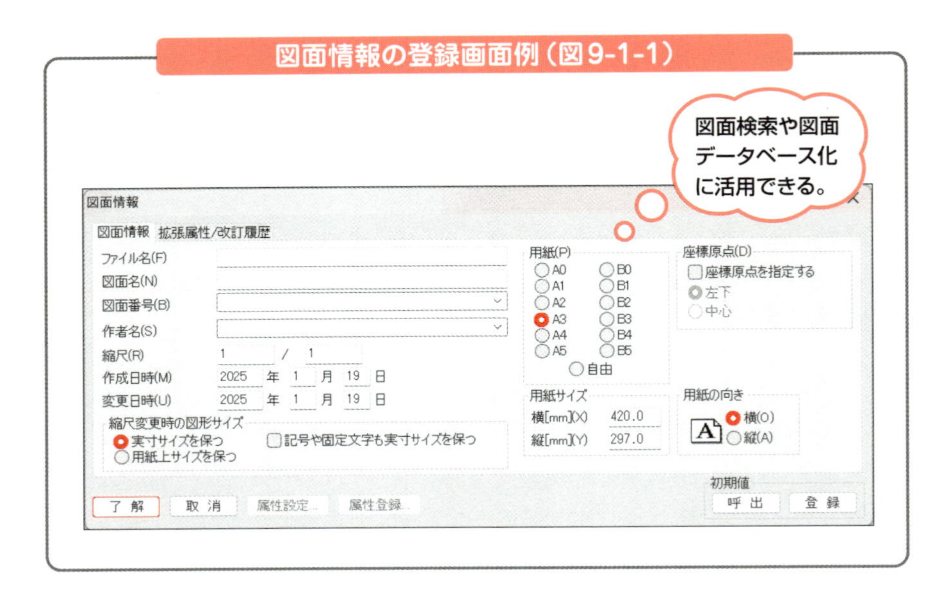

図面情報の登録画面例(図9-1-1)

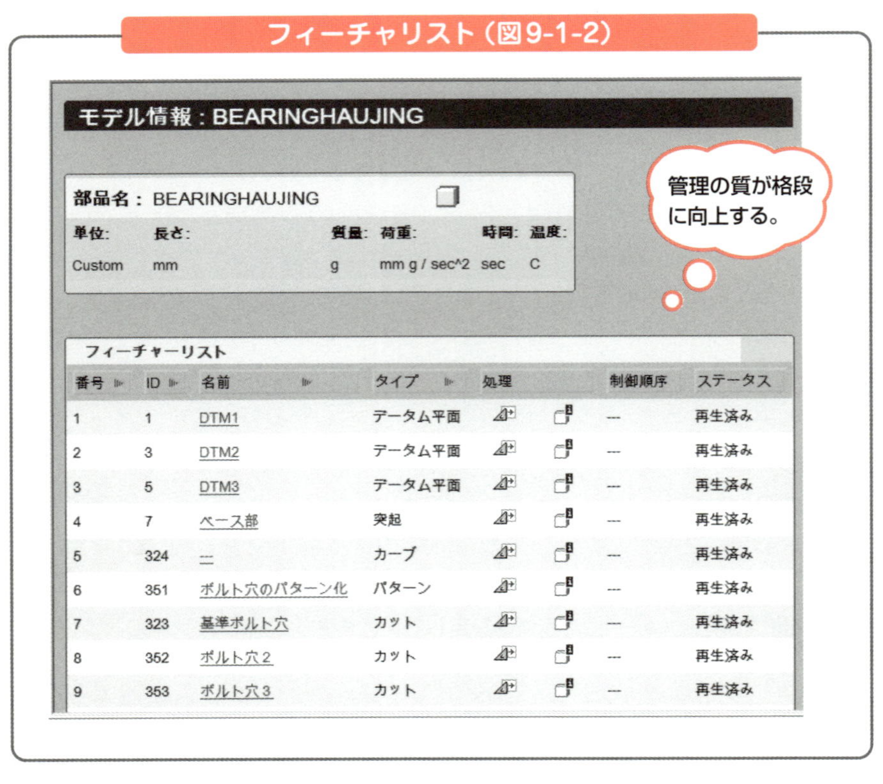

フィーチャリスト(図9-1-2)

●寸法の記入

CADを用いることで、寸法記入が簡単にできます。また、多くのCADソフトでは、記号や寸法値の入れ方、付記事項の記載場所など、細かいところまで作業者が任意に決められるようになっています。

しかし、寸法値の入れ方によっては、作業者のミス、NC工作機械の刃物の誤動作や無駄な動きが生じます。したがって、寸法記入に関しても、社内で記入ルールを統一する必要があります。

図面を見る作業者のミスが減るよう、見やすい表記を心がけるのはもちろんですが、社内にある加工機の仕様や、製作しようとする部品の性格を理解して、それらの状況に応じた記入ルールを定めることも大切です。

寸法値の入れ方によっては、加工精度が変わることもあります。加工機の仕様や基準面の取り方、材料の特性などを考慮した上で記入する必要があります。社内では、取り扱う部品に関して、考えられるすべての要因（部品の機能上必要な精度、加工機の仕様、基準面の取り方、材料特性など）から、寸法表記の標準化を図っていく必要があります。

●記号の記入

同一の図面中に、算術平均粗さ（Ra）や十点平均粗さ（Rz）が混在していると、二次作業者、特に加工を行う作業者が混乱し、ミスにつながりやすくなります。やむを得ない場合を除いて、粗さの表示法は統一すべきです。

多くのCADソフトでは、よく使用する記号類を部品として登録し、必要に応じて取り出せるようになっています。このような機能をカスタマイズにより利用することで、記号の記入も効率的に行うことができます。

設計データの標準化を図る

設計データの管理・運用の標準化を図れば、作業者のミスが減少する。また、設計データの活用がしやすくなる。

●レイヤ(画層)

レイヤは、2次元CAD、3次元CADのどちらでも便利な機能として用いられます。レイヤ分けをしなくても、図面の作成やモデリングは可能です。しかし、レイヤを活用すれば、図面データを多くの部署で効率的に活用することができます。レイヤに関しても、社内で統一しておく必要があります。

例えば、

> レイヤを使用するか、しないか。
> レイヤを使用する場合は、
> 　レイヤ1:図枠、表題欄
> 　レイヤ2:部品1の外形線
> 　レイヤ3:部品1の中心線
> 　レイヤ4:部品1の寸法線
> 　レイヤ5:注記

などと定められていれば、レイヤの使い分けについて製図やモデリングの担当者に尋ねる必要もなく、自由に活用することができます。

●ファイル名

ファイル名は、使用するCADシステムが管理できる文字や字数を十分考慮して決定します。無意味に長いファイル名は、管理上避けるべきです。

CADシステムとのやりとりがある場合は、オペレーティングシステム(OS)によっては文字数に制限があることから、注意が必要です。また、海外との図面のやりとりを行う場合は、ファイル名に漢字や全角文字を使用しない方がよいでしょう。

●図面データの共有

標準化された図面の電子データは、関連する作業者間で共有化して、業務の効率化に活用していきます。先に述べたように、図面情報を登録しておくことで、図面を必要とする者が、図面の検索機能を利用して目的の図面を容易に探し出せるようになります(**図9-1-3**)。基本となる図面を中心に、データベースを構築しておくことで、社内全体で図面を有効に活用することが可能となります。

図面検索機能の例（図9-1-3）

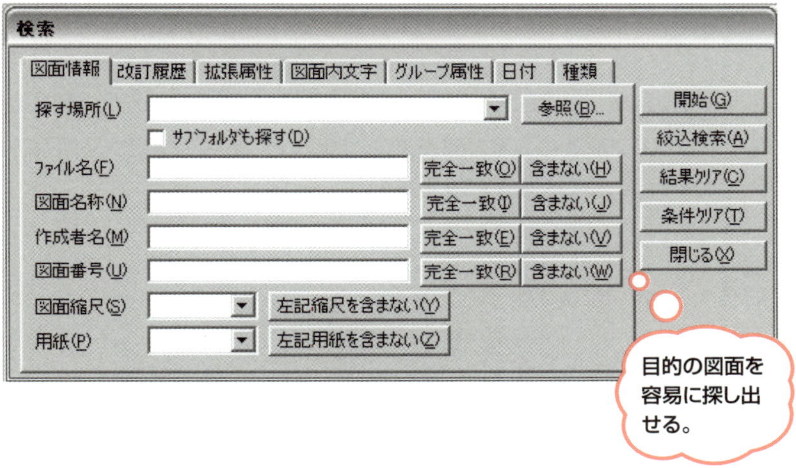

図面や３次元モデルデータなどの電子データは、社内の共有の財産であることを理解しておく必要があります。電子データにアクセスしようとする者が理解しやすいよう、標準化のための社内ルールに準拠し、必要な図面情報を登録することで、データベース化が可能となるように電子データを作成する必要があります。

共有化のために電子データを開放すれば、同時に不正アクセスによる被害を受ける可能性も高まります。電子データには、企業秘密である設計情報が多く含まれています。外部の者が容易にこれらの電子データにアクセス可能であれば、会社の大きな損失にもつながりかねません。

コンピュータウイルスなどの対策も必要です。不慮の事態によりデータベースもしくはデータベースが構築されているコンピュータが破損した場合の対策も講じておく必要があるでしょう。

必要に応じて、「図面のバックアップを保存する」「データベースが構築されているコンピュータのハードディスク全体のバックアップをとっておく」などの対策が必要です。これらの対策をしっかり施した上で、CADシステムの管理と運用を進める必要があります。

9-2 インターネットの活用

今日ではインターネットの活用により、世界中の離れた場所とのデータや文書のやりとり、情報の取得が短時間で可能です。部材の調達や部門間の協調なども効率的に進めることができます。

電子データの共有化

電子データ化されている図面や３次元CADデータがあれば、インターネット経由での離れた場所とのデータのやりとり、Webページを利用した情報発信など、設計情報の活用範囲が大幅に広がります。

近年のインターネットの世界的な普及に伴い、電子データ化された設計情報のインターネットを介した共有化が進められています。設計情報の共有化にあたっては、以下のような事項に細心の注意を払う必要があります。

機密情報の保護

●電子データ送受信の際の注意

設計部門や製造部門で活用している図面の電子データには、製品の形状データだけでなく重要な設計情報も数多く含まれているため、慎重に扱う必要があります。

例えば、その部品の開発に携わっている人員数や体制、どの程度のサイズ公差で量産しているのか、材料や表面処理はどのようにしているのか、コストの見積りはどうか……など、多くの情報が読み取れたり推察できたりすることのないよう対策すべきです。

したがって、第三者に流出しないよう、送信相手に必要のない情報は削除し、必要最小限の情報に限定して送信することが望まれます。あらかじめ、部署ごとに情報のレイヤ分けをしておくことも必要でしょう。

受信の際には、受信ファイルを安易に転送したり、必要以上に複写したりすると、送信元の信用を失うことになりかねません。十分な注意が必要です。送受信するファイルの取り扱いについて、あらかじめ双方で連絡を取り合っておくことも、問題を引き起こさないための基本となります。

●Webを利用する際の注意

Webページを介したデータのやりとりを行う場合も、電子データの送受信と同様に、機密情報の漏洩(ろうえい)防止に細心の注意が必要です。Webページを利用して、「社内の製品や部品のデータベースの一部を公開する」「電子カタログを構築する」「製品の検討用として図面ファイルや形状データのダウンロードサービスを行う」など、Webページの活用方法は様々で、その効果も拡大しています。

したがって、Webサーバや社内LANなどにおけるハード的、ソフト的な機密保持対策が必要となります。また、Webページ上に詳細な設計情報を不用意に載せないことも重要です。

Webページへの掲載は、不特定多数の人にその内容を公開することを意味します。社内の設計上・製作上のノウハウなどが、意図に反して公開されたりすることのないよう、しっかりと管理する必要があります。

やりとりを行う相手への配慮

●データの形式

海外へファイルを送信する場合、例えば、文字などが誤って変換され、文字列が意味不明の記号の羅列になったり、図面の電子データ自体が読み取れなくなったりすることがあります。

漢字や全角文字は、こうした障害を引き起こしやすいため、海外送信用のファイルのファイル名には、漢字や全角文字は用いない方がよいでしょう。また、半角のカタカナも同様の障害を引き起こす可能性が高いといえます。

さらに、文字のフォントに関しても、電子データを受信した相手が、文書中で使われているフォントをコンピュータにインストールしていなければ、正確に表示できない可能性があります。

こうした障害は、送信側と受信側のコンピュータに用いられているOSの言語の違いやシステム設定の違い、またはインターネット上のデータ伝送形態の違いなどにより生じます。データを送信する相手のコンピュータ環境を考慮し、適切なデータ形式で送信する必要があります。

近年は、PDF(Portable Document Format)の形式に変換してやりとりを行うことが一般的になってきました。

●ファイルの形式

ファイルの形式は、目的と用途に応じて選び、必要に応じてデータ変換をして作成します。送信する相手が活用しやすいように、ときにはCADソフトの別バージョンのデータ形式に変換したり、**IGES**＊や**DXF**＊、**BMI**＊、**STEP**＊、**SFX**＊などの中間ファイルの形式に変換したりして送信します。

場合によっては、**BMP**＊、**GIF**＊、**TIFF**＊、**JPEG**＊といったラスタデータ＊のファイルに変換して送信することもあります。この場合、ファイルサイズが大きくなる可能性があることから、データの受信に時間がかかったり、Webページからダウンロードするのに時間がかかったりしないよう、ファイルサイズに注意する必要があります。

3次元CADデータをWebページに表示させる必要があるときも、同様にファイルサイズに注意を払い、必要に応じて適切なデータ形式に変換するようにします。

＊**IGES**　Initial Graphics Exchange Specificationの略。CAD/CAMシステム相互間におけるデータ交換のための、製品定義データの数値表現として作成され、1981年にANSI規格となったもの。

＊**DXF**　Drawing eXchange Formatの略。オートデスク社が、自社のCAD「AutoCAD」に対して、2次元あるいは3次元のデータを異なるバージョンとの間で交換する目的で定義したフォーマット。今日、日本のCADでは、ほとんどのソフトウェアがこのファイル形式をサポートしている。

＊**BMI**　Batch Model Interfaceの略。キャダムシステム社が、自社の「MICRO CADAM」のアプリケーションソフトウェア開発用に作成したファイル形式。

＊**STEP**　製品モデルとそのデータ交換に関するISO（国際標準化機構）の国際規格（ISO 10303）の通称。正式名はISO 10303 Product Data Representation and Exchange。

＊**SXF**　Scadec data eXchange Formatの略。オープンCADフォーマット評議会（OCF）が推進する、異なるCADソフト間でのデータ交換を実現するためのフォーマット。

＊**BMP**　Bit Mapの略。Microsoft社のWindows環境における標準画像フォーマット。非圧縮形式であるため、ファイルのサイズが大きくなる。

＊**GIF**　Graphics Interchange Formatの略。256色までの画像の圧縮／伸張が可能なファイル形式である。

＊**TIFF**　Tagged Image File Formatの略。OSに依存しない画像形式である。タグを利用することによって、色の数や解像度が異なる複数の画像を一緒に保存することができる（ファイルのサイズはそのぶんだけ大きくなる）。

＊**JPEG**　Joint Photographic Experts Groupの略。ISOによって制定された国際標準規格である。カラー静止画像の符号化標準方式に従った圧縮形式の規格で、フルカラーの画像の圧縮／伸張が可能である。

＊**ラスタデータ**　グリッド上（格子）で表現されるデータのこと。列×行で整理される。

3次元CADで作成されるデータにおいては、2次元CADのサイズ公差や幾何公差などの設計情報が、形状データに含まれている場合があります。データの送信やWebページなどでの公開にあたっては、非公開データが流出しないよう十分な注意が必要です。また、3次元CADソフトのバージョンやデータ形式にも注意を払う必要があります。

「ヘルプ」や「送信」機能

ネットワークを活用したCADソフトの機能――例えば「**ヘルプ**」機能や「**送信**」機能など――を有効に活用しましょう。「ヘルプ」機能は、インターネット上の専用Webページに自動的に接続し、CADソフトに関連する多くの問題に対して、対話形式で解決できるように工夫されています。

また、「様々な問題に対する解決方法をWeb上に公開し、インターネットを介してCADソフト上で発生する種々の問題に対応できるソフト」、「自動で定期的に専用サイトに接続し、CADソフトの最新アップデートファイルをダウンロードできるソフト」などもあります。

「送信」機能では、FAXや電子メールを送信するソフトを自動で起動し、作成した図面ファイルをボタン1つで送信できるCADソフトもあります。

COLUMN VR

ものづくり分野において、VRの活用が進められています。

VR（Virtual Reality）とは、コンピュータによってつくり出された空間（仮想空間）などを疑似体験できる仕組みです。

3次元CADで作成されたモデルデータは、CG技法によりデジタルモックアップ（DMU）としての活用が広がっています。人間の視覚には、品物の表面の凹凸を陰影の変化により認識する働きがあります。CG技法により、品物の3次元モデルデータの表面の色、つや、彫りの深さなどのパラメータを自由に調整すれば、実際の品物の質感、色合いなどを検討することが可能になります。また、品物を置く空間の環境、光源等も自由に設定できるので、例えば、街中を走行する自動車のデザイン、和室に設置される空調機のデザインなどの検討に、VRが活用されています。

さらに、現実の世界から情報を収集し、同じ環境をコンピュータの中につくり、この仮想空間の中でシミュレーションを実行したり、現実の世界の機械と仮想空間の機械をリンクさせて動作させたりする、「**デジタルツイン**（Digital Twin）」も活用されています。

9-3 電子データの管理と運用

これまで見てきた電子データの管理と運用について、もう少し専門的な技術のポイントを理解しましょう。

トレランス

3次元CADで作成される3次元モデルでは、図に示すように、面と面、面と線、線と線、面や線と点といったものが数学的に完全に一致しているわけではありません。

特に、水の波紋や布のしわのような自由曲面や自由曲線などを取り扱うとき、コンピュータの画面上では完全に一致しているように見えても、数学的には不一致となることが多いのです。

これは、図形要素（面、線、点）の座標値の計算精度によって生じています。そこで、一般にCADではしきい値*を設け、その値以下に隙間が収まる場合は、数学的に一致していると見なして処理を進めることが可能になっています。このしきい値のことを**トレランス**といいます。

トレランス（図9-3-1）

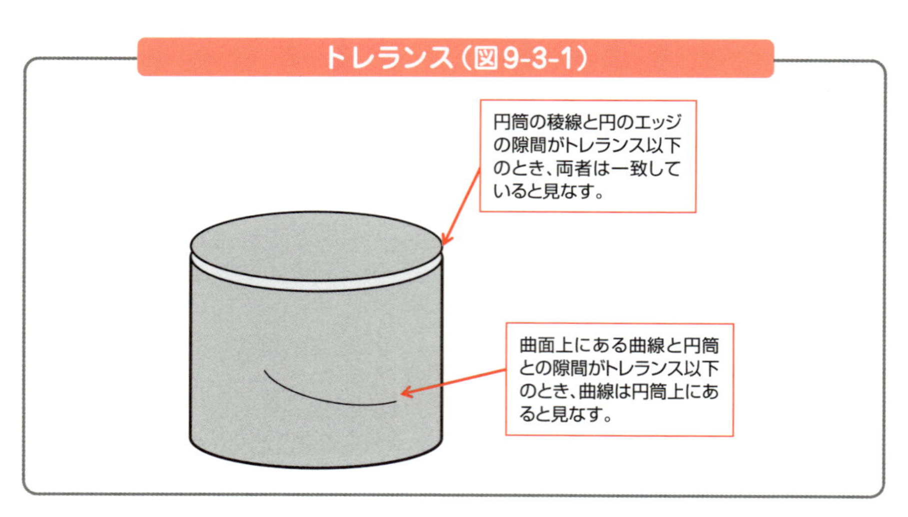

* **しきい値**　漢字では「閾値」と書き、境界となる値を意味する。その値を境として、意味や条件、判定などが異なるような値のこと。

トレランスは必要に応じて変更可能です。CADソフトによってトレランスのデフォルト値が若干違っていることがあり、しばしば障害発生の原因となります。

つまり、「トレランスの大きいCADソフトA」から「トレランスの小さいCADソフトB」へデータ変換した場合に、「本来、接続しているはずの線が離れてしまった」、「隣り合う面の稜線(りょうせん)が一致しているはずなのに、2つの面が離れてしまった」などの問題が生じます。この問題を解決するには、トレランスを同じ値sに揃えるか、CADデータを受け取る際に精度調節をするなどの必要があります。特に、CAEへ幾何形状のデータを引き渡す際には、トレランスの調整がうまくいかないと、解析のためのメッシュが正しく作成されません。

データ変換

あるCADソフトで作成したデータを他のCADソフトで表示したり、そのデータでCAEや加工機を動かして製作したりするときは、それぞれに適合するデータに変換する必要があります。データの形式を変換することを**データ変換**といいます。

データ変換が必要となるのは、主に「異なるソフトウェア間やシステム間でデータをやりとりする場合」および「同じソフトウェアの異なるバージョン間でやりとりする場合」です。「同じソフトウェアの異なるバージョン間」の場合ですが、基本的に上位バージョン（新しいバージョン）のソフトウェアは、下位バージョン（それよりも古いバージョン）のデータ形式をサポートすることが多いといえます。

一方、下位バージョンのソフトウェアでは、上位バージョンのデータ形式で保存されたデータの読み込みはできないことが多いといえます。

その場合は、上位バージョンのソフトウェアで、下位バージョンへデータを変換するための機能［バージョン互換（ダウン）］を用いて、下位バージョンのソフトウェアで読み込めるように変換する必要があります。ただし、新バージョンで新たにサポートされた機能を利用している場合などは、一部のデータが欠落することがあります。

●異なるソフトウェア間やシステム間では

「異なるソフトウェア間やシステム間」の場合は、作成されたデータのデータ構造が異なることから、そのまま利用することはできません。特に3次元CADでは、2次元CADと異なり、トレランスやトポロジー*が違っていることから、完全なデータの引き渡しが難しいといえます。

CADによっては、別の特定のCAD専用のデータ形式に変換できる変換ツール（ダイレクトインタフェース）が用意されていることもあります。データを正確に変換できるという長所があります。その一方、変換先の形式が決まってしまうために、該当するCAD間のみでの使用に限定されるという短所があります。

●異なるソフトウェア間やシステム間でのデータ交換方式

一般的に、異なるソフトウェア間やシステム間でデータをやりとりする場合は、

①標準フォーマットを用いたデータ変換
②カーネルを用いたデータ交換
③ネイティブデータによるダイレクト変換

のいずれかが用いられます。**標準フォーマット**には、標準化機関が標準化を規定している**IGES**、**STEP**などや、いわゆるデファクトスタンダードとしての**DXF**などがあり、多くのCAD、CAM、CAEで採用されています。そのほかにも、主なものとして、BMI、SXFなどの形式があります。

IGESは、詳細なデータ交換が可能ですが、データ容量が大きく、交換に要する時間も長くかかります。また、CADによっては形状が正確に変換されないことがあります。

STEPは、次世代のデータ交換規格として注目されています。カーネルフォーマットとは、3次元ソリッドモデリングカーネル（通称：カーネル）によるデータフォーマットのことです。

DXFは、ほとんどのソフトウェアがこのファイル形式をサポートしていることから、複数のCAD間でデータ交換を行う際の中間ファイルとして、最も多く使用されています。ただし、「レイヤなどの属性が正確に変換されない」などの変換誤差が生じることもあるので、注意が必要です。

BMIは、今日では「MICRO CADAM」とのCADデータ交換用の中間ファイルとして使用されることが多いです。

SXFとはScadec data eXchange Formatのことで、CADデータ交換標準コンソーシアム（SCADEC）が策定した異なるCAD間でデータを交換するためのデータフォーマットです。

---

*トポロジー　3次元CADにおけるトポロジーは、品物の形状を数学的に表現するためのもので、モデルの形状や接続性、要素間の関係に困ります。

●カーネルを用いたデータ交換とダイレクト変換

カーネルとは、「3次元CADの形状の生成・編集の演算を行う、3次元CADソフトの核の部分」をいいます。3次元CADソフトの中には、独自のカーネルを持つものと、汎用的なカーネルを用いているものがあります。同じカーネルを用いていれば、幾何形状については異なるソフト間で引き渡すことが可能です。

代表的な汎用カーネルには、「Parasolid」「ACIS」があります。カーネルフォーマットによるデータ変換で引き渡せるのは幾何形状のみです。したがって、CADソフトごとに独自に付加している機能（例えば注記のデータなど）はデータ変換できません。

ダイレクト変換は、専用の変換ソフトを導入して、変換したい相手先のフォーマットに変換するものです。幾何形状もそれ以外の情報（例えば属性情報など）も、かなりの正確さで引き渡すことが可能です。

ただし、変換したいデータフォーマットごとにダイレクト変換ソフトを導入する必要があります。また、導入初期費用もかかることから、システムの運用計画を十分に立てる必要がります。

周辺システムへのデータ引き渡し

周辺システムへデータを引き渡すためのフォーマットがいくつかあります。これらを挙げておきます。

●STL*

3次元CADデータをRP（Rapid Prototyping、7-7節参照）で使用するために広く用いられているデータフォーマットです。**図9-3-2**に示すように、3次元形状を「小さな3角形の小さな面の集合」として表現しています。

●VRML*

3次元データをWebブラウザ上で表現することを目的とするデータフォーマットです。1997年にISO（国際標準化機構）とIEC（国際電気標準会議）により、ISO/IEC 14772として認可されました。

＊**STL**　Standard Triangulated Languageの略。
＊**VRML**　Virtual Reality Modeling Languageの略。

●XVL*

3次元データを、インターネット回線が比較的低速な環境であっても速やかに伝送できるよう、ファイルサイズを小さくしたフォーマットです。Web上でアニメーションを表示したりリアルなイメージ画像を表示したりできます。

STLで出力した例（図9-3-2）

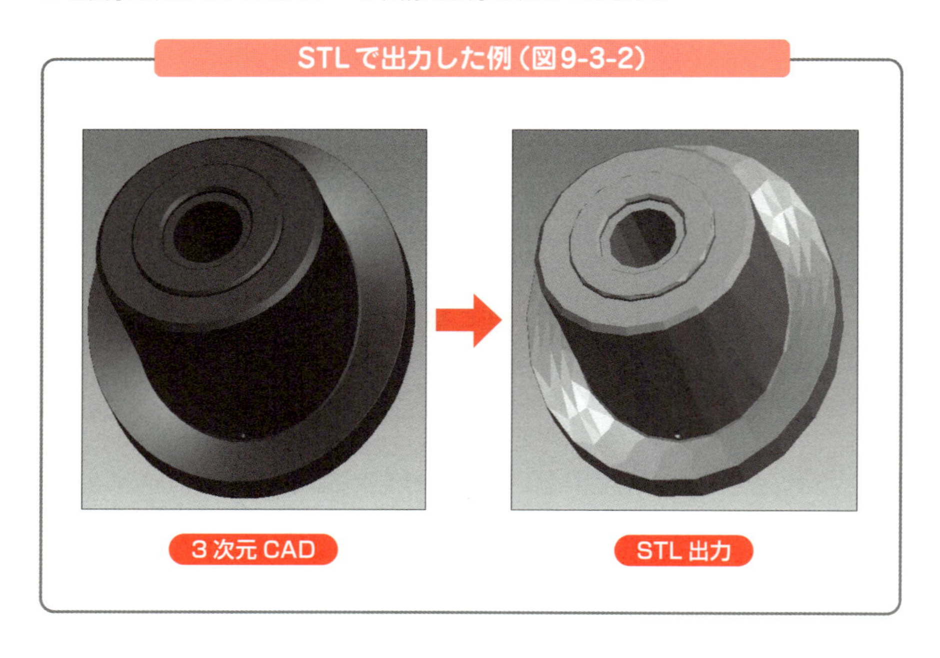

データのバックアップ

予期せぬ停電やハードディスクがクラッシュした場合などに備え、CADで作成したデータのバックアップを作成しておく必要があります。作業中のデータを自動で定期的にバックアップする機能を備えているソフトウェアも多く見られます。

データをサーバなどで一元管理している場合は、サーバに自動で定期的にバックアップを作成するミラーリング機能を付加しておくことも効果的です。また、完成図面は、CDやDVDなどの外部記憶媒体を使ってバックアップしておくことが望まれます。近年では、インターネットを通じてデータを管理するクラウドシステムが広く利用されるようになりました。

＊XVL　eXtensible Virtual world description Languageの略。

9-4 3次元CADデータの品質(PDQ)

「3次元CADデータの品質」を意味する言葉が、**PDQ**(Product Data Quality)です。

品質を適正に保つ

コンピュータの画面上では何の問題も認められないように思える形状データも、トレランスの整合性がとられていなかったり、微小な破片のような要素が含まれていたりすると、CADデータを他のCADシステムあるいはCADデータを利用するシステムに引き渡したときに、重大な障害の原因となることがあります。

例えば、CAEでメッシュが生成できなかったり、必要以上に細かいメッシュが生成されたりします。したがって、3次元CADデータの品質を適正に保つ必要があります。

そのために考慮すべき点のうち、図形に関しては、モデリング操作によって避けられる問題(**図9-4-1**)と避けられない問題(**図9-4-2**)があります。

モデリング操作によって避けられる問題については、極力、配慮してモデリングを行うようにする必要があります。モデリング操作では避けられない問題については、問題部分を取り除いたデータで引き渡したり、専用の修正ツールを用いたり、といった工夫が必要です。

図形以外のものでは、ファイル名の付け方、レイヤなどCADソフトによって異なる機能は、誤変換される可能性があります。これらの品質に関しては、(一社)日本自動車工業会と(一社)日本自動車部品工業会が発行する「JAMA/JAPIA PDQガイドラインVer5.1(基準編)/Ver4.1(CAD編)」において、図形のPDQ(形状に関する品質)ならびに図形以外のPDQ(形状以外の品質)に関して明記されています。なお、このガイドラインはJIS(日本産業規格)化が検討され、ISO(国際規格)として提案される予定です。

モデリング操作で避けられるPDQ事例(図9-4-1)

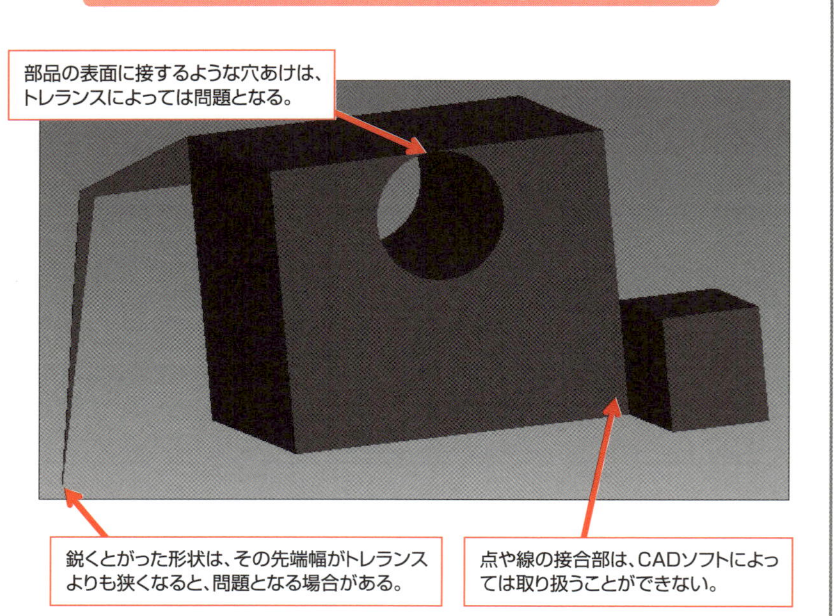

モデリング操作では避けられないPDQ事例(図9-4-2)

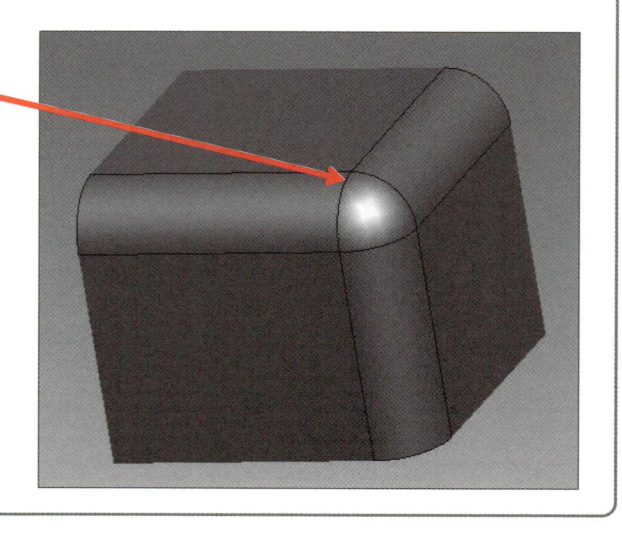

***縮退部** ジオメトリが不正確または不完全である領域。

9-5 プロジェクト管理

新たに製品を開発して社会に送り出すには、多くの工程を要します。この一連の工程の全部または一部を指してプロジェクトといいます。

プロジェクト管理とは

製品のプロジェクトの範囲を、企画から設計・製造・販売・回収（リサイクル）までの全工程とするか、あるいはそのうちの一部分とするかは、企業ごとに様々であり、特に決められていません。

設計や製造など、個々の工程をそれぞれプロジェクトとして扱う場合もあります。多くの場合は、設計と製造を中心とし、その前後の工程まで含めてプロジェクトと呼んでいます。設計部門は、市場動向の情報、生産部門の情報、部材調達状況の情報、販売・営業部門からの情報などが集まることから、プロジェクト推進の主導的な役割を担うことが多いといえます。

したがって、設計部門において作成・編集されるCADデータは、プロジェクト管理にも活用されることが多く、その意味でも重要だといえます。

ガントチャート

プロジェクトの管理には、いろいろな手法があります。ガントチャートを用いた工程管理もその１つです。全体の作業の流れや、日限と工程の関係を把握しやすいことから、広く活用されています。

ガントチャートの例を**図9-5-1**に示します。**ガントチャート**は、横軸に時間（日程）をとり、縦軸には作業タスクや工程を並べていて、プロジェクトにおける工程間の関係もわかるようになっています。

ガントチャートは、プロジェクト全体の「大日程」だけでなく、「中日程」や「小日程」など、いくつかの階層に分けた、それぞれの日程に対しても作成・活用されています。

ガントチャートの例（図9-5-1）

	2025年度 上期 (4 5 6 7 8 9)	2025年度 下期 (# # # 1 2 3)	2026年度 上期 (4 5 6 7 8 9)	2026年度 下期 (# # # 1 2 3)
マスタースケジュール	2025モデル 2026モデル 2027モデル	2025製品化 ▽DR1 ▽DR2	▽DR3 ▽DR4	2026製品化 ▽DR1 ▽DR2
部品A	企画	設計・試作・評価	量産設計 型出し	
部品B	企画	設計・試作・評価	量産設計	
性能試験	2025モデル	2026モデル		2027モデル
耐久試験	2025モデル	2026モデル 1000h, 3000h		2027モデル
その他試験	2025モデル	2026モデル	音・振動・落下など	2027モデル

デザインレビューは4〜6回

耐久試験は逐次進めていく

金型を決定する

量産設計で考慮すべき試験項目

PDM

プロジェクト管理と同じように、**PDM**＊も製品の開発には重要です。PDMは、CADデータだけでなく、製品開発に関連する指示書や明細書、デザインレビュー資料などの文書情報も含めて、製品構成に沿って管理することです。

製品の開発にあたり、資材部門では部材を調達し、製造部門では生産工程表や生産計画表などに沿って製造を進めます。実際には、生産工程を考慮して生産の計画を行い、計画に合わせて必要な部材を調達します。これらの管理においても、3次元CADデータをうまく活用できれば、より効率的です。

個々の部品について、どの部署にどれくらい在庫があり、どの部署でいくつ必要かを常時把握できれば、部品の欠品や余分な在庫をなくすことができます。さらに、別の製品と部品の共通化を図る際にも、部品の管理が部署をまたいでなされていることが重要です。

このために、表形式あるいはツリー形式で各部署の部品の要求・保有状況をまとめ活用することが行われています。この部品表を**BOM**＊といいます。BOMを含むPDM用のデータベースの構造を**図9-5-2**に示します。

一般にBOMには、設計時に製品におけるアセンブリ部品の構成を定義したE-BOM（Engineering BOM）と、生産時に部品の手配に使用するM-BOM（Manufacturing BOM）があります。

BOMの作成やPDMの実践を支援する付加機能を備えた3次元CADソフトもあります。BOMを作成して社内の状況を把握することは、効率的な設計作業には重要です。

工程管理

工程管理とは、一般に生産管理のことをいいます。**生産管理**とは、指定された納期どおりに、必要な数量を、最短の期間で、最も仕掛け量が少なく、品質・コストが所定の条件内で、設計・製造されるように管理することです。工程管理では、これらに関連して、各部署のリードタイムや作業内容を管理します。

設計者は、全体の流れを知ることもできます。また、設計変更の可否を判断できるのも設計者です。設計者は、そのために工程を把握する必要があるといえます。工程管理の目的をまとめると**図9-5-3**のようになります。

＊ **PDM**　Product Data Managementの略。製品データ管理のこと。
＊ **BOM**　Bill of Materialsの略。

PDM用データベースの構造（図9-5-2）

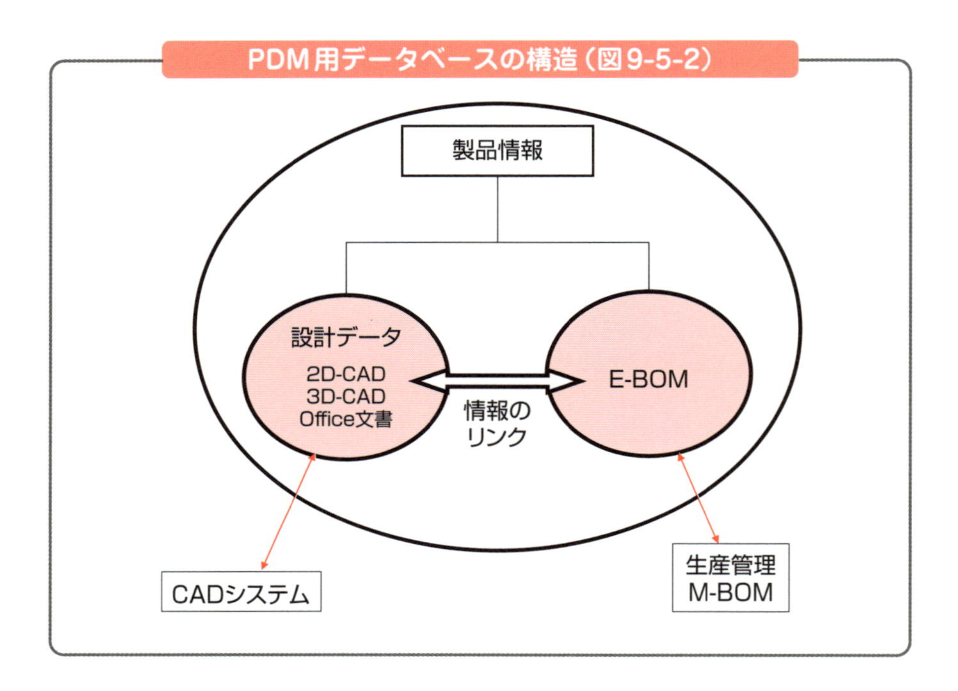

工程管理の目的（図9-5-3）

1. 納期に間に合わせる。
2. 生産期間を短縮する。
3. 仕掛け量を減少する。
4. 必要量をつくる。
5. 能率よくつくる。
6. 材料を効率よく買い使う。
7. 稼働率よくつくる。
8. 品質よくつくる。
9. 安全につくる。
10. 環境管理面にも配慮する。
11. 原価を安くつくる。

 設計マニュアル

設計思想や設計手順をドキュメントとして残したり、確認試験の方法をマニュアルとして整備しておくことは、製品の品質を安定させる上でも重要です。企業においては、JIS規格とは別に、社内で独自に品質保証の基準を設け、マニュアル化しています。

 寿命と故障率

製品の**寿命**や**故障率**を調べ、把握しておくと、事故を未然に防止できたり、製品の品質改善に役立つことがあります。**破損密度**と**故障率曲線**を**図9-5-4**に示します。寿命や故障率曲線を把握して、事前に対応準備をするとよいでしょう。

破損密度と故障率曲線（図9-5-4）

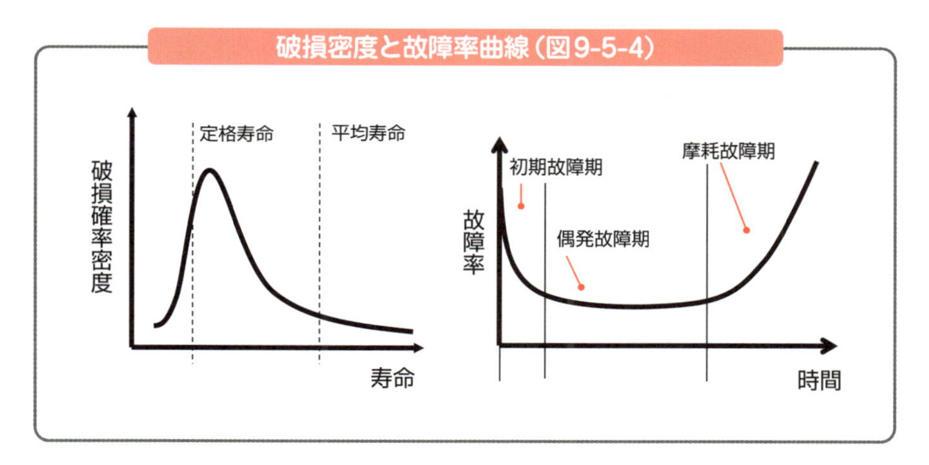

FMEA

機械や製品の使用時に発生する事故について、事故と原因の関係を系列的に解析するための信頼性解析手法の１つに、**FMEA***があります。「機械部品（システム要素）の故障が、機械や機械システム全体に及ぼす影響」の解析（結果予知）を行う解析方法です。

機械や機械システムの故障について、トップダウン方式での解析により原因究明・事前予知を行う**FTA***とは逆に、機械部品などの機械要素が故障した際に、機械全体が受ける影響をボトムアップ方式で解明していくものです。

* **FMEA**　Failure Mode and Effects Analysisの略。
* **FTA**　Fault Tree Analysisの略。

FMEAでは、想定される故障の頻度、故障の影響度、被害度などについて、評定基準を設けておきます。個々の構成要素について故障評価を行い、それらを掛け合わせて致命度を求めます。致命度が大きい要素ほど、重点的な管理が必要となります。エアコン用圧縮機にFMEAを適用した例を**図9-5-5**に示します。

このように整理することで、事故の未然解決や新たな危険を予知して設計に織り込むことが可能になります。こうした事故解析情報を蓄積し、運用していくことも、設計上では重要なことです。

エアコン用圧縮機にFMEAを適用した例（図9-5-5）

部品名	故障モード	推定原因	故障の影響		発生度合	影響程度	致命度
			ユニット	システム			
1．電源							
1-1 電源ケーブル	①断線	外力	機能停止	機能停止	2	4	8
	②短絡	外力	機能停止	電源に影響	1	5	5
	③異常発熱	容量不足	発火	火災	1	3	6
	④ロック不良	変形	機能停止	機能停止	1	3	4
1-2 レセプタクル	①接続部不良	端子不良	機能停止	機能停止	1	3	3
	②絶縁劣化	容量不足	機能低下	機能停止	1	2	3
	③取付不良	製造不良	機能停止	機能停止	1	3	4
1-3……	・	・	・	・	・	・	・
	・	・	・	・	・	・	・
1-4……	・	・	・	・	・	・	・
・							
・							

COLUMN ものづくりプロセスにおけるCAD図面の活用

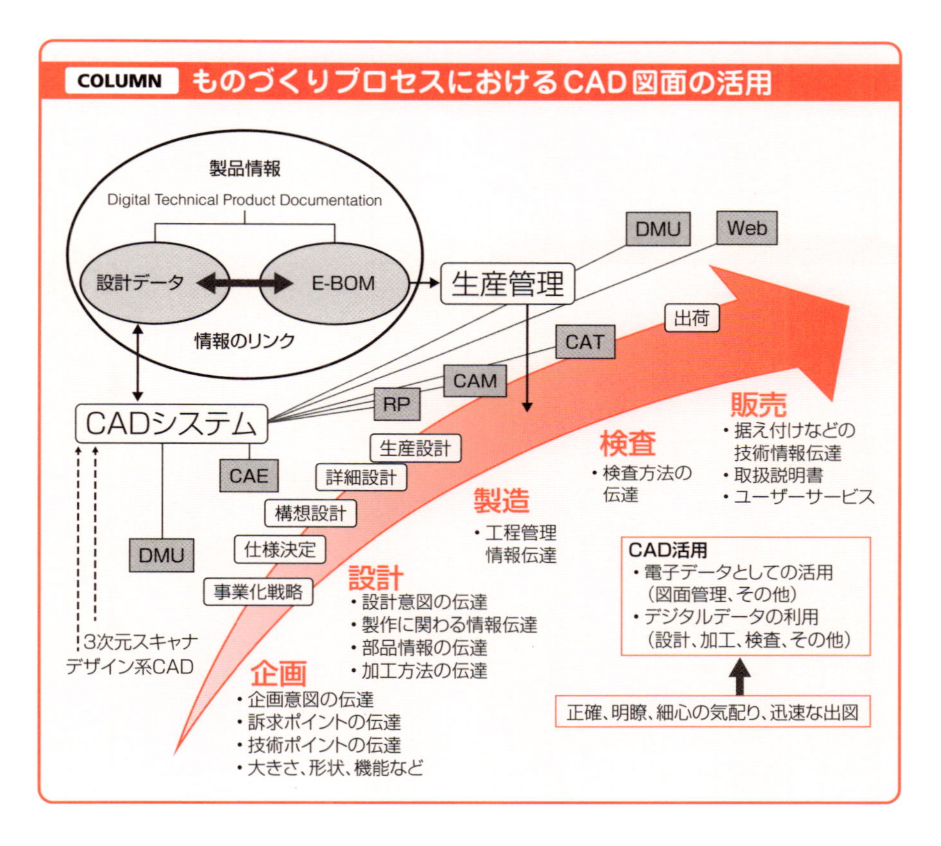

ものづくりにおける「企画」から「販売」までの、いわゆる上流から下流までの各プロセスにおいて、CADデータは広く活用されています。

参考文献

『失敗から学ぶ機械設計』 大高敏男 日刊工業新聞社 2006年
『絵とき「熱力学」基礎のきそ』 大高敏男 日刊工業新聞社 2008年
『これならわかる伝熱工学』 大高敏男 コロナ社 2010年
『機構学』 重松洋一、大高敏男 コロナ社 2008年
『図解はじめての機械要素』 大高敏男 科学図書出版 2008年
『上手な機械製図の書き方』 大高敏男 技術評論社 2011年
『絵とき「ヒートポンプ」基礎のきそ』 大高敏男 日刊工業新聞社 2011年

索引

ひらがな/カタカナ

あ行

か行

索引

さ行

た行

な行

は行

ま行

や行

ら行

わ行

英数字

アルファベット

数字

●著者紹介

大髙 敏男（おおたか としお）

国士舘大学 理工学部 機械工学系 教授
博士（工学）、技術士（機械部門 第56798号）
日本機械学会フェロー

1990年、（株）東芝家電技術研究所入社
2000年、東京都立工業高等専門学校助教授
2003年、都立大学客員講師
2007年、国士舘大学准教授
2011年、国士舘大学教授

企業で圧縮機・冷凍機・空調機の研究・開発・設計に従事してきた。
教育機関ではこれらの経験を生かした実践的な講義を展開している。
専門分野は熱工学、エネルギー工学、伝熱工学、冷凍・空調工学、機械設計。

【主な著作】

『現場で役立つ機械製図の基本と仕組み 第2版』（秀和システム）
『失敗から学ぶ機械設計―製造現場で起きた実際例81』
『絵とき「熱力学」基礎のきそ』
『絵とき「ヒートポンプ」基礎のきそ』
『絵とき「再生可能エネルギー」基礎のきそ』
『トコトンやさしい海底資源の本』
『図解 よくわかる廃熱回収・利用技術』
（以上、日刊工業新聞社）
『史上最強図解 これならわかる！機械工学』（ナツメ出版）
『3次元CAD実践活用法』
『機構学』
『これならわかる伝熱工学』
（以上、コロナ社）
『はじめての機械要素』（科学図書出版）
『上手な機械製図の書き方』
『しくみ図解 空調設備が一番わかる』
『しくみ図解 CADが一番わかる』
（以上、技術評論社）
ほか多数

本文作図協力：松本　章

編集協力：株式会社エディトリアルハウス

図解入門 現場で役立つ
機械設計の基本と仕組み [第2版]

発行日 2025年 2月20日 第1版第1刷

著 者 大髙 敏男

発行者 斉藤 和邦
発行所 株式会社 秀和システム
〒135-0016
東京都江東区東陽2-4-2 新宮ビル2F
Tel 03-6264-3105（販売）Fax 03-6264-3094
印刷所 三松堂印刷株式会社 Printed in Japan

ISBN978-4-7980-7287-6 C3053